Statik
der rahmenartigen Tragwerke

Von

Prof. Dr.-Ing. J. Pirlet

Köln

Ehem. Honorarprofessor der Technischen Hochschule Aachen

**Mit 80 Abbildungen
und 5 Tafeln in einer Tasche**

Springer-Verlag

Berlin / Göttingen / Heidelberg

1951

ISBN 978-3-642-94584-7   ISBN 978-3-642-94583-0 (eBook)
DOI 10.1007/978-3-642-94583-0

Vorwort.

Nicht die eigentlichen Rahmen und Rahmengebilde sind Gegenstand der vorliegenden Untersuchungen, sondern die „rahmenartigen Tragwerke“. Im Grunde genommen handelt es sich lediglich um den elastisch eingespannten Balken bzw. um den durchlaufenden Träger mit elastischer Einspannung in den Knoten; der kontinuierliche Träger mit gelenkiger Lagerung auf starren Stützen stellt den einfachsten Sonderfall dar.

Als Unbekannte der Aufgabe sind die Einspannmomente in den Knoten gewählt. Formänderungsgrößen, wie etwa Winkeländerungen, als Unbekannte einzuführen, liegt kein Anlaß vor. — Die Momente lassen sich in geschlossener Form als eine Funktion der „Einspanngrade ε“ darstellen; das ist das Wesentliche an der hier gegebenen Lösung. Es liegt daher nahe, das Berechnungsverfahren kurz als „ε-Verfahren“ zu bezeichnen. Ein Hauptziel der Untersuchungen ist die Darstellung der Einflußlinien der maßgeblichen Größen, d. h. der Einspannmomente.

Die Lösung der Elastizitätsgleichungen erfolgt in gewohnter Weise in Anlehnung an das Gauss'sche Eliminationsverfahren. Der Rechnungsgang, insbesondere die zahlenmäßige Ausrechnung, ist in tabellarischer Form entwickelt. Damit wird die erwünschte Übersichtlichkeit des Rechnungsaufbaues, zugleich aber auch eine einfache Technik des Rechnens erreicht. Ob und inwieweit sich dies als wertvoll für die Rechenpraxis erweist, mag der Leser an Hand der am Schluß beigefügten Zahlenbeispiele beurteilen.

In der Konstruktionspraxis wird bei der Berechnung durchlaufender Balken in den weitaus meisten Fällen von der elastischen Einspannung der Rahmenriegel in den Knoten abgesehen und gelenkige Lagerung auf den Stützen angenommen (vgl. z. B. „Bestimmungen des Deutschen Ausschusses für Stahlbeton“ DIN 1045, § 28). Die hierbei gewonnenen Ergebnisse weichen je nach der Belastungsart erheblich ab von dem im folgenden entwickelten Rechnungsgang, der die elastische Einspannung der Stäbe berücksichtigt. Daß die dementsprechenden Unterschiede sich auch auf die Materialverteilung auswirken, liegt auf der Hand; hierin liegt die Bedeutung unserer Untersuchungen für die Baupraxis.

So erklärt es sich wohl auch, daß die vorliegende Aufgabe in zahlreichen Schriften und Aufsätzen unserer Fachliteratur, auch derjenigen des Auslandes, behandelt worden ist und bis in die jüngste Zeit hinein immer wieder Ansätze zu neuartigen Lösungen gemacht werden. Besondere Beachtung haben in der Literatur und in der Praxis jene Verfahren gefunden, die im Wege der Iteration die Lösung anstreben, d. h. durch schrittweise Annäherung an die genauen Ergebnisse*.

Das hier entwickelte Verfahren liefert die genauen Ergebnisse direkt in geschlossener Form, allerdings unter den gegebenen Voraussetzungen: Unverschieblichkeit der Knotenpunkte, konstante Querschnitte in jedem Feld. Zugleich sind aber aus dem genauen Verfahren Näherungsrechnungen entwickelt worden. Damit wird eine besonders einfache und schnelle Bestimmung der Endwerte ermöglicht, und zwar bei einer für die Baupraxis völlig ausreichenden Genauigkeit. In den Zahlenbeispielen ist die genaue und die näherungsweise gültige Berechnung gegenübergestellt; die nahezu vollständige Übereinstimmung der Ergebnisse ist jeweils ausgewiesen.

Hieraus kann mit gutem Grunde gefolgert werden, daß für die Berechnung von Baukonstruktionen der hier in Frage stehenden Art durchweg nur das vereinfachte Verfahren verwendet zu werden braucht. — Auf dieser Grundlage läßt sich eine einfache Rechenpraxis entwickeln. Diese ermöglicht bei einiger Übung eine schnelle Untersuchung der besagten Tragwerke, deren Behandlung als hochgradig statisch unbestimmte Systeme, namentlich bei wechselnder Belastung, normalerweise eine umfangreiche und verwickelte Rechenarbeit erfordert.

Es sei ergänzend darauf hingewiesen, daß die Ergebnisse des hier dargestellten Rechenverfahrens auch als Grundlage für die Berechnung der eigentlichen Rahmenkonstruktionen verwendet werden können und sollen. Die dementsprechenden Untersuchungen müssen jedoch einer späteren Bearbeitung vorbehalten bleiben.

Bei der Entwicklung des Verfahrens und den ergänzenden Rechenarbeiten sowie beim Lesen der Korrektur hat mich insbesondere Herr Ing. L. Gräber unterstützt. Ihm wie auch meinen langjährigen Mitarbeitern, den Herren Dipl.-Ing. F. Kaiser und Ing. M. Horstmann, bin ich sehr zu Dank verpflichtet.

Dem Springer-Verlag danke ich ganz besonders dafür, daß er dem Buche eine so vorzügliche Ausstattung gegeben und trotz mancherlei drucktechnischer Schwierigkeiten alle Wünsche des Verfassers in entgegenkommender Weise berücksichtigt hat.

Köln-Lindenthal, im März 1951.

J. Pirlet.

---

* Eines der bekanntesten neueren Berechnungsverfahren ist das von Professor Cross, USA, das mittlerweile auch in die deutsche Literatur Eingang gefunden hat. Hardy Cross: Universität Illinois, USA — Analysis of continuous frames by distributing fixed-end moments. Proceedings of the American Society of Civil Engeneers. Vol. 56 (1930) S. 919.

Inhaltsverzeichnis.

Erster Teil.
Grundlagen der Berechnung rahmenartiger Tragwerke.

Zweiter Teil.

Der elastisch eingespannte kontinuierliche Balken in rahmenartigen Tragwerken. — Das Berechnungsverfahren.

Dritter Teil.

Zahlenbeispiel.

Erster Teil.

Grundlagen der Berechnung rahmenartiger Tragwerke.

Rahmen und rahmenartige Tragwerke haben für die Baupraxis eine besondere Bedeutung. Sie setzen sich durchweg zusammen aus beiderseits elastisch eingespannten Balken. Diese bilden das Grundelement zahlreicher, vielleicht der meisten Tragkonstruktionen, wie sie in den mannigfachsten Formen im Bauwesen vorkommen.

So erklärt es sich, daß dieses Aufgabengebiet eine vielfache Behandlung in der Fachliteratur gefunden hat, und zwar sowohl in den Lehrbüchern der Statik als auch vor allem in den Fachzeitschriften. Es ist nicht leicht, sich durch die vielgestaltige Zeitschriftenliteratur über rahmenartige Systeme durchzufinden. Nicht als ob diese Aufgaben an sich schwierig wären; aber die Rechnungsansätze lassen vielfach den Zusammenhang mit den allgemeinen Berechnungsgrundlagen der Statik der unbestimmten Systeme nur schwer erkennen.

Auch werden des öfteren „Kräfteverfahren" in Vergleich oder in Gegensatz gestellt zu „Formänderungsverfahren", wobei die Zusammenhänge meist undurchsichtig bleiben. Es liegt aber für uns kein Anlaß vor, statt der Biegungsmomente, die letzten Endes für die Bemessung der Tragwerke maßgebend sind, die ihnen proportionalen Formänderungen (Verschiebungen, Knotendrehwinkel) als Unbekannte zu wählen. Denn daß die Rechenarbeit dadurch geringer oder der Aufbau der Rechnung klarer würde, ist nicht ohne weiteres einzusehen.

Ein im Anhang behandeltes Zahlenbeispiel, ein 8feldriger rahmenartiger Träger, hat $3 + 8 \cdot 5 = 43$ Überzählige. Für jedes weitere Feld würden 5 weitere Überzählige hinzukommen. Unser Rechnungsgang fragt immer nur nach *einer* Unbekannten. Diese stellt sich stets als Quotient von zwei Verschiebungen in geschlossener Form dar, und zwar für jede Art der Belastung. Trotzdem ist aber naturgemäß das System nicht etwa nur einfach statisch unbestimmt; vielmehr ist die Lösung des gegebenen Gleichungssystems mit 43 Überzähligen durchgeführt, wenn auch in versteckter Form. Darüber darf die Einfachheit der Rechnung nicht hinwegtäuschen. Auch bei keiner andersgearteten Lösung läßt sich hieran etwas ändern oder verbessern.

Hat man sich für ein bestimmtes Grund- oder Hauptsystem entschieden, d. h. die Überzähligen und damit auch die Form der Grundgleichungen gewählt, so bleibt die maßgebliche Frage, wie diese Gleichungen aufgelöst werden sollen. Die diesbezügliche Entschließung ist in erster Linie bestimmend für die Art und das Ausmaß des Rechnungsganges. — Wir wählen hier in gewohnter Weise die Einspannmomente an den Enden eines belasteten Einzelstabes als die Unbekannten der Aufgabe und entwickeln aus diesen die übrigen statischen Größen des Systems. Die damit gegebenen Elastizitätsgleichungen lösen wir, wie immer, in Anlehnung an das GAUSSsche *Eliminationsverfahren*. — Um alle Belastungsarten zu erfassen, untersuchen wir insbesondere den

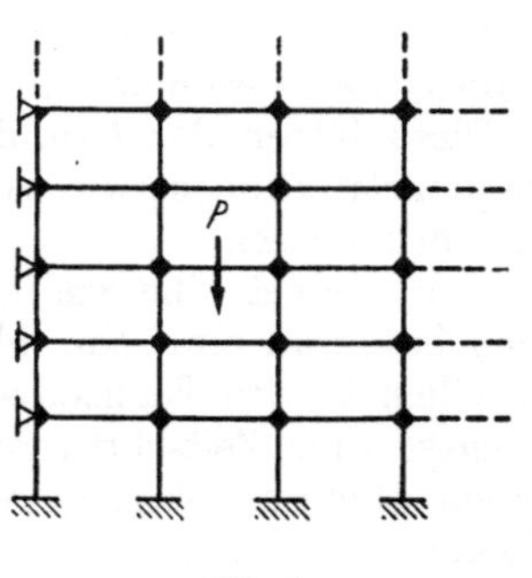

Abb. 1.

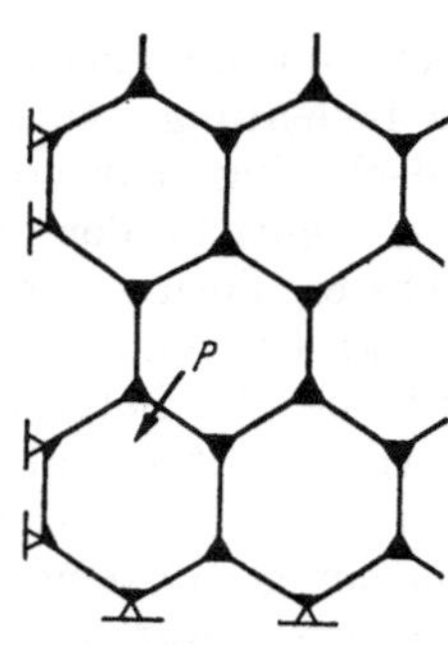

Abb. 2.

Einfluß einer wandernden Einzellast, d. h. wir bestimmen die *Einfluß-linien* der Unbekannten und der sonstigen statischen Größen.

Die wohl am häufigsten, besonders im Stahlbetonbau, vorkommende Rahmenform ist der Stockwerkrahmen (s. Abb. 1). Andere hierher gehörende Aufgaben sind z. B. die Silozellensysteme (s. Abb. 2), die Fachwerke mit starren Knotenpunktsverbindungen (s. Abb. 3) usw. Auch für diese und andere Systeme ähnlicher Art gelten die nachstehenden Entwicklungen.

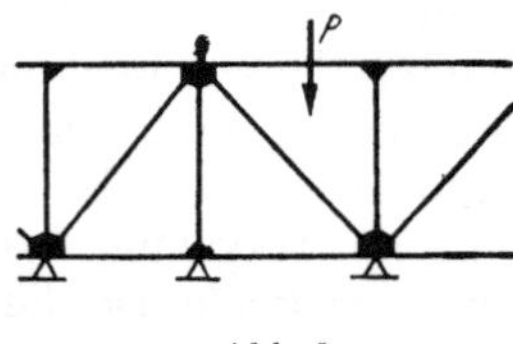

Abb. 3.

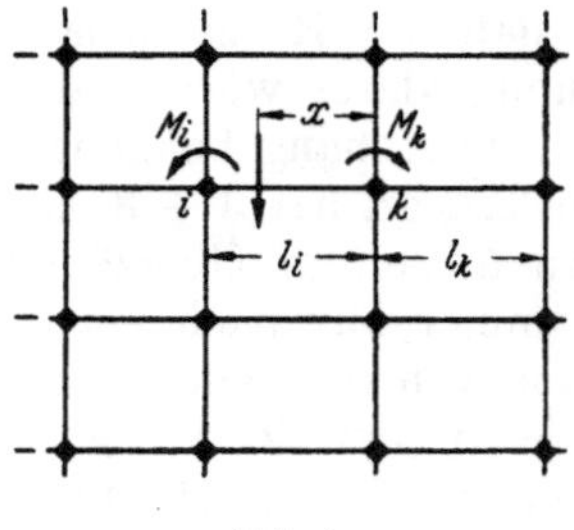

Abb. 4.

Der Stockwerkrahmen (s. Abb. 1) stellt ein System rechtwinklig sich kreuzender, horizontaler und vertikaler durchlaufender Träger dar, die an den Kreuzungspunkten (Knoten) starr miteinander verbunden sind. Die Annahme durchlaufender Träger setzt freilich voraus, daß das System auch in horizontaler Richtung gestützt ist, d. h. daß die Knotenpunkte in horizontaler und vertikaler Richtung unverschieblich sind. Diese Voraussetzungen legen wir den folgenden Betrachtungen zugrunde, und zwar allgemein, wie auch immer die Systemform sein mag (vgl. die Abb. 1 bis 3).

Jene Fälle, bei denen diese Voraussetzung nicht erfüllt ist, d. h. wo die Knoten in horizontaler (oder vertikaler) Richtung verschieblich sind, bleiben zunächst außer Betracht. Es sei aber bemerkt, daß die Berechnung dieser Systeme die nachfolgenden Untersuchungen und Ergebnisse zur Grundlage hat. Über die Behandlung des allgemeinsten Falles, d. h. der eigentlichen Rahmenkonstruktionen ohne horizontale (oder vertikale) Stützung, wird an anderer Stelle zu sprechen sein.

Greift an einem Stab l_i (s. Abb. 4) eine Last P im Abstande x vom rechten Stabende k an, so interessieren uns in erster Linie die beiden Einspannmomente M_i und M_k in den Endpunkten i und k des Stabes. Alle übrigen statischen Größen des Systems sind lediglich von M_i und M_k abhängig. — In i ebenso wie in k ist der Stab l_i elastisch eingespannt; die Einspannung wirkt auf die Knoten i und k. Wir haben also die Formänderungen eines elastisch eingespannten Stabes und die Wirkung eines Momentes auf einen Knoten zu untersuchen. Damit ist die Zielsetzung für unsere Untersuchungen gegeben.

Bei einem elastisch eingespannten Stab liegt der Einspanngrad zwischen 0 und 1, wenn 0 für gelenkige Lagerung, 1 für starre (d. h. 100proz.) Einspannung gilt. Wir bezeichnen den Einspanngrad oder Einspannungskoeffizienten mit ε. Die Kennzeichnung der elastischen Einspannung ist durch Abb. 5 gegeben: ein schräger, zur Balkenachse geneigter kurzer Strich ist verbunden mit einem zur Balkenachse senkrechten, aber punktierten Strich.

Die in Abb. 5a und b dargestellten Fälle stellen die Grenzwerte oder Extremwerte der elastischen Einspannung dar, nämlich die gelenkige Lagerung ($\varepsilon = 0$) und die starre Einspannung ($\varepsilon = 1$).

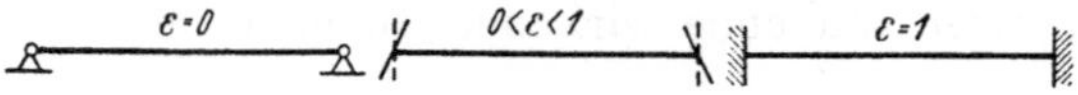

Abb. 5a. Abb. 5. Abb. 5b.

Die Größe des Einspanngrades ε, der sich bald mehr dem Wert 0, bald mehr dem Wert 1 nähert, hängt von der Gestalt und den Querschnittsverhältnissen des an den Stabenden anschließenden Tragwerks ab (s. Abb. 4). Ein solches Tragwerk wird durchweg ein mehr oder minder hochgradig statisch unbestimmtes System sein. Deshalb erscheint die Aufgabe fürs erste reichlich verwickelt. Denn eine einfache Überlegung sagt uns, daß für den Einspanngrad die elastischen Verhältnisse des an den Stabenden anschließenden Tragwerks in ihrer Gesamtheit maßgebend sind; sie müssen irgendwie in diesem, d. h. im Wert ε, zum Ausdruck kommen.

Zwischen den Einspanngraden ε und den Einspannmomenten M werden gewisse Beziehungen bestehen; die Momente M müssen, wie ohne weiteres ersichtlich ist, durch die Werte ε maßgeblich bestimmt sein. Es liegt daher nahe, die Einspanngrade ε der Stabenden als das Ziel der Berechnung anzusetzen und dementsprechend den Rechnungsgang aufzubauen. Auf diesen Gedanken beruhen die nachstehenden Ausführungen.

In der Tat wird sich zeigen, daß die Einspannmomente an den Enden der Einzelstäbe des Systems und somit auch alle sonstigen statischen Größen sich ausschließlich durch die Einspanngrade der einzelnen Stäbe ausdrücken lassen.

Wir betrachten im folgenden zunächst den Einzelstab und dann ein Stabgefüge, dessen Einzelstäbe in Knoten starr miteinander verbunden sind, oder, kurz gesagt, den Knoten. In beiden Fällen, also beim Einzelstab wie beim Knoten, untersuchen wir zunächst die Kräfteverteilung, und zwar insbesondere für die Einwirkung eines äußeren Momentes; sodann aber auch die Formänderungen infolge eben dieser Einwirkung, d. h. die Drehwinkel des Einzelstabes bzw. des Knotens. Auf dieser Grundlage ergeben sich die Einspanngrade ε.

Die Unbekannten der Aufgabe sind, wie bereits gesagt, die Einspannmomente an den Stabenden bzw. in den Knoten. Wir suchen insbesondere die Einflußlinien dieser Momente zu bestimmen. Dabei werden wir finden, daß die Ordinaten der Einflußlinien sich in geschlossener Form durch einfache Gleichungen als Funktion der Einspanngrade ε darstellen lassen.

I. Der elastisch eingespannte Stab*.

Bevor wir den mit einem beliebigen Einspanngrad ε eingespannten Stab untersuchen, betrachten wir die beiden Grenzfälle $\varepsilon = 0$ und $\varepsilon = 1$, d. h. den gelenkig gelagerten und den starr eingespannten Stab (s. Abb. 5a u. 5b). Insbesondere fragen wir nach den Formänderungen, d. h. nach den Verdrehungen (Winkeländerungen) der Stabenden und nach den Durchbiegungen eines Punktes der Stabachse, und zwar bei Belastung durch ein am freien Stabende wirkendes Moment M.

1. Der in i und k gelenkig gelagerte Balken.

Der Balken habe die Länge l_i. Er sei an den Enden i und k gelenkig gelagert. Belastet ist er in i durch ein Moment 1, z. B. 1 tm (s. Abb. 6a).

Der Querschnitt — also auch das Trägheitsmoment J des Querschnitts — ist für die ganze Länge l_i des Balkens als konstant angenommen. Die Winkel ϑ_i und ϑ_k, um die sich dabei die Stabachse an den Auflagern i und k verdreht, sind die zunächst gesuchten Größen. — Sie berechnen sich in bekannter Weise nach der allgemeinen Gleichung für eine Verschiebung oder Verdrehung:

$$[ik] = \int M_i M_k \frac{ds}{EJ}.$$

Der erste Buchstabe i kennzeichnet den Ort der Verschiebung, der zweite Buchstabe k die Ursache der Verschiebung. In unserem Falle sind M_i und M_k die infolge der Belastung $M_i = 1$ bzw. $M_k = 1$ im Stabe l_i auftretenden Momente.

Wir bezeichnen sie mit M_i' und M_k'; ebenso die Winkel ϑ mit ϑ_i' und ϑ_k', um anzudeuten, daß sie den Belastungen $M_i = 1$ bzw. $M_k = 1$ entsprechen.

---

* Wenn es im folgenden in den Fußnoten des öfteren heißt: vgl. Statik II/2, S. ..., so handelt es sich dabei um das Buch des Verfassers: Kompendium der Statik der Baukonstruktionen, Bd. II, 2. Teil. Berlin: Springer 1923.

Es ist also:

$$[ii] = \vartheta'_{ii} = \int_0^{l_i} M_i'^2 \frac{ds}{EJ} = \int_0^{l_i} \left(\frac{x}{l_i}\right)^2 \frac{dx}{EJ} = \frac{1}{EJ}\,\frac{l_i}{3},$$

$$[ki] = \vartheta'_{ki} = \int_0^{l_i} M_k' M_i' \frac{ds}{EJ} = \int_0^{l_i} \frac{x}{l_i}\left(1 - \frac{x}{l_i}\right)\frac{dx}{EJ} = \frac{1}{EJ}\,\frac{l_i}{6}.$$

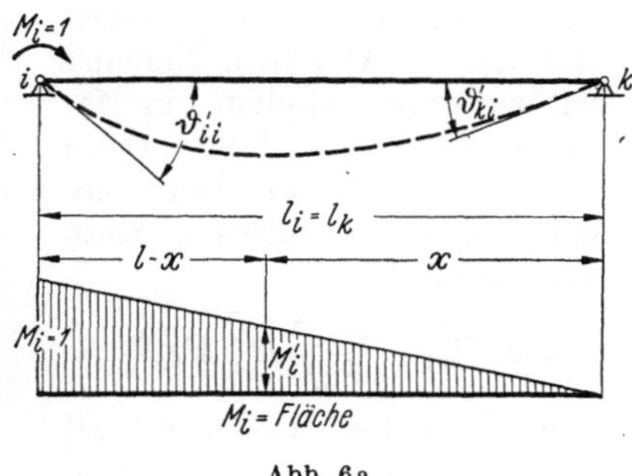

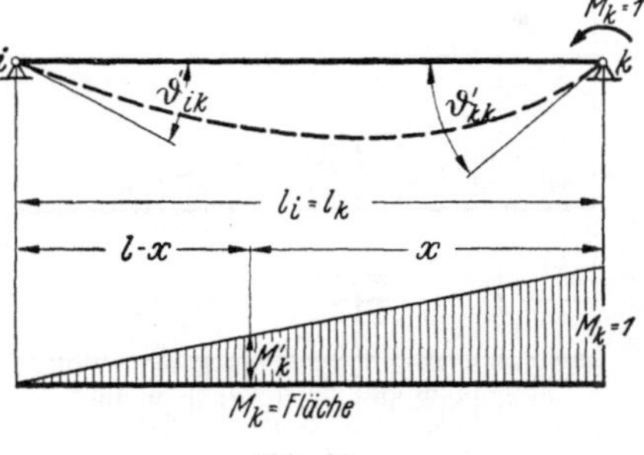

Abb. 6a.Abb. 6b.

Es ist üblich und zweckmäßig, die EJ'-fachen Werte der Verschiebungen in die Rechnung einzuführen. J' bedeutet dabei den Wert irgendeines frei gewählten, mittleren Trägheitsmomentes. In den vorstehenden Gleichungen fällt dann der Elastizitätsmodul E heraus, und die Stablänge l_i erscheint multipliziert mit dem Wert $\frac{J'}{J}$, also mit dem Verhältnis zweier Trägheitsmomente. Das ergibt für das zahlenmäßige Rechnen eine Vereinfachung.

Wir schreiben

$$l_i\frac{J'}{J_i} = l_i'.$$

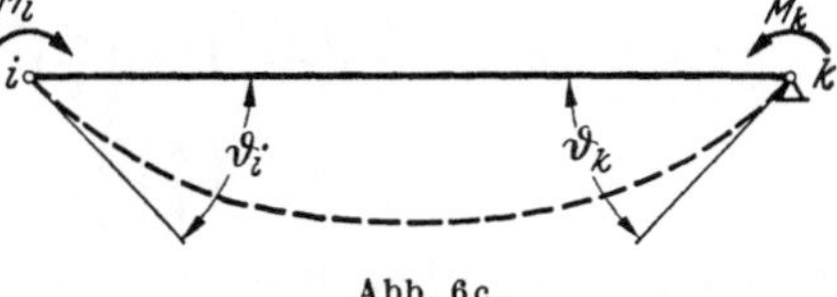

Abb. 6c.

Hiermit erhalten wir dann die folgenden Gleichungen für die Winkeländerungen (Verdrehungen) des Stabes l_i an den Endpunkten i und k bei Belastung durch ein Moment 1 in i bzw. k:

$$EJ'\vartheta'_{ii} = EJ'\vartheta'_{kk} = \frac{l_i'}{3}, \qquad EJ'\vartheta'_{ki} = EJ'\vartheta'_{ik} = \frac{l_i'}{6}.$$

Wirken die Momente in i und k zusammen, und zwar mit den Werten M_i und M_k statt mit den Werten 1, so gelten die folgenden Gleichungen für die EJ'-fachen Winkeländerungen ϑ in i bzw. k infolge der Momente M_i und M_k (s. Abb. 6c):

$$\left.\begin{aligned} EJ'\vartheta_i &= \frac{l_i'}{6}(2M_i + M_k);\\[2mm] EJ'\vartheta_k &= \frac{l_i'}{6}(2M_k + M_i). \end{aligned}\right\} \tag{1}$$

Wir nennen den Wert $l_i' = l_i\dfrac{J'}{J_i}$ die „*Reduzierte Länge*" des Balkens l_i.

*Es sei darauf hingewiesen, daß wir im folgenden bald l'_i, bald l'_k
schreiben, insofern wir den Wert l' entweder von i aus oder von k
aus lesen. Die beiden Werte l'_i und l'_k sind naturgemäß einander gleich.*

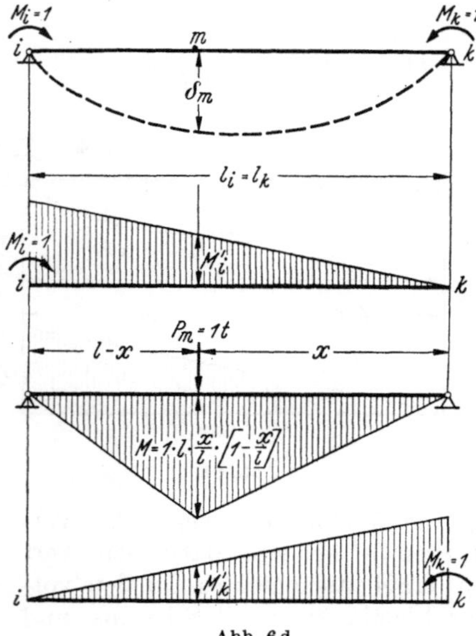

Abb. 6d.

Eine weitere, für die späteren Untersuchungen bedeutsame Größe ist die *Durchbiegung* δ_m eines Punktes der Stabachse im Abstande x vom rechten Auflager (s. Abb. 6d). Nehmen wir zunächst lediglich ein Moment $M_i = 1$ in i an. Dann berechnet sich die Durchbiegung δ_m des Punktes m nach der Gleichung:

$$E J' \delta'_{m i} = \frac{J'}{J} \int M'_i \, M_m \, ds.$$

Hier bedeutet wiederum M'_i die Momente in den einzelnen Punkten der Stabachse infolge $M_i = 1$, M_m die Momente infolge der Einzellast $P_m = 1\,$t in tm in Richtung der gesuchten (vertikalen) Durchbiegung. Die Momentenflächen (M'_i und M_m) sind in Abb. 6d dargestellt. Die Integration ergibt*:

$$\delta'_{m i} = \frac{l_i}{6} \, l'_i \frac{x}{l} \left[1 - \left(\frac{x}{l}\right)^2 \right] = \frac{l_i}{6} \, l'_i \, c_1,$$

$$c_1 = \frac{x}{l} \left[1 - \left(\frac{x}{l}\right)^2 \right].$$

Für den Fall, daß lediglich in k ein Moment $M_k = 1$ angreift, ergibt die gleiche Rechnung, wenn $(1 - x)$ statt x gesetzt wird:

$$\delta'_{m k} = \frac{l_i}{6} \, l'_i \frac{x}{l} \left(1 - \frac{x}{l} \right) \left(2 - \frac{x}{l} \right) = \frac{l_i}{6} \, l'_i \, c_2,$$

$$c_2 = \frac{x}{l} \left(1 - \frac{x}{l} \right) \left(2 - \frac{x}{l} \right).$$

Wirken beliebige Momente M_i und M_k zusammen (statt, wie bisher angenommen, $M_i = 1$ oder $M_k = 1$), so ergibt sich die allgemeine *Gleichung für die $E\,J'$-fache Durchbiegung* δ_m infolge der an den Stabenden wirkenden Momente M_i und M_k:

$$E J' \delta_m = \frac{l_i}{6} \, l'_i \, (M_i c_1 + M_k c_2), \qquad (2)$$

$$c_1 = \frac{x}{l} \left[1 - \left(\frac{x}{l}\right)^2 \right],$$

$$c_2 = \frac{x}{l} \left(1 - \frac{x}{l} \right) \left(2 - \frac{x}{l} \right).$$

____

* Vgl. Statik II/2, S. 7 ff.

2. Der (in i oder k) starr eingespannte Balken (Abb. 7).

Wir untersuchen wiederum die Formänderungen (d. h. die Verdrehung der Stabachse am belasteten Stabende und die Durchbiegung im Punkte m) für den Fall einer Belastung durch ein Moment M_k bzw. M_i am freien (gelenkig gelagerten) Ende.

Wenn am freien Ende i des in k starr eingespannten Stabes ein Moment $M_i = 1$ wirkt, so entsteht am starr eingespannten Ende k ein

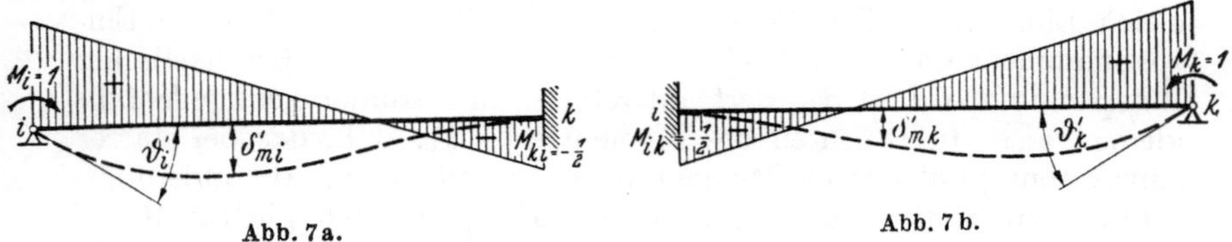

Abb. 7a.   Abb. 7b.

Einspannmoment $-\tfrac{1}{2}$. Das ergibt sich ohne weiteres aus Gl. (1), wenn man ϑ_k', d. h. die Winkeländerung am starr eingespannten Ende, gleich Null setzt.

Damit erhält man die in Abb. 7 dargestellte Momentenfläche. Nach Gl. (1) ergeben sich also für die Winkeländerungen ϑ_i' und entsprechend für ϑ_k' die Werte:

$$E J' \vartheta_i' = E J' \vartheta_k' = \frac{l_i'}{6}\left(2\cdot 1 - \frac{1}{2}\right) = \frac{l_i'}{4}.$$

Wir schreiben:

$$E J' \vartheta_i' = E J' \vartheta_k' = \frac{l_i'}{3}\,\frac{3}{4},$$

und zwar im Hinblick auf die für den elastisch eingespannten Balken geltenden (allgemeinen) Ausdrücke, die wir im nächsten Abschnitt herleiten werden.

Somit erhalten wir folgende *Gleichung für die $E J'$-fache Winkeländerung am starr eingespannten Balken* bei Belastung durch ein Moment M_i bzw. M_k am freien Ende:

$$\left.\begin{aligned}
E J' \vartheta_i &= \frac{l_i'}{3}\,\frac{3}{4}\,M_i\,; \\[2mm]
E J' \vartheta_k &= \frac{l_i'}{3}\,\frac{3}{4}\,M_k.
\end{aligned}\right\} \tag{3}$$

Die Werte für die Durchbiegungen δ_{mi} bzw. δ_{mk} (s. Abb. 7) erhält man nach Gl. (2). Man hat für M_i und M_k jeweils die Werte 1 und $-\tfrac{1}{2}$ einzusetzen. Wenn wir dabei den Faktor $\tfrac{1}{2}$ vor die Klammer setzen, so ergibt sich die *Gleichung für die Durchbiegung eines Punktes m des starr eingespannten Balkens* bei Belastung durch ein Moment M_i bzw. M_k am freien Ende (s. Abb. 7a bzw. 7b):

$$\left.\begin{aligned}
E J' \delta_{mi} &= M_i \frac{l_i}{12}\, l_i' \,[2c_1 - c_2], \\[2mm]
E J' \delta_{mk} &= M_k \frac{l_i}{12}\, l_i' \,[2c_2 - c_1].
\end{aligned}\right\} \tag{4}$$

3. Der (in i oder k) elastisch eingespannte Balken (s. Abb. 8).

Wir untersuchen wiederum die *Formänderungen* (Winkeländerungen und Durchbiegungen) infolge eines am freien Balkenende wirkenden Momentes M.

a) Die Einspanngrade ε_i und ε_k.

Wir nehmen zunächst den Wert des in k wirkenden äußeren Momentes gleich Eins an. — Bei starrer Einspannung in i würde dort ein Einspannmoment im Werte $(-\tfrac{1}{2})$ auftreten (vgl. Abb. 7b). Bei elastischer Einspannung in i ist das dort auftretende Einspannmoment jedenfalls kleiner, also ein Bruchteil des Momentes $(-\tfrac{1}{2})$; d. h. das bei starrer Einspannung auftretende Moment $(-\tfrac{1}{2})$ ist mit einem Abminderungsfaktor ε_i zu multiplizieren (vgl. Abb. 8b). Entsprechendes gilt für M_k bei Belastung durch $M_i = 1$ (vgl. Abb. 7a u. 8a). Wir schreiben deshalb:

$$\left.\begin{aligned}
\underline{M_{ik} = \varepsilon_i\,(-\tfrac{1}{2})}, \\
\underline{M_{ki} = \varepsilon_k\,(-\tfrac{1}{2})}
\end{aligned}\right\} \tag{5a}$$

oder

$$\left.\begin{aligned}
\underline{\varepsilon_i = \frac{M_{ik}}{(-\tfrac{1}{2})}}\,, \\[2ex]
\underline{\varepsilon_k = \frac{M_{ki}}{(-\tfrac{1}{2})}}\,.
\end{aligned}\right\} \tag{5b}$$

Aus dieser Darstellung ergibt sich die folgende *Begriffsbestimmung des Einspanngrades* ε.

Der Einspanngrad ε_i bzw. ε_k ist das Verhältnis (echter Bruch) des bei elastischer Einspannung in i bzw. in k auftretenden (kleineren) Einspannmomentes zu dem bei starrer Einspannung daselbst (d. h. in i bzw. in k) *auftretenden Einspannmomente* $(-\tfrac{1}{2})$ [s. Gl. (5b)].

Oder: ε_i bzw. ε_k ist der Abminderungsfaktor (echter Bruch), mit dem man das bei starrer Einspannung in i (bzw. in k) auftretende Moment $(-\tfrac{1}{2})$ zu multiplizieren hat, um das an der Stelle der elastischen Einspannung i bzw. k auftretende Moment zu erhalten [s. Gl. (5a)].

Als Belastung ist jeweils das Moment 1 am freien (gelenkigen) Balkenende k (bzw. i) zu denken.

b) Die Formänderungen des elastisch eingespannten Balkens.

Nachdem im vorigen der Begriff des Einspanngrades ε klargestellt ist, bestimmen wir nunmehr die Formänderungen des elastisch eingespannten Stabes, und zwar die Winkeländerung am freien (gelenkigen) Ende und die Durchbiegung eines Punktes m der Stabachse.

Die Winkeländerung ϑ_i (Verdrehung der Endtangente) im Endpunkt i eines bei k elastisch eingespannten Stabes ergibt sich aus Gl. (1). Hierbei ist für M_i der Wert 1, für M_k der Wert $(-\tfrac{1}{2})\,\varepsilon_k$ einzusetzen. Es ergibt sich also:

$$E\,J'\,\vartheta_i' = \frac{l_i'}{6}\left(2\cdot 1 - \frac{1}{2}\,\varepsilon_k\right) = \frac{l_i'}{3}\left(1 - \frac{1}{4}\,\varepsilon_k\right).$$

Entsprechend für:

$$E\,J'\,\vartheta'_k = \frac{l'_i}{6}\left(2\cdot 1 - \frac{1}{2}\,\varepsilon_i\right) = \frac{l'_i}{3}\left(1 - \frac{1}{4}\,\varepsilon_i\right).$$

Somit gilt, da $l'_i = l'_k$, folgende *Gleichung für die Winkeländerungen des bei k bzw. i elastisch eingespannten Stabes*:

$$\left.\begin{aligned}
\underline{E\,J'\,\vartheta'_i = \tfrac{1}{3}\,l'_k\,(1 - \tfrac{1}{4}\,\varepsilon_k)} \quad\quad \text{(s. Abb. 8a)}, \\
\underline{E\,J'\,\vartheta'_k = \tfrac{1}{3}\,l'_i\,(1 - \tfrac{1}{4}\,\varepsilon_i)} \quad\quad \text{(s. Abb. 8b)}
\end{aligned}\right\} \quad (6)$$

[vgl. die nachstehende Form (6a) dieser Gleichung].

Man beachte:

$$l'_i = l'_k.$$

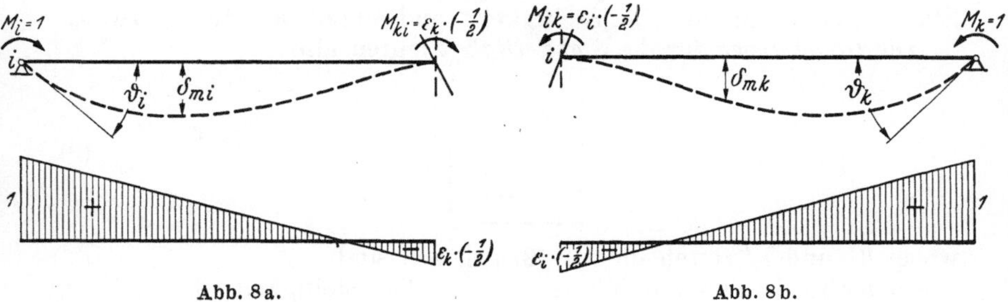

Abb. 8a.   Abb. 8b.

Die Durchbiegung δ_{mi} bzw. δ_{mk} des Punktes m ergibt sich aus Gleichung (2):

$$E\,J'\,\delta'_{mi} = \frac{l_i}{6}\,l'_i\left[1\,c_1 - \frac{1}{2}\,\varepsilon_k\,c_2\right],$$

$$E\,J'\,\delta'_{mk} = \frac{l_i}{6}\,l'_i\left[1\,c_2 - \frac{1}{2}\,\varepsilon_i\,c_1\right].$$

Damit erhalten wir folgende *Gleichung für die Durchbiegung im Punkte m des elastisch eingespannten Balkens* infolge der Momente M_i und M_k:

$$\left.\begin{aligned}
\underline{E\,J'\,\delta_{mi} = M_i\,\frac{l_i}{12}\,l'_i\,[2\,c_1 - \varepsilon_k\,c_2],} \\[2mm]
\underline{E\,J'\,\delta_{mk} = M_k\,\frac{l_i}{12}\,l'_i\,[2\,c_2 - \varepsilon_i\,c_1].}
\end{aligned}\right\} \quad (7)$$

c) Reduzierte Stablänge und Steifigkeitsgrad des elastisch eingespannten Stabes.

Wir führen folgende abkürzende *Bezeichnung* ein:

$$\left.\begin{aligned}
\underline{l''_i = l'_i\,(1 - \tfrac{1}{4}\,\varepsilon_i),} \\
\underline{l''_k = l'_k\,(1 - \tfrac{1}{4}\,\varepsilon_k).}
\end{aligned}\right\} \quad (8)$$

Die durch vorstehende Gl. (8) gegebenen Werte l''_i bzw. l''_k nennen wir die *reduzierte Stablänge des bei i bzw. k elastisch eingespannten Balkens.*

Mit dieser Bezeichnung schreibt sich dann Gl. (6) in folgender Form:

$$\left.\begin{array}{l} E\,J'\,\vartheta'_i = \dfrac{l''_k}{3} \quad \text{(s. Abb. 8a),}\\[2mm] \hline\\[-2mm] E\,J'\,\vartheta'_k = \dfrac{l''_i}{3} \quad \text{(s. Abb. 8b).} \end{array}\right\} \tag{6a}$$

Die Größe der durch Gl. (6a) gegebenen Winkeländerung des Stabes l_i ist ein Maßstab für die „Steifigkeit" des Stabes. Diese ist um so größer, je kleiner die Verdrehung ϑ ist, je weniger also der Stab unter der Einwirkung des Endmomentes nachgibt, d. h. die Steifigkeit ist umgekehrt proportional der Winkeländerung. Nun ist die Winkeländerung ϑ proportional der reduzierten Stablänge l'' [s. Gl. (6a)]. Wir bezeichnen daher den reziproken Wert von l''_i bzw. l''_k als den „Steifigkeitsgrad" des Stabes l_i oder kurz als die „Steifigkeit" und schreiben dafür s_i bzw. s_k.

Die *Gleichungen für die Stabsteifigkeit* lauten also:

$$\left.\begin{array}{l} s_i = \dfrac{1}{l''_i}\,,\\[2mm] \hline\\[-2mm] s_k = \dfrac{1}{l''_k}\,, \end{array}\right\} \tag{9}$$

wobei l''_i und l''_k durch die Gl. (8) gegeben sind.

In der Tat ist durch die Werte s_i bzw. s_k die „Steifigkeit" des Stabes l_i bzw. l_k gekennzeichnet. — Diese ist nämlich von drei Faktoren abhängig: von der Länge l des Stabes, seinem Querschnitt (bzw. dem Trägheitsmoment des Querschnitts) und seinem Einspanngrad. Die Steifigkeit des Stabes ist um so größer, je kürzer dieser ist, d. h. je kleiner die Länge l ist; ferner je größer das Trägheitsmoment, also der Wert J_i ist; schließlich je größer der Einspanngrad am eingespannten Stabende ist. Die Einspannung wirkt hierbei wie eine Verkürzung der Stablänge. Deshalb erscheint im Nenner von s_i die Länge l'_i um $\frac{1}{4}\varepsilon_i\,l'_i$ vermindert. s_i muß also umgekehrt proportional der Stablänge l_i, aber proportional dem Trägheitsmoment J_i sein; ferner muß die Stablänge um einen dem Einspanngrad proportionalen Betrag ($\frac{1}{4}\varepsilon_i$) vermindert erscheinen. — Daß s_i für den bei i, dagegen s_k für den bei k eingespannten Stab gilt, ist aus der Entwicklung ersichtlich.

Anmerkung: *Der Steifigkeitsgrad des gelenkig gelagerten und des eingespannten Stabes.*

Die Gl. (9) gibt den Wert des Steifigkeitsgrades für beliebige Einspanngrade ε. — Für die Grenzwerte $\varepsilon = 0$ und $\varepsilon = 1$ ergeben sich die früher bereits angegebenen Werte.

Für $\varepsilon = 0$ (gelenkig gelagerter Stab) ist:

$$s_i = \frac{1}{l'_i\,(1 - \frac{1}{4}\cdot 0)} = \frac{1}{l'_i}\,.$$

Für $\varepsilon = 1$ (starr eingespannter Stab) ist:

$$s_i = \frac{1}{l'_i\,(1 - \frac{1}{4}\cdot 1)} = \frac{1}{\frac{3}{4}l'_i}\,.$$

Der Reduktionsfaktor $(1 - \frac{1}{4}\varepsilon_i)$ liegt also zwischen 1 und $\frac{3}{4}$. Es gilt:

$$1 \geqq (1 - \tfrac{1}{4}\varepsilon_i) \geqq \tfrac{3}{4},$$

wobei der Wert 1 für den gelenkig gelagerten, der Wert $\frac{3}{4}$ für den starr eingespannten Stab gilt.

Der starr eingespannte Stab wirkt also hinsichtlich seiner Steifigkeit wie ein auf $\frac{3}{4}$ seiner Länge l' verkürzter Stab. Mit der vollen Länge l' wirkt nur der gelenkig gelagerte Stab. Beim elastisch eingespannten Stab erscheint die Länge um ein Stück $\frac{1}{4}\varepsilon_i\,l'_i$ verkürzt.

II. Das Stabgefüge. — Der Knoten.

Wir untersuchen nunmehr ein „Stabgefüge", d. h. eine Gruppe von beliebig vielen (n) Einzelstäben $l_a, l_b, l_c, \ldots$, die in einem Punkte i (Knotenpunkt) zusammenlaufen und daselbst starr miteinander verbunden sind (Abb. 9). — An den Endpunkten $a, b, c, \ldots$ sind diese Stäbe als elastisch eingespannt angenommen. Die Einspanngrade der einzelnen Stäbe seien $\varepsilon_a,\ \varepsilon_b,\ \varepsilon_c, \ldots$ Natürlich können einzelne dieser Werte ε, die normalerweise zwischen 0 und 1 liegen — oder auch alle —, die Extremwerte 0 oder 1 annehmen, d. h. einzelne oder alle Stabenden können auch gelenkig gelagert oder starr eingespannt sein.

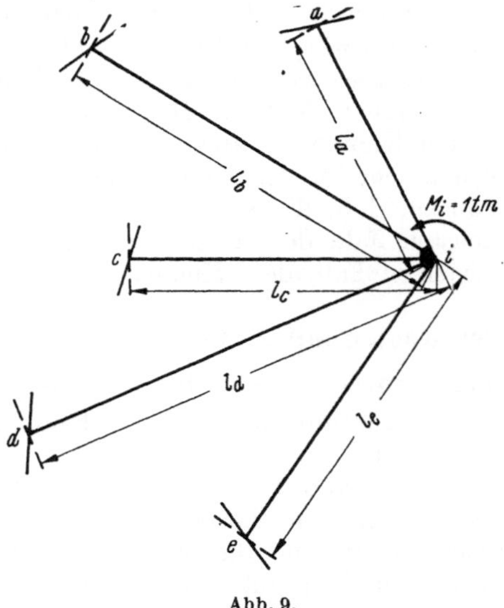

Abb. 9.

Als „*Knoten*" bezeichnen wir nicht so sehr den „Knotenpunkt", als vielmehr das den Knoten bildende „Stabgefüge", dieses als Gesamtheit aller zum Knoten gehörenden Stäbe gesehen. Dabei sind diese letzteren mit ihren besonderen elastischen Eigenschaften zu nehmen (Länge, Querschnitt bzw. Trägheitsmoment, Einspanngrad), kurz gesagt, mit ihren Steifigkeitsgraden $s_a,\ s_b,\ s_c,\ \ldots$

Die einzelnen Stäbe des Knotens bezeichnen wir als „*Knotenstäbe*". Je nach der Zahl der im Knoten zusammengefügten Stäbe sprechen wir von Knoten mit 1, 2, 3, ..., n Stäben oder von 1-, 2-, 3-, ... n-stäbigen Knoten.

Am häufigsten sind in der Konstruktionspraxis $(n = 1)$, $n = 2$, $n = 3$ und $n = 4$. Der einfachste Sonderfall $(n = 2)$ liegt beim durchlaufenden Träger auf starren Stützen vor; dessen Theorie ist daher durch die nachfolgenden Untersuchungen gleichfalls gegeben. — Die Fälle $n = 3$ und $n = 4$ finden wir bei den rahmenförmigen Trägern mit elastischen Stützen, also auch beim Stockwerkrahmen, desgleichen bei den Silozellen (vgl. Abb. 1 und 2). Es treten aber auch Systeme mit Knoten aus mehr als 4 Stäben auf, z. B. bei Fachwerken mit starren Knotenpunktsverbindungen (vgl. Abb. 3). Alle diese verschiedenen Fälle und Aufgaben werden durch die folgenden Untersuchungen erfaßt. Die hier entwickelten Endgleichungen gelten einheitlich für alle die genannten Tragwerke.

Wir sprechen im folgenden von „*Verdrehungen des Knotens*", insbesondere unter Einwirkung eines äußeren Momentes M. Diese Verdrehungen bedeuten die Lagenänderungen, d. h. die „Winkeländerungen" des Stabgefüges, also der Gesamtheit der im Knoten i starr miteinander verbundenen Stäbe. Das eine Stabende, etwa das von l_a (im Punkte i), verdreht sich dabei um ebensoviel wie das Ende irgendeines anderen Stabes, etwa l_c, da alle Stäbe in i starr miteinander verbunden sind. *Man kann daher bei der Berechnung der Knotenverdrehung die Verdrehung irgendeines der in i zusammenlaufenden Stäbe ins Auge fassen* oder, anders ausgedrückt, das äußere Moment M_i, als auf den Knoten einwirkend, kann an jedem Knotenstab angreifend angenommen werden.

Wir untersuchen nunmehr für den Knoten die Momentenverteilung und die Formänderungen, d. h. die Knotendrehwinkel, und zwar angefangen vom einfachsten Fall, dem Knoten mit 2 Stäben, und fortschreitend zum allgemeinen Fall, dem Knoten mit n Stäben.

1. Der Knoten mit 2 Stäben (Abb. 10).

a) Die Momentenverteilung in den Knotenstäben.

Wir fragen nach dem Einfluß eines auf den Knoten i wirkenden äußeren Momentes $M_i = 1$ tm.

Das System ist einfach statisch unbestimmt. Die Unbekannte ist das Einspannmoment X_a, mit dem die beiden Stäbe l_a und l_b aufeinander einwirken. Grundsystem sind die beiden in i gelenkig miteinander verbundenen Stäbe, die in a und b elastisch eingespannt sind. Die Belastungen $M_i = 1$ (äußere Belastung) und $X_a = 1$ am Grundsystem sind in Abb. 10a u. 10b dargestellt.

Die Unbekannte X_a ergibt sich aus der allgemeinen Gleichung:

$$X_a = -\frac{[am]}{[aa]}.$$

Der Zählerwert ist die Verschiebung des Angriffspunktes von X_a infolge der gegebenen äußeren Belastung $M_i = 1$, d. h. die Winkeländerung

oder Verdrehung des Stabendes von l_a (*oder* l_b) infolge $M_i = 1$ (s. Abb. 10a).
— Entsprechend ist $[a'a]$ die Verschiebung des Angriffspunktes von X_a
infolge $X_a = 1$, d. h. die Verdrehung der Endtangenten der beiden

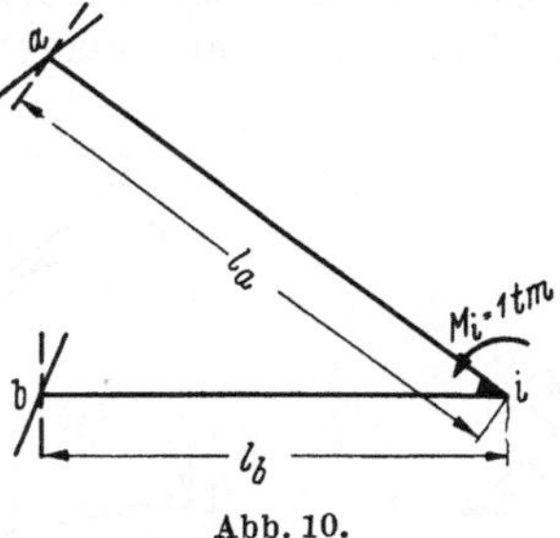

Abb. 10.

Stäbe l_a *und* l_b infolge der beiden entgegengesetzt gleichen Momente 1,
die den Belastungszustand $X_a = 1$ ausmachen (s. Abb. 10b).

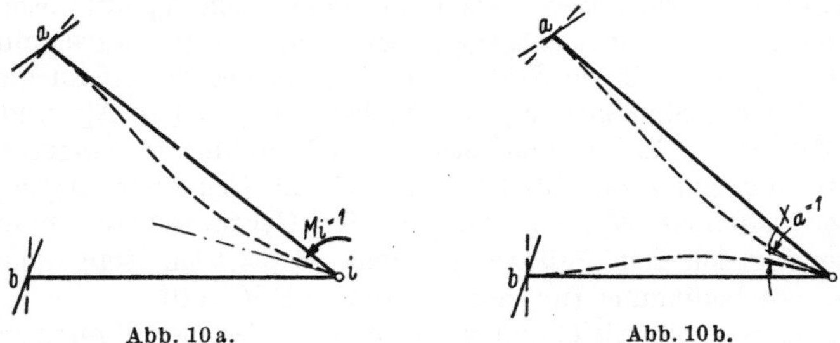

Abb. 10a.　　　　　　　　　　Abb. 10b.

Diese Winkeländerungen berechnen sich nach Gl. (6) bzw. (6a) wie
folgt:
$$[am] = \tfrac{1}{3} \cdot l_a'', \qquad [aa] = \tfrac{1}{3} \cdot [l_a'' + l_b''].$$
Somit wird
$$X_a = -\frac{l_a''}{l_a'' + l_b''}$$
oder, wenn man diesen Bruch durch $l_a'' \cdot l_b''$ kürzt:
$$X_a = -\frac{\dfrac{1}{l_b''}}{\dfrac{1}{l_a''} + \dfrac{1}{l_b''}}.$$

Im Stabe l_b wirkt dieses Moment X_a allein (vgl. Abb. 10a u. 10b);
im Stabe l_a greift außer X_a noch das äußere Moment $M_i = 1$ an. Somit wirkt an den Stabenden im Knotenpunkt i

$$\text{in } l_a: \quad M_{ai} = 1 + X_a = \frac{\dfrac{1}{l_a''}}{\dfrac{1}{l_a''} + \dfrac{1}{l_b''}};$$

$$\text{in } l_b: \quad M_{bi} = -X_a = \frac{\dfrac{1}{l_b''}}{\dfrac{1}{l_a''} + \dfrac{1}{l_b''}}.$$

Wir sehen, daß die Knotenstabmomente M_{ai} und M_{bi} den gleichen Nenner haben, nämlich die Summe der Stabsteifigkeiten der beiden Knotenstäbe. Die Zähler von M_{ai} bzw. M_{bi} sind gleich der Stabsteifigkeit des Einzelstabes l_a bzw. l_b. Die Summe der beiden Stabmomente ist gleich 1, d. h. gleich dem gegebenen äußeren Moment M_i.

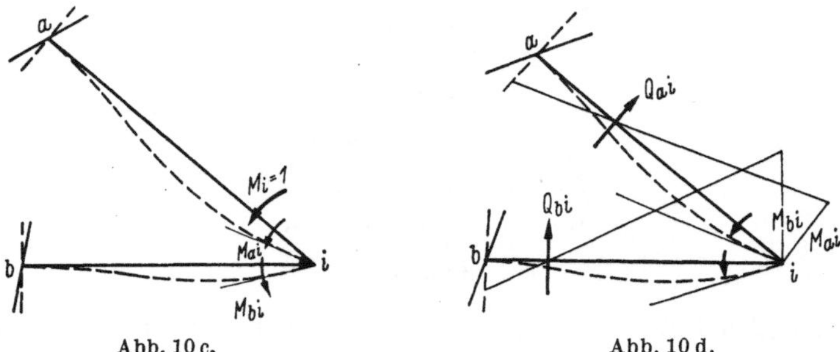

Abb. 10 c.   Abb. 10 d.

Anmerkung: Bei unserer Rechnung ergab sich X_a mit negativem Vorzeichen, d. h. X_a wirkt entgegengesetzt dem positiv angenommenen M_i (s. Abb. 10b). — Beide Stäbe l_a und l_b verbiegen sich im gleichen Sinne infolge der Momente $M_{bi} = X_a$ bzw. $M_{ai} = 1 + X_a$, und zwar gemäß Abb. 10c. Die in den Momenten-Nullpunkten eingetragenen Querkräfte der Stäbe (s. Abb. 10d) ergeben die Gegenwirkungen gegen das äußere Moment M_i. Die Summe der Gegenmomente muß entgegengesetzt gleich dem äußeren Moment M_i ($= 1$ tm) sein wegen der Gleichgewichtsbedingung für den Knoten i ($\Sigma M = 0$).

Es ist naturgemäß gleichgültig, ob man bei der Berechnung von X_a das äußere Moment M_i am Stabe l_a oder l_b angreifend annimmt. Das Ergebnis muß immer das gleiche sein; denn das Moment wirkt auf die starre Verbindung beider Stäbe, auf das Stabgefüge.

Die andere Art der Rechnung gestaltet sich wie folgt: Wird das Moment M_i am Stabe l_b angreifend angenommen, so wird

$$[am] = -\frac{l_b''}{3},$$

$$X_a = +\frac{l_b''}{l_a'' + l_b''} = +\frac{\dfrac{1}{l_a''}}{\dfrac{1}{l_a''} + \dfrac{1}{l_b''}} \qquad \text{(Moment } M_{ai} \text{ im Stab } l_a).$$

Also wird

$$M_{bi} = 1 - X_a = \frac{\dfrac{1}{l_b''}}{\dfrac{1}{l_a''} + \dfrac{1}{l_b''}} \qquad \text{(Moment } M_{bi} \text{ im Stab } l_b).$$

Das Ergebnis ist das gleiche wie vorhin.

b) Die Verdrehung des Knotens i. — Der Knotendrehwinkel.

Nachdem so die Momentenverteilung im Knoten bekannt ist, läßt sich auch die Formänderung, d. h. insbesondere die Verdrehung des Knotens oder der Knotendrehwinkel angeben. — Die Verdrehung des

Knotens, d. h. des Stabgefüges, ist identisch mit der Verdrehung eines Knotenstabes, etwa des Stabes l_a, weil die Stäbe in i starr miteinander verbunden sind. Die Verdrehung eines Stabes für ein am freien Ende wirkendes Moment 1 ist durch Gl. (6) gegeben. Hier wirkt nun an den Enden der Stäbe nicht das Moment 1, sondern M_{ai} bzw. M_{bi}. Mit diesem Wert ist somit die nach Gl. (6) gegebene Winkeländerung zu multiplizieren. Es ist also:

$$E\,J'\,\vartheta'_i = \frac{l''_a}{3}\;\frac{\dfrac{1}{l''_a}}{\dfrac{1}{l''_a}+\dfrac{1}{l''_b}} = \frac{1}{3}\;\frac{1}{\dfrac{1}{l''_a}+\dfrac{1}{l''_b}}\,.$$

Der Knotendrehwinkel ist also umgekehrt proportional der Summe der Stabsteifigkeiten. — Proportionalitätsfaktor ist $\frac{1}{3}$.

2. Der Knoten mit 3 Stäben (s. Abb. 11).

a) Die Momentenverteilung in den Knotenstäben.

Beim Knoten mit 3 Stäben betrachten wir den vorhin untersuchten Knoten mit 2 Stäben als (statisch unbestimmtes) Hauptsystem. Das

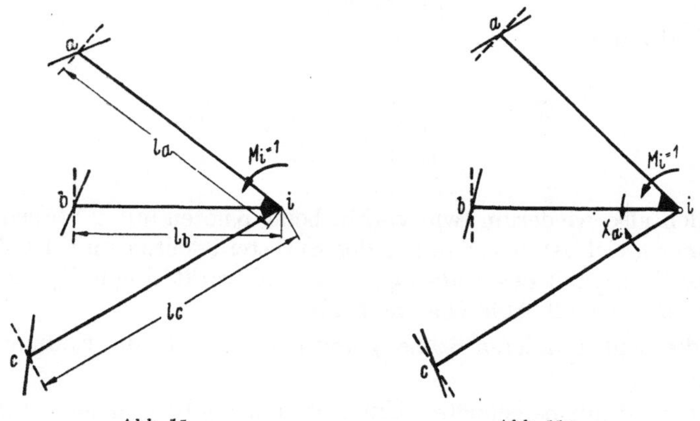

Abb. 11.   Abb. 11 a.

hinzugekommene Einspannmoment zwischen l_c und l_b ist die neue Unbekannte X_a (s. Abb. 11 a).

Wir schreiben wiederum

$$X_a = -\,\frac{[am]}{[aa]}\,;$$

$[am]$ ist die Verdrehung des in Abb. 11 a dargestellten Stabgefüges infolge $M = 1$ tm, d. h. die Verdrehung des Knotens mit zwei Stäben. Diese haben wir vorhin errechnet. Es ist also:

$$[am] = \frac{1}{3}\;\frac{1}{\dfrac{1}{l''_a}+\dfrac{1}{l''_b}}\,;$$

$[aa]$ ist die Verdrehung des in Abb. 11a dargestellten Hauptsystems infolge $X_a = 1$, d. h. die Verdrehung des Stabes l_c *und* des Knotens i mit 2 Stäben.

Beide Werte sind bekannt.

Es ist also:

$$[aa] = \frac{1}{3}\,l_c'' + \frac{1}{3}\,\frac{1}{\dfrac{1}{l_a''} + \dfrac{1}{l_b''}}\,.$$

Somit wird:

$$X_a = -\,\frac{\dfrac{1}{\dfrac{1}{l_a''} + \dfrac{1}{l_b''}}}{l_c'' + \dfrac{1}{\dfrac{1}{l_a''} + \dfrac{1}{l_b''}}}\,.$$

Wir erweitern den Bruch mit dem Produkt der reziproken Werte der beiden Glieder des Nenners, d. h. mit

$$\frac{1}{l_c''}\left[\frac{1}{l_a''} + \frac{1}{l_b''}\right]\,.$$

Es wird alsdann:

$$X_a = -\,\frac{\dfrac{1}{l_c''}}{\dfrac{1}{l_a''} + \dfrac{1}{l_b''} + \dfrac{1}{l_c''}} = M_{ci}\,.$$

Wir finden also wiederum, wie vorhin beim Knoten mit 2 Stäben, daß der Nenner gleich ist der Summe der Stabsteifigkeiten und der Zähler gleich der Steifigkeit des Stabes l_c, in dem X_a wirkt. Denn X_a wirkt als Moment M_{ci} gemäß Abb. 11a im Stab l_c.

Für die beiden anderen Stäbe l_b und l_a finden wir die Endmomente wie folgt:

Aus der vorhin berechneten Unbekannten ergibt sich jede statische Größe des Systems nach der Gleichung:

$$S = S_0 + S_a X_a\,.$$

Hier sind S_0 und S_a die Werte S im Hauptsystem infolge der äußeren Belastung (S_0) bzw. infolge $X_a = 1$ (S_a).

In unserem Falle ist zu beachten, daß S_0 für die beiden noch in Frage stehenden Knotenstäbe l_a und l_b den gleichen Wert hat wie S_a; denn das äußere Moment M und die Last (Unbekannte) $X_a = 1$ beanspruchen den Knoten mit zwei Stäben in der gleichen Weise; vgl. Abb. 11a. Man kann also schreiben:

$$S = S_0(1 + X_a)\,.$$

Somit wird das Moment im Stabe l_b:

$$M_{bi} = \frac{\frac{1}{l_b''}}{\frac{1}{l_a''} + \frac{1}{l_b''}} \left[1 - \frac{\frac{1}{l_c''}}{\frac{1}{l_a''} + \frac{1}{l_b''} + \frac{1}{l_c''}}\right] = \frac{\frac{1}{l_b''}}{\frac{1}{l_a''} + \frac{1}{l_b''} + \frac{1}{l_c''}}.$$

Entsprechend findet man für das Moment M_{ai} im Stabe l_a:

$$M_{ai} = \frac{\frac{1}{l_a''}}{\frac{1}{l_a''} + \frac{1}{l_b''}} \left[1 - \frac{\frac{1}{l_c''}}{\frac{1}{l_a''} + \frac{1}{l_b''} + \frac{1}{l_c''}}\right] = \frac{\frac{1}{l_a''}}{\frac{1}{l_a''} + \frac{1}{l_b''} + \frac{1}{l_c''}}.$$

b) Die Formänderung, d. h. der Knotendrehwinkel.

Die Formänderung ergibt sich hiernach ohne weiteres nach Gl. (6). Denn die Verdrehung des Knotens ist identisch mit der Verdrehung eines der Knotenstäbe, wie in der Einleitung zu diesem Abschnitt II bereits gesagt wurde. Der in Gl. (6a) angegebene Wert $\frac{l_a''}{3}$ ist hier noch mit dem Moment M_{ai} zu multiplizieren. Es ist also

$$E\,J'\,\vartheta_i = \frac{l_a''}{3}\; \frac{\frac{1}{l_a''}}{\frac{1}{l_a''} + \frac{1}{l_b''} + \frac{1}{l_c''}} = \frac{1}{3}\; \frac{1}{\frac{1}{l_a''} + \frac{1}{l_b''} + \frac{1}{l_c''}}.$$

Anmerkung: Das gleiche Ergebnis würde man erhalten, wenn man den Knotendrehwinkel als Verdrehung des Stabes l_b oder l_c auffassen und berechnen würde.

Wir finden also wiederum, daß der *Knotendrehwinkel* umgekehrt proportional der Summe der Stabsteifigkeiten ist. Proportionalitätsfaktor ist $\frac{1}{3}$.

Die Ergebnisse beim Knoten mit 3 Stäben entsprechen somit denjenigen beim Knoten mit 2 Stäben; nur der Nennerwert ist entsprechend der Zahl der Knotenstäbe geändert.

3. Der Knoten mit n Stäben (Abb. 9).

a) Die Momentenverteilung in den Knotenstäben.

Es ist ersichtlich, daß die vorstehenden Überlegungen und Rechnungen schrittweise fortgesetzt werden können und wir somit zum allgemeinen Fall des Knotens mit n Stäben kommen. Es ändert sich bei Vermehrung der Zahl der Knotenstäbe in den Gleichungen für die Stabmomente lediglich der Nennerwert, und zwar entsprechend der Zahl der Stäbe.

Wir erhalten somit allgemein die folgenden Gleichungen für die Knotenstabmomente bei Belastung eines Knotens i mit n Stäben durch ein äußeres Moment $M_i = 1$ tm.

$$\left.\begin{aligned}
M_{ai} &= \frac{\dfrac{1}{l_a''}}{\dfrac{1}{l_a''}+\dfrac{1}{l_b''}+\dfrac{1}{l_c''}+\cdots}\;; \\[2ex]
M_{bi} &= \frac{\dfrac{1}{l_b''}}{\dfrac{1}{l_a''}+\dfrac{1}{l_b''}+\dfrac{1}{l_c''}+\cdots}\;; \\[2ex]
M_{ci} &= \frac{\dfrac{1}{l_c''}}{\dfrac{1}{l_a''}+\dfrac{1}{l_b''}+\dfrac{1}{l_c''}+\cdots}\;; \\[1ex]
&\quad\vdots \qquad\qquad \vdots
\end{aligned}\right\} \qquad (10)$$

Erweitert man in vorstehenden Gleichungen die Brüche mit l_a'' bzw. l_b'' bzw. l_c'' usw., so ergeben sich die Momente in folgender Form:

$$\left.\begin{aligned}
M_{ai} &= \frac{1}{1+\dfrac{l_a''}{l_b''}+\dfrac{l_a''}{l_c''}+\cdots}\;; \\[2ex]
M_{bi} &= \frac{1}{1+\dfrac{l_b''}{l_a''}+\dfrac{l_b''}{l_c''}+\cdots}\;; \\[2ex]
M_{ci} &= \frac{1}{1+\dfrac{l_c''}{l_a''}+\dfrac{l_c''}{l_b''}+\cdots}\;; \\[1ex]
&\quad\vdots \qquad\qquad \vdots
\end{aligned}\right\} \qquad (10a)$$

Anmerkung: Für ein äußeres Moment M_i von beliebiger Größe gelten naturgemäß die M_i-fachen Werte.

Die *Zähler* in Gl. (10) stellen jeweils die „Stabsteifigkeiten" $s_a, s_b, s_c, \ldots$ des betreffenden (elastisch eingespannten) Stabes $l_a, l_b, l_c, \ldots$ dar [s. Gl. (9)]. — Sie haben folgende Werte [s. Gl. (9) u. (8)]:

$$\left.\begin{aligned}
s_a &= \frac{1}{l_a''} = \frac{1}{l_a'\left(1-\frac14\varepsilon_a\right)}\;; \\[1.5ex]
s_b &= \frac{1}{l_b''} = \frac{1}{l_b'\left(1-\frac14\varepsilon_b\right)}\;; \\[1.5ex]
s_c &= \frac{1}{l_c''} = \frac{1}{l_c'\left(1-\frac14\varepsilon_c\right)}\;; \\[1ex]
&\quad\vdots \qquad \vdots \qquad\quad \vdots
\end{aligned}\right\} \qquad (9a)$$

Der *Nenner* ist gleich der Summe der Stabsteifigkeiten der einzelnen Knotenstäbe. — Wir nennen diese Summe die „*Knotensteifigkeit*" des Knotens i und bezeichnen sie mit k_i. — Die Knotensteifigkeit hat also den Wert:

$$k_i = \frac{1}{l_a''}+\frac{1}{l_b''}+\frac{1}{l_c''}+\cdots \qquad (11)$$

Die Quotienten aus Stabsteifigkeit und Knotensteifigkeit, d. h. die Werte $\frac{s}{k}$ bezeichnen wir mit r und schreiben:

$$r_a = \frac{s_a}{k_i} \; ; \qquad r_b = \frac{s_b}{k_i} \; ; \qquad r_c = \frac{s_c}{k_i} \cdots \tag{12}$$

Diese Werte nennen wir die „*relative Stabsteifigkeit*" der einzelnen Knotenstäbe. Wir merken also:

$$\textit{Relative Stabsteifigkeit} = \frac{\textit{Stabsteifigkeit}}{\textit{Knotensteifigkeit}} \, .$$

Mit diesen Bezeichnungen erhalten wir für die in den einzelnen Knotenstäben l_a, l_b, l_c, ... auftretenden *Knotenstabmomente, die durch ein auf den Knoten wirkendes äußeres Moment M_i hervorgerufen werden,* die folgenden Gleichungen:

$$\left.\begin{aligned}
M_{ai} &= M_i\,r_a = M_i\,\frac{s_a}{k_i} \; ; \\[2mm]
M_{bi} &= M_i\,r_b = M_i\,\frac{s_b}{k_i} \; ; \\[2mm]
M_{ci} &= M_i\,r_c = M_i\,\frac{s_c}{k_i} \; ;
\end{aligned}\right\} \tag{10b}$$

$$\vdots \qquad \vdots \qquad \vdots$$

Vorstehende Gl. (10b) ist der Ausdruck für den „*Satz von der Verteilung der Knotenstabmomente*".

Greift an einem Knoten i mit n Stäben ein äußeres Moment M_i an, so übernimmt jeder einzelne Knotenstab einen Bruchteil dieses Momentes, der sich ergibt durch die Multiplikation des äußeren Momentes M_i mit der relativen Stabsteifigkeit des betreffenden Knotenstabes [Gl. (10b)].

Die relative Stabsteifigkeit (r) eines Stabes ist gleich dem Verhältnis der Stabsteifigkeit (s) zur Knotensteifigkeit (k) [s. Gl. (13)].

Es gelten des weiteren die Gleichungen:

$$M_{ai} : M_{bi} : M_{ci} : \cdots = \frac{1}{l_a''} : \frac{1}{l_b''} : \frac{1}{l_c''} : \cdots , \tag{13a}$$

$$M_{ai} + M_{bi} + M_{ci} + \cdots = M_i . \tag{13b}$$

Die einzelnen Stabmomente verhalten sich also zueinander wie die Stabsteifigkeiten [Gl. (13a)]. Ihre Summe ist gleich dem gegebenen äußeren Moment M_i [Gl. (13b)].

b) Die Formänderungen (Knotendrehwinkel) des Knotens mit n Stäben (Abb. 9).

Die Verdrehung des Knotens ist gegeben durch die Verdrehung eines Einzelstabes, etwa des Stabes l_a. Denn alle Stäbe sind im Knoten starr miteinander verbunden.

2*

Die Verdrehung des Stabendes eines elastisch eingespannten Stabes infolge eines Momentes $M_i = 1$ tm berechnet sich nach Gl. (6) bzw. (6a). Hier ist das Moment nicht gleich 1, sondern — für den Stab l_a — gleich M_{ai}.

$$E\,J'\,\vartheta_i' = \frac{l_a''}{3}\,M_{ai} = \frac{l_a''}{3}\;\frac{\dfrac{1}{l_a''}}{\dfrac{1}{l_a''}+\dfrac{1}{l_b''}+\dfrac{1}{l_c''}+\cdots} = \frac{1}{3}\,\frac{1}{k_i}\,,$$

$$E\,J'\,\vartheta_i' = \frac{1}{3}\,\frac{1}{k_i}\,. \tag{14}$$

Dabei ist gemäß Gl. (12):

$$k_i = \frac{1}{l_a''} + \frac{1}{l_b''} + \frac{1}{l_c''} + \cdots$$

Gl. (14) besagt:

Die Winkeländerung ϑ_i' eines Knotens i ist umgekehrt proportional der Knotensteifigkeit k_i. Proportionalitätsfaktor ist $\frac{1}{3}$.

Anmerkung: Der durch Gl. (14) dargestellte Wert ϑ_i' gibt den Knotendrehwinkel infolge eines äußeren Momentes $M_i = 1$ tm, für ein beliebiges Moment M_i ergibt sich naturgemäß der M_i-fache Wert von ϑ_i'.

Vergleicht man den Wert ϑ_i' in Gl. (14) mit dem für einen Einzelstab gültigen Wert ϑ_i' nach Gl. (6), so ist klar, daß der letztere lediglich einen Sonderfall des nach Gl. (14) gegebenen Wertes für den Knotendrehwinkel darstellt, und zwar für den Fall $n = 1$ (Knoten mit nur *einem* Knotenstab).

Damit sind alle für die folgenden Rechnungen benötigten statischen Größen eines durch ein Moment M_i beanspruchten Knotens i gegeben, und zwar sowohl die Knotenstabmomente [s. Gl. (10)] als auch der Knotendrehwinkel [s. Gl. (14)].

III. Der Knotenstabzug. Die Einspanngrade ε.

Im vorigen haben wir einen einzelnen Knoten betrachtet und dabei insbesondere die Momentenverteilung in den Knotenstäben sowie die Größe der Formänderungen (Knotendrehwinkel) untersucht [Gl. (10) und (14)]. — Nunmehr betrachten wir ein zusammenhängendes System von Knoten, die durch Stäbe bzw. durch eine Stabfolge untereinander verbunden sind.

Anmerkung: Die hier entwickelten Gedankengänge und Ergebnisse, insbesondere auch die Verwendung der Einspanngrade zur Berechnung der rahmenartigen Tragwerke, finden sich auch in der einen oder anderen Form an manchen Stellen der Fachliteratur. So hat z. B. Prof. Dr.-Ing. Saliger, Wien, in seinem bereits in 6. Auflage erschienenen Werk „Praktische Statik" von jeher, auch schon in den ersten Auflagen, die „Berechnung des Einspanngrades" in einem besonderen Kapitel behandelt und zahlenmäßig erläutert. — Zielsetzung und Aufbau der vorliegenden Untersuchungen sind indessen auf Grund anders gearteter Gedankengänge entwickelt, wenn auch Einzelergebnisse mit denen bereits bekannter Verfahren ganz oder teilweise übereinstimmen.

1. Allgemeine Angaben. Bezeichnungen.

Wir nahmen bei jedem Knotenstab am Ende eine elastische Einspannung an und kennzeichneten diese auch in den Abbildungen (s. Abb. 5). Damit brachten wir zum Ausdruck, daß an jedem Stabende ein irgendwie gestaltetes Tragwerk sich anschließt. Dieses wird im allgemeinen wiederum ein System von Knoten darstellen, wobei unter „Knoten" immer wieder die Knotenstabgefüge verstanden sein sollen. So können sich die mannigfachsten Formen eines Tragsystems ergeben (vgl. Abb. 12).

Von Knoten zu Knoten reicht je ein Knotenstab. Aus dieser Stabfolge betrachten wir nun *einen* zusammenhängenden Zug von Stäben,

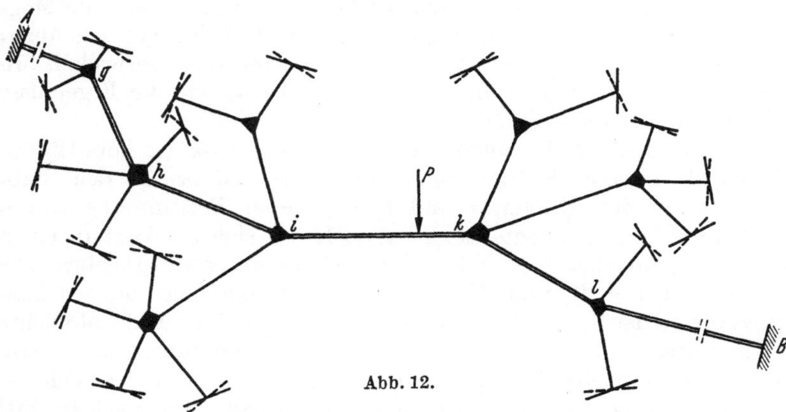

Abb. 12.

der von einem Ausgangspunkt A bis zu einem Endpunkt B reicht (in Abb. 12 durch Doppelstrich gekennzeichnet). Diese die einzelnen Knoten verbindenden Stäbe ergeben eine Stabfolge oder einen „Stabzug", den wir als „Knotenstabzug" bezeichnen wollen. — An sich gibt es in einem Tragwerk mannigfache Stabzüge. Wir wählen für unsere Untersuchungen die zusammenhängende Reihe derjenigen Stäbe des Systems, an denen die äußere Belastung angreift. Das wird z. B. beim Stockwerkrahmen (s. Abb. 1) im allgemeinen die Stabfolge der horizontalen Riegel sein. Unter Umständen können in ein und demselben System aber auch verschiedene solcher (belasteten) Stabzüge in Frage kommen, die sich dann in den einzelnen Knotenpunkten kreuzen. So werden wir mitunter neben der Stabfolge der horizontalen Riegel auch die Reihe der vertikalen Ständer als „Stabzug" den Untersuchungen zugrunde legen müssen.

Die einzelnen Knoten des Stabzuges, der sich zwischen den Enden A und B erstreckt, bezeichnen wir mit $A, a, b, c, \ldots, g, h, i, k, l, \ldots, y, z, B$. An den Endpunkten A und B liegen bestimmte Einspanngrade vor, d. h. entweder gelenkige Lagerung ($\varepsilon = 0$) oder starre Einspannung ($\varepsilon = 1$). Es mag auch vorkommen, daß die Einspannungen elastisch sind, also ε zwischen 0 und 1 liegt. Dann muß ε_A und ε_B angenommen oder geschätzt oder irgendwie vorberechnet, jedenfalls aber bekannt, d. h. gegeben, sein.

In jedem Knotenpunkt können beliebig gestaltete Tragwerke angeschlossen sein. Nur muß allenthalben die *Voraussetzung* erfüllt sein, daß alle Knotenpunkte horizontal und vertikal unverschieblich sind. Jeder Stabzug muß über eine Folge von Stäben zu Anfangs- und Endpunkten (hier A und B) führen, deren Einspanngrade gegeben sind.

Wir legen unseren Untersuchungen als Belastung eine wandernde Einzellast P zugrunde (s. Abb. 12). Die Wirkung einer jeden Last an jeder Stelle des Stabzuges erstreckt sich auf alle Teile des zusammenhängenden Systems, letzten Endes bis in die letzten Verästelungen hinein.

Anmerkung: Ob und inwieweit diese Ausstrahlung der Lasteinwirkung der Größe nach von Bedeutung ist, kann hier vorerst dahingestellt bleiben. Die Ergebnisse unserer Berechnungen müssen die Möglichkeit bieten, die Beanspruchungen in jedem Teil des Systems anzugeben. Danach scheint die Aufgabe zunächst reichlich verwickelt. In Wirklichkeit gestalten sich die Rechnungen ebenso wie die Ergebnisse (Endgleichungen) recht einfach.

Steht die Last P in einem beliebigen Feld $i—k$ (s. Abb. 12), so sind es insbesondere die Einspannmomente M_i und M_k an den Stabenden, also in den Knoten i und k, auf deren Bestimmung es ankommt. Sind diese Momente bekannt, so lassen sich die Wirkungen in den übrigen, unbelasteten Teilen des Systems unschwer angeben. Die Einspannmomente M_i und M_k sind nun aber abhängig von den Einspanngraden ε der Stabenden i und k. Desgleichen sind für die Momente in allen übrigen Stäben des Systems die Einspanngrade ε dieser einzelnen Stäbe maßgebend, und zwar gibt es deren zwei in jedem Feld. — Die Einspanngrade ε zu bestimmen, ist deshalb das nächste Ziel unserer Untersuchungen.

2. Die Einspanngrade ε_i und ε_k eines Feldes l_i.

a) Gleichungen für die Werte ε_i und ε_k.

In nachstehender Abb. 13 ist ein zwischen zwei Knoten i und k liegender Stab von der Länge l_i (oder l_k) dargestellt. — Wir suchen den Wert der Einspanngrade ε_i und ε_k.

Wir gaben früher die Begriffsbestimmung des Wertes ε_i in Hinblick auf die Gleichung [s. Gl. (5b)]:

$$\varepsilon_i = \frac{M'_{ik}}{(-\frac{1}{2})} \;;$$

Hiernach ergibt sich ε_i aus dem Moment M_{ik}, das in i durch ein in k angreifendes Moment 1 hervorgerufen wird. — Dementsprechend beseitigen wir (s. Abb. 13) die Einspannung in k und bringen dort das Moment 1 an. Für diese Belastung ist das in i auftretende Moment M'_{ik} zu bestimmen.

Dieses Moment M'_{ik} ist die Unbekannte eines einfach statisch unbestimmten Systems, wenn der Knoten i mitsamt dem angegliederten System, d. h. mit den elastischen Einspannungen der Knotenstäbe und der zugehörigen Systemteile, als (statisch bestimmtes) Hauptsystem angesehen wird. Als statisch bestimmt können wir den Knoten i ansehen, nachdem wir den Momentenverlauf in den Knotenstäben durch

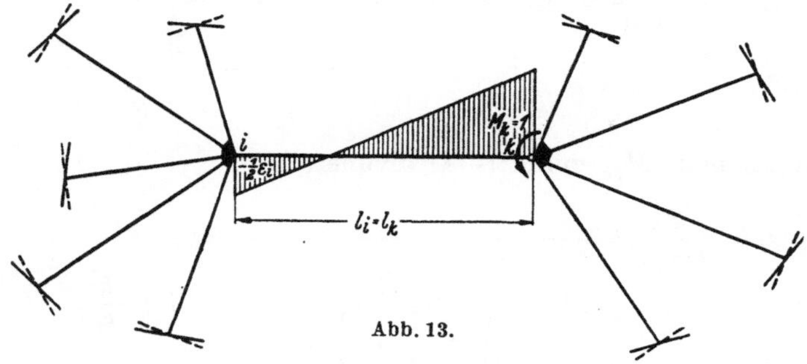

Abb. 13.

unsere früheren Untersuchungen klargestellt haben [s. Gl. (10)]. — Nennen wir fürs erste das in i auftretende Moment X_i, so ist

$$X_i = -\frac{[i\,m]}{[i\,i]}.$$

Der Zählerwert $[i\,m]$ ist die Verschiebung von i infolge der äußeren Belastung P_m, hier also infolge $M_k = 1$, d. h. die Verdrehung des Stabendes bei i infolge $M_k = 1$. Somit ist [s. Gl. (1)]

$$[i\,m] = \frac{l_i'}{6}.$$

Der Nennerwert $[i\,i]$ stellt die Verschiebung von i, d. h. des Angriffspunktes von X_i, infolge $X_i = 1$ dar. $X_i = 1$ besteht aus zwei entgegengesetzt gleichen Kräftepaaren 1, von denen das eine auf den gelenkig gelagerten Stab l_i, das andere auf den Knoten i wirkt (s. Abb. 14).

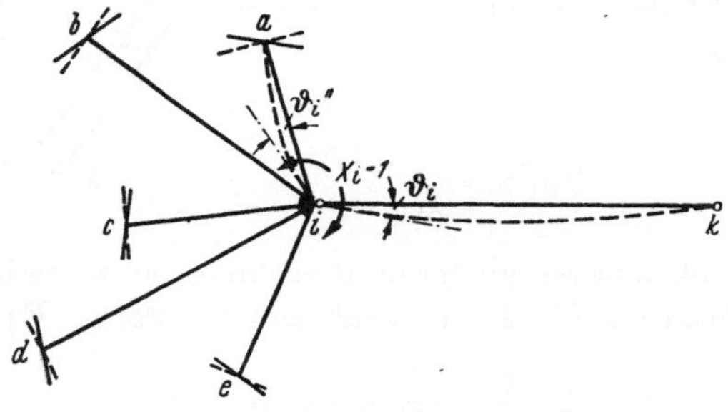

Abb. 14.

Die Verdrehung des Stabes l_i berechnet sich nach Gl. (1) bzw. (6), die des Knotens i nach Gl. (14). Es ergibt sich also:

$$[i\,i] = \vartheta_i' + \vartheta_i'' = \frac{l_i'}{3} + \frac{1}{3}\frac{1}{k_i}$$

oder

$$[i\,i] = \frac{l_i'}{3}\left[1 + \frac{\dfrac{1}{l_i'}}{\dfrac{1}{l_a''} + \dfrac{1}{l_b''} + \dfrac{1}{l_c''} + \cdots}\right].$$

Somit ergibt sich:

$$X_i = -\frac{[im]}{[ii]} = M_{ik} = -\frac{1}{2}\cdot\frac{1}{1 + \dfrac{\dfrac{1}{l_i'}}{\dfrac{1}{l_a''} + \dfrac{1}{l_b''} + \dfrac{1}{l_c''} + \cdots}}$$

oder, wenn man M_{ik} durch $(-\tfrac{1}{2})$ dividiert,

$$\varepsilon_i = \frac{M_{ik}}{(-\tfrac{1}{2})} = \frac{1}{1 + \dfrac{\dfrac{1}{l_i'}}{\dfrac{1}{l_a''} + \dfrac{1}{l_b''} + \dfrac{1}{l_c''} + \cdots}} = \frac{1}{1 + \dfrac{\dfrac{1}{l_i'}}{k_i}}\,.$$

In diesem Ausdruck stellt das zweite Glied im Nenner das Verhältnis der „Stabsteifigkeit" des gelenkig, also mit $\varepsilon = 0$, angeschlossenen Stabes l_i zur „Knotensteifigkeit" des Knotens i dar. Zu beachten ist hierbei, daß im Zähler des Bruches der Wert $\dfrac{1}{l_i'}$, also nicht etwa $\dfrac{1}{l_i''}$ steht, d. h. es handelt sich um die Steifigkeitsziffer des aus dem Knotengefüge herausgenommenen, gelenkig gelagerten (mit $\varepsilon = 0$ eingespannten) Gliedes l_i des Knotenstabzuges (s. Abb. 14).

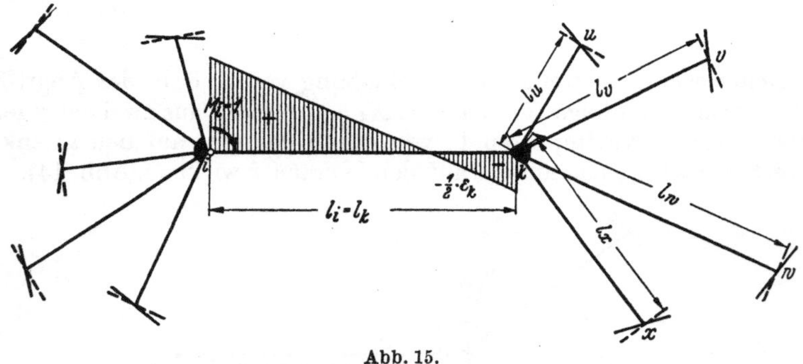

Abb. 15.

Für den Zweck unserer späteren Berechnungen schreiben wir den vorstehenden Ausdruck für ε_i in etwas anderer Form. Es sei

$$\lambda_i = l_i'\left[\frac{1}{l_a''} + \frac{1}{l_b''} + \frac{1}{l_c''} + \cdots\right].$$

Diese Größe λ_i ist der reziproke Wert des zweiten Gliedes im Nenner des vorstehenden Ausdruckes für ε_i .

Wir erhalten:

$$\varepsilon_i = \frac{1}{1 + \dfrac{1}{\lambda_i}} = \frac{\lambda_i}{\lambda_i + 1}\,.$$

Der Einspanngrad ε_k am anderen Ende des Stabes l_i ergibt sich durch entsprechende Rechnung, und zwar unter Zugrundelegung von Abb. 15.

Man findet:

$$\varepsilon_k = \cfrac{1}{1 + \cfrac{\dfrac{1}{l_k'}}{\dfrac{1}{l_u''} + \dfrac{1}{l_v''} + \dfrac{1}{l_w''} + \cdots}} = \cfrac{1}{1 + \cfrac{\dfrac{l_k'}{}}{k_k}} \cdot$$

Wir schreiben:

$$\lambda_k = l_k' \left[\frac{1}{l_u''} + \frac{1}{l_v''} + \frac{1}{l_w''} + \cdots \right]$$

und erhalten:

$$\varepsilon_k = \cfrac{1}{1 + \cfrac{1}{\lambda_k}} = \frac{\lambda_k}{\lambda_k + 1} \cdot$$

Ergebnis: *Gleichungen für die Einspanngrade ε_i und ε_k* (vgl. Abb. 14 und 15):

$$\left. \begin{aligned} \varepsilon_i &= \frac{\lambda_i}{\lambda_i + 1} , \\[2ex] \varepsilon_k &= \frac{\lambda_k}{\lambda_k + 1} \cdot \end{aligned} \right\} \tag{15}$$

oder

$$\left. \begin{aligned} \varepsilon_i &= \cfrac{1}{1 + \cfrac{1}{\lambda_i}} , \\[3ex] \varepsilon_k &= \cfrac{1}{1 + \cfrac{1}{\lambda_k}} \cdot \end{aligned} \right\} \tag{15a}$$

Hierbei ist:

$$\left. \begin{aligned} \lambda_i &= \frac{l_i'}{l_a''} + \frac{l_i'}{l_b''} + \frac{l_i'}{l_c''} + \cdots ; \\[2ex] \lambda_k &= \frac{l_k'}{l_u''} + \frac{l_k'}{l_v''} + \frac{l_k'}{l_w''} + \cdots \cdot \end{aligned} \right\} \tag{15b}$$

Anmerkung: In diesen Gleichungen ist $l_i' = l_k'$, d. i. die reduzierte Stablänge $\left(l' = l \dfrac{J'}{J} \right)$ des (gelenkig gelagerten) Stabes l_i ($= l_k$). l_a'', l_b'', l_c'' bzw. l_u'', l_v'', l_w'', $\ldots$ sind die reduzierten Stablängen der elastisch eingespannten Knotenstäbe l_a, l_b, l_c, $\ldots$ des Knotens i bzw. der Knotenstäbe l_u, l_v, l_w, $\ldots$ des Knotens k. — Für jeden Wert l'' gilt Gl. (8), d. h. z. B. $l_a'' = l_a' (1 - \frac{1}{4} \varepsilon_a)$. Hier bedeutet ε_a den Einspanngrad im Endpunkt a des Stabes l_a (s. Abb. 14).

In gleicher Weise sind für jeden Stab des Stabzuges je zwei Einspanngrade zu bestimmen. *Die Gesamtheit dieser Einspanngrade ε bildet die notwendige, aber auch ausreichende Unterlage zur Berechnung der Unbekannten der Aufgabe, nämlich der Einspannmomente M in den einzelnen Feldern.* — Bevor wir diesen letzten Teil unserer Untersuchungen behandeln, soll noch kurz der rechnerische Weg zur Bestimmung der Werte ε besprochen werden.

b) Rechnerische Ermittlung der Einspanngrade ε_i und ε_k.

Wie aus Gl. (15b) zu ersehen ist, berechnen sich die Werte λ und damit auch die Werte ε aus den Längenverhältnissen der elastisch eingespannten bzw. gelenkig (mit der Einspannung 0) gelagerten Stäbe. Zur Bestimmung von ε_i und ε_k des Stabes l_i $(= l_k)$ müssen also die Einspanngrade ε der zu den Knoten i und k gehörigen Knotenstäbe, d. h. die Werte ε_a, ε_b, ε_c, ... bzw. ε_u, ε_v, ε_w, ... bekannt sein. Um aber ε_a, ε_b, ε_c, ... bzw. ε_u, ε_v, ε_w, ... angeben zu können, müssen wir entsprechend wiederum die Werte ε der Stäbe des vorangehenden Knotens kennen und so fort bis zum Anfangsfeld. Erst dort ist nämlich, beim Endpunkt A bzw. B, der Einspanngrad bekannt oder gegeben. Das ist, wie früher angeführt, Voraussetzung unserer Rechnung.

Damit ist aber der *Rechnungsgang* gegeben:

Wir beginnen mit dem Endfeld des Stabzuges, und zwar, um zunächst die Werte ε_i zu bestimmen, mit dem *linken* Endfeld, also bei A. Hier ist ε_A gegeben. Damit kann der Wert ε_a für das zweite Feld berechnet werden, und zwar nach Gl. (15). So ist die Rechnung von Feld zu Feld fortzusetzen bis zum Endfeld, wo sich ε_z ergibt.

Zwecks Ermittlung der Werte ε_k wird der gleiche Rechnungsgang vom *rechten* Endfeld aus, also von B beginnend, durchgeführt; ε_B muß bekannt sein. Von diesem Wert aus bestimmen sich alle folgenden ε_k nach Gl. (15).

Die Berechnung läßt sich in einfachster Weise tabellarisch durchführen. Die näheren Angaben hierzu folgen an anderer Stelle.

Aus den so gefundenen Werten ε_i und ε_k, die für jedes Einzelfeld zu bestimmen sind, berechnen sich die Unbekannten nach dem nunmehr zu behandelnden Verfahren.

IV. Berechnung der Einspannmomente M_i und M_k, d. h. der Unbekannten in einem Stabzugfelde l_i. Gleichungen für M_i und M_k bei einzelnen Belastungsarten.

1. Einzellasten P. — Einflußlinien.

Ein Stab l_i $(= l_k)$ zwischen den Knoten i und k des Stabzuges sei mit einer Last $P = 1$ t im Abstande x vom rechten Stabende belastet. Wir fragen nach der Größe der Einspannmomente M_i und M_k an den Enden von l_i $(= l_k)$ (s. Abb. 16).

Jedes der beiden Momente M_i und M_k ist die Unbekannte (X_i bzw. X_k) eines mehr oder minder hochgradig (n-fach) statisch unbestimmten Systems. Wir müßten also X als Quotienten zweier Verschiebungen des $(n-1)$-fach statisch unbestimmten Hauptsystems schreiben.

$$M_i = X_i = -\frac{[im \cdot n - 1]}{[ii \cdot n - 1]}.$$

Zähler und Nenner von M_i sind Verschiebungen des Hauptsystems, das sich nach Beseitigung von M_i (s. Abb. 16), d. h. nach Anbringung eines Gelenkes in i, ergibt.

Nun sind uns aber auf Grund der vorstehenden Untersuchungen die Kräftewirkungen und elastischen Deformationen dieses Hauptsystems bekannt. Wir können daher das in Abb. 16 dargestellte Hauptsystem, nämlich den in k elastisch eingespannten Balken mit gelenkiger Verbindung gegen den Knoten i, als statisch bestimmt ansehen.

Wir schreiben somit:

$$M_i = X_i = -\frac{[im]}{[ii]}.$$

Der Zähler- ebenso wie der Nennerwert stellen Verschiebungen (d. h. Verdrehungen) des Angriffspunktes i von X_i dar, und zwar der Zähler infolge P_m, der Nenner infolge $X_i = 1$. Der Belastungszustand $X_i = 1$ ist in Abb. 16 dargestellt; es sind zwei entgegengesetzt gleiche

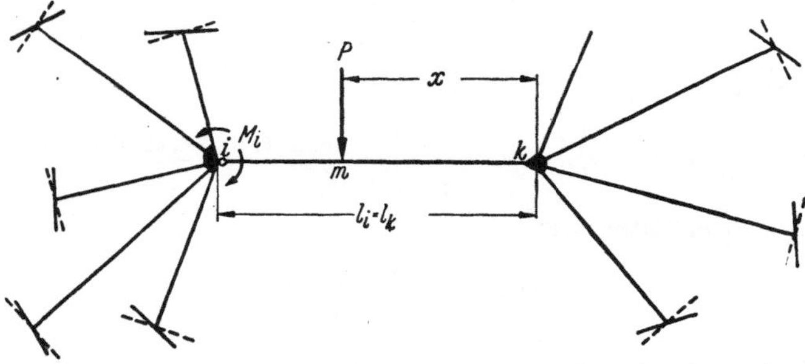

Abb. 16.

Kräftepaare 1 in i, von denen das eine auf den in k elastisch eingespannten Stab $l_i (= l_k)$, das andere auf den Knoten i wirkt. Die Formänderungen infolge dieser Belastungen sind durch unsere früheren Untersuchungen gegeben.

Der *Zähler* $[im]$ berechnet sich nach Gl. (2) als Durchbiegung des Punktes m des Stabes $l_i (= l_k)$ infolge der Lastengruppe $M_i = 1$ und $M_k = (-\frac{1}{2})\,\varepsilon_k$ (s. Abb. 16) wie folgt:

$$[im] = \frac{l_i\,l_i'}{6}\left[c_1 - \frac{1}{2}\,\varepsilon_k\,c_2\right].$$

Der *Nennerwert* $[ii]$ stellt die Summe zweier Drehwinkel dar, und zwar des Winkels ϑ_i' der Endtangente des Stabes $l_i (= l_k)$ und des Knotendrehwinkels ϑ_i''. Es ist somit nach Gl. (6), welche die Verdrehung eines elastisch eingespannten Stabes angibt, und nach Gl. (14), welche die Winkeländerung eines Knotens darstellt,

$$[ii] = \vartheta_i' + \vartheta_i'' = \frac{1}{3}\,l_k'' + \frac{1}{3}\,\frac{1}{k_i}.$$

Für l_k'' schreiben wir gemäß Gl. (8):

$$l_k'' = l_k'\,(1 - \tfrac{1}{4}\,\varepsilon_k).$$

Somit ist:

$$[ii] = \frac{1}{3}\, l'_k \left(1 - \frac{1}{4}\, \varepsilon_k\right) + \frac{1}{3}\, \frac{1}{k_i},$$

$$[ii] = \frac{1}{3}\, l'_k \left[1 - \frac{1}{4}\, \varepsilon_k + \frac{\dfrac{1}{l'_k}}{k_i}\right].$$

Nach Gl. (15) ist:

$$\varepsilon_i = \frac{\lambda_i}{\lambda_i + 1}.$$

Bei der Berechnung von ε_i (s. S. 25) fanden wir:

$$\frac{\dfrac{1}{l'_k}}{k_i} = \frac{1}{\lambda_i}.$$

Aus vorstehender Gleichung für ε_i ergibt sich aber:

$$\frac{1}{\lambda_i} = \frac{1 - \varepsilon_i}{\varepsilon_i}.$$

Es wird also:

$$[ii] = \frac{1}{3}\, l'_k \left[1 - \frac{1}{4}\, \varepsilon_k + \frac{1 - \varepsilon_i}{\varepsilon_i}\right] = \frac{1}{3}\, l'_k \, \frac{\varepsilon_i - \frac{1}{4}\varepsilon_i \varepsilon_k + 1 - \varepsilon_i}{\varepsilon_i};$$

da $l'_i = l'_k$, so erhalten wir:

$$[ii] = \frac{1}{3}\, l'_i \, \frac{1 - \frac{1}{4}\varepsilon_i \varepsilon_k}{\varepsilon_i}.$$

Damit ergibt sich der *Wert der Unbekannten* $X_i = M_i$ wie folgt:

$$M_i = X_i = -\frac{[im]}{[ii]} = -\frac{l_i\, l'_i}{6}\, \frac{3}{l'_i}\, \frac{\varepsilon_i}{1 - \frac{1}{4}\varepsilon_i \varepsilon_k} \left[c_1 - \frac{1}{2}\, \varepsilon_k\, c_2\right]$$

oder für eine beliebige Last P:

$$M_i = -P\, \frac{l_i}{2}\, \frac{\varepsilon_i}{1 - \frac{1}{4}\varepsilon_i \varepsilon_k} \left[c_1 - \frac{1}{2}\, \varepsilon_k\, c_2\right].$$

Entsprechend gestaltet sich die Berechnung der Unbekannten $X_k = M_k$, wenn man ein Gelenk in k anbringt und den in i elastisch eingespannten Stab [Moment $(-\frac{1}{2})\, \varepsilon_i$ in i] betrachtet (s. Abb. 13).

Es wird:

$$[kk] = \frac{1}{3}\, l''_i + \frac{1}{3}\, \frac{1}{k_k} = \frac{1}{3}\, l'_i \left[1 - \frac{1}{4}\, \varepsilon_i + \frac{\dfrac{1}{l'_i}}{k_k}\right]$$

oder [s. Gl. (15)]:

$$[kk] = \frac{1}{3}\, l'_i \left[1 - \frac{1}{4}\, \varepsilon_i + \frac{1}{\lambda_k}\right] = \frac{1}{3}\, l'_i \left[1 - \frac{1}{4}\, \varepsilon_i + \frac{1 - \varepsilon_k}{\varepsilon_k}\right],$$

$$[kk] = \frac{1}{3}\, l'_i \, \frac{1 - \frac{1}{4}\varepsilon_i \varepsilon_k}{\varepsilon_k}.$$

Ferner wird nach Gl. (2):

$$[km] = \frac{l_i\, l'_i}{6} \left[c_2 - \frac{1}{2}\, \varepsilon_i\, c_1\right].$$

Also ergibt sich:

$$M_k = -P\frac{l_i}{2}\,\frac{\varepsilon_k}{1-\frac14\varepsilon_i\varepsilon_k}\left[c_2 - \frac12\varepsilon_i c_1\right].$$

Wir erhalten somit:

$$M_i = -\frac{P\,l_i}{2}\,\frac{\varepsilon_i}{1-\frac14\varepsilon_i\varepsilon_k}\left[c_1 - \frac12\varepsilon_k c_2\right],$$

$$M_k = -\frac{P\,l_i}{2}\,\frac{\varepsilon_k}{1-\frac14\varepsilon_i\varepsilon_k}\left[c_2 - \frac12\varepsilon_i c_1\right].$$

Ergebnis: *Gleichungen für die Einspannmomente M_i und M_k.*

$$\left.\begin{aligned}
M_i = M_0\,\nu_i = M_0\frac{y_i}{n_i} &= -\frac{P\,l_i}{2}\,\frac{c_1 - \frac12\varepsilon_k c_2}{n_i}\;;\\[2mm]
M_k = M_0\,\nu_k = M_0\frac{y_k}{n_k} &= -\frac{P\,l_i}{2}\,\frac{c_2 - \frac12\varepsilon_i c_1}{n_k}\;;
\end{aligned}\right\} \qquad (16)$$

Hierin ist:

a) $\quad M_0 = -\dfrac{P\,l_i}{2}\,;$

c) $\quad\begin{cases} y_i = c_1 - \frac12\varepsilon_k c_2,\\[1mm] y_k = c_2 - \frac12\varepsilon_i c_1, \end{cases}$

b) $\quad\begin{cases} \dfrac{1}{n_i} = \dfrac{\varepsilon_i}{1-\frac14\varepsilon_i\varepsilon_k}\;;\\[3mm] \dfrac{1}{n_k} = \dfrac{\varepsilon_k}{1-\frac14\varepsilon_i\varepsilon_k}\;; \end{cases}$

d) * $\quad\begin{cases} c_1 = \dfrac{x}{l}\left(1-\dfrac{x}{l}\right)\left(1+\dfrac{x}{l}\right),\\[3mm] c_2 = \dfrac{x}{l}\left(1-\dfrac{x}{l}\right)\left(2-\dfrac{x}{l}\right). \end{cases}$

Erläuterung: In vorstehender Gl. (16) erscheint der doppelte Wert des *Größtmomentes* M_0 des gelenkig gelagerten einfachen Balkens $\left(M_0 = -\dfrac{P\,l}{2},\right.$ d. i. das Doppelte des Momentes für eine Einzellast P in Balkenmitte$\left.\right)$, multipliziert mit einem Reduktionsfaktor ν $\left(\text{Quotient } \nu_i = \dfrac{y_i}{n_i} \text{ bzw. } \nu_k = \dfrac{y_k}{n_k}\right)$, der stets kleiner als 1 ist.

Die Nennerwerte n_i und n_k bzw. deren reziproke Werte $\dfrac{1}{n_i}$ und $\dfrac{1}{n_k}$ sind einfache Funktionen der Einspanngrade ε_i und ε_k, also von der Laststellung unabhängige Konstante.

Der *Zählerwert y_i* bzw. y_k ist von der Laststellung abhängig. Wir bezeichnen deshalb y_i und y_k als „*Belastungsglieder*". Diese sind maßgeblich bestimmt durch die Werte c_1 und c_2, die ihrerseits eine Funktion des Abstandsverhältnisses $\dfrac{x}{l}$ darstellen; x ist der Abstand der Einzellast P vom rechten Balkenende.

Durch die Werte y_i und y_k sind die Ordinaten der *Einflußlinien der Einspannmomente M_i und M_k* gegeben (s. Abb. 17). Das gilt freilich zunächst nur für die Öffnung l_i ($= l_k$). Wie der weitere Verlauf der Einflußlinien für die übrigen Felder des Knotenstabzuges festgelegt wird, soll an anderer Stelle gezeigt werden.

---

* Vgl. Statik II/2, S. 8.

Gl. (16) gilt allgemein, d. h. für beliebige Einspanngrade ε_i und ε_k bzw. für beliebig gestaltete Stabgefüge oder Knotengebilde, somit also ebensowohl für den einfachen durchlaufenden Balken (Knoten

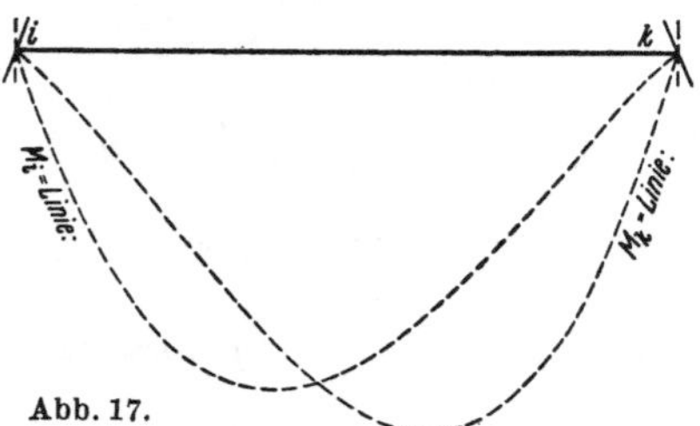

Abb. 17.

mit nur einem Stab) wie auch für den Stockwerkrahmen oder ein Silozellensystem u. dgl. (vgl. Abb. 1, 2, 3).

Anmerkung: Rechnet man den Abstand x' der Last P gemäß Abb. 16a vom linken Auflager, d. h. von i aus, so lautet die Gleichung für M_i bzw. M_k:

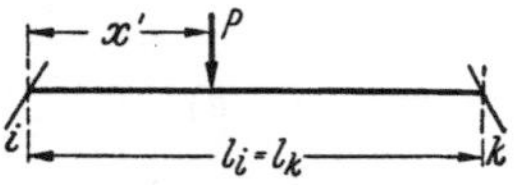

Abb. 16a.

$$\left.\begin{aligned}
M_i &= M_0\,\nu_i = M_0\,\frac{y_i}{n_i} = -\,\frac{P\,l_i}{2}\,\frac{c_2' - \tfrac{1}{2}\varepsilon_k c_1'}{n_i}\,, \\[2mm]
M_k &= M_0\,\nu_k = M_0\,\frac{y_k}{n_k} = -\,\frac{P\,l_i}{2}\,\frac{c_1' - \tfrac{1}{2}\varepsilon_i c_2'}{n_k}\,.
\end{aligned}\right\} \tag{16a}$$

Hierbei ist:
$$c_1' = \frac{x'}{l}\left(1 - \frac{x'}{l}\right)\left(1 + \frac{x'}{l}\right),$$
$$c_2' = \frac{x'}{l}\left(1 - \frac{x'}{l}\right)\left(2 - \frac{x'}{l}\right).$$

Auch für andersgeartete Belastungen, z. B. gleichmäßig oder dreieckförmig verteilte Lasten, nehmen die Gleichungen für die Einspannmomente M_i und M_k dieselbe äußere Form an wie Gl. (16). Nur die Belastungsglieder und die Werte M_0 ändern sich. Die dementsprechenden Ausdrücke sollen nunmehr im folgenden angegeben werden.

2. Gleichmäßige Teilbelastung mit p t/m (s. Abb. 18).

Der Zählerwert $[im]$ der Unbekannten X_i, d. h. des Einspannmomentes M_i, berechnet sich wie folgt [*]:

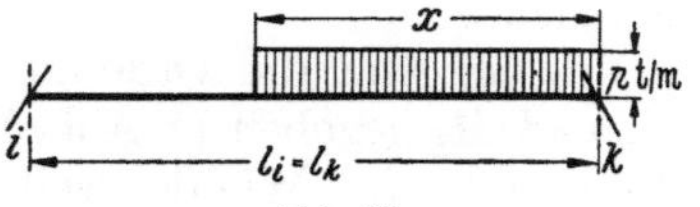

Abb. 18.

$$[im] = \frac{p\,l_i^2}{24}\,l_i'\,[M_i'\,k_1 + M_k'\,k_2].$$

---

[*] Vgl. Statik II/2, S. 9.

Die beiden an den Stabenden wirkenden Momente sind:

$$M_i' = 1; \qquad M_k' = \left(-\tfrac{1}{2}\right)\varepsilon_k \qquad \text{(s. Abb. 15)}.$$

$$[im] = \frac{p\,l_i^2}{24}\,l_i'\left[1\cdot k_1 - \frac{1}{2}\,\varepsilon_k\,k_2\right],$$

$$[km] = \frac{p\,l_i^2}{24}\,l_i'\left[1\cdot k_2 - \frac{1}{2}\,\varepsilon_i\,k_1\right] \qquad \text{(s. Abb. 13)}.$$

Hier ist:

$$k_1 = \left(\frac{x}{l}\right)^2\left[2 - \left(\frac{x}{l}\right)^2\right], \qquad\qquad [ii] = \frac{l_i'}{3}\,n_i,$$

$$k_2 = \left(\frac{x}{l}\right)^2\left[2 - \frac{x}{l}\right]^2, \qquad\qquad [kk] = \frac{l_i'}{3}\,n_k.$$

Somit wird:

$$M_i = -\frac{p\,l_i^2}{8}\,\frac{1}{n_i}\left[k_1 - \frac{1}{2}\,\varepsilon_k\,k_2\right];$$

$$M_k = -\frac{p\,l_i^2}{8}\,\frac{1}{n_k}\left[k_2 - \frac{1}{2}\,\varepsilon_i\,k_1\right].$$

Ergebnis: *Gleichungen für die Einspannmomente M_i und M_k.*

$$\left.\begin{aligned}
M_i &= M_0\,\nu_i = M_0\,\frac{y_i}{n_i} = -\frac{p\,l_i^2}{8}\,\frac{k_1 - \frac{1}{2}\varepsilon_k\,k_2}{n_i}\,; \\[2mm]
M_k &= M_0\,\nu_k = M_0\,\frac{y_k}{n_k} = -\frac{p\,l_i^2}{8}\,\frac{k_2 - \frac{1}{2}\varepsilon_i\,k_1}{n_k}\,.
\end{aligned}\right\} \qquad (17)$$

Hierin ist:

a) $\quad M_0 = -\dfrac{p\,l_i^2}{8}\,;$

c) $\quad\begin{cases} y_i = k_1 - \tfrac{1}{2}\,\varepsilon_k\,k_2, \\ y_k = k_2 - \tfrac{1}{2}\,\varepsilon_i\,k_1, \end{cases}$

b) $\quad\begin{cases} \dfrac{1}{n_i} = \dfrac{\varepsilon_i}{1 - \frac{1}{4}\varepsilon_i\,\varepsilon_k}\,; \\[2mm] \dfrac{1}{n_k} = \dfrac{\varepsilon_k}{1 - \frac{1}{4}\varepsilon_i\,\varepsilon_k}\,; \end{cases}$

d)* $\quad\begin{cases} k_1 = \left(\dfrac{x}{l}\right)^2\left[2 - \left(\dfrac{x}{l}\right)^2\right], \\[2mm] k_2 = \left(\dfrac{x}{l}\right)^2\left[2 - \dfrac{x}{l}\right]^2. \end{cases}$

Anmerkung: Rechnet man den Abstand x' gemäß Abb. 18a vom linken Auflager, d. h. von i aus, so lautet die Gleichung für M_i bzw. M_k:

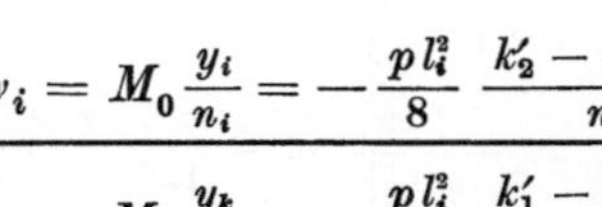

Abb. 18 a.

$$\left.\begin{aligned}
M_i &= M_0\,\nu_i = M_0\,\frac{y_i}{n_i} = -\frac{p\,l_i^2}{8}\,\frac{k_2' - \frac{1}{2}\varepsilon_k\,k_1'}{n_i}\,, \\[2mm]
M_k &= M_0\,\nu_k = M_0\,\frac{y_k}{n_k} = -\frac{p\,l_i^2}{8}\,\frac{k_1' - \frac{1}{2}\varepsilon_i\,k_2'}{n_k}\,.
\end{aligned}\right\} \qquad (17\,\text{a})$$

---

* Vgl. Statik II/2, S. 14.

Hier ist:

$$k_1' = \left(\frac{x'}{l}\right)^2 \left[2 - \left(\frac{x'}{l}\right)^2\right];$$

$$k_2' = \left(\frac{x'}{l}\right)^2 \left[2 - \frac{x'}{l}\right]^2.$$

Sonderfall: *Gleichmäßige Vollbelastung mit p t/m, gemäß Abb. 19.*

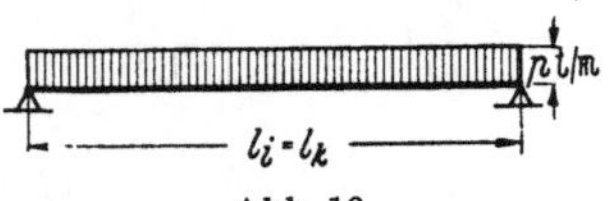

Abb. 19.

Hier ist:

$$k_1 = k_2 = 1; \qquad y_i = 1 - \tfrac{1}{2}\,\varepsilon_k; \qquad y_k = 1 - \tfrac{1}{2}\,\varepsilon_i;$$

$$\left.\begin{array}{l} M_i = M_0\,\nu_i = M_0\,\dfrac{y_i}{n_i} = -\,\dfrac{p\,l_i^2}{8}\,\dfrac{1 - \tfrac{1}{2}\varepsilon_k}{n_i}\;; \\[2ex] M_k = M_0\,\nu_k = M_0\,\dfrac{y_k}{n_k} = -\,\dfrac{p\,l_i^2}{8}\,\dfrac{1 - \tfrac{1}{2}\varepsilon_i}{n_k}\,. \end{array}\right\} \qquad (17\mathrm{b})$$

3. Dreieckförmig verteilte Belastung.

a) Belastung gemäß Abb. 20.

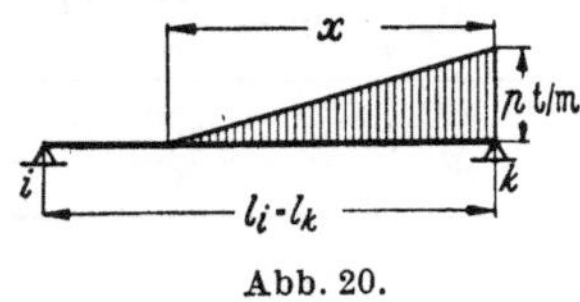

Abb. 20.

Der Zählerwert $[im]$ der Unbekannten X_i, d. h. das Einspannmoment M_i, berechnet sich wie folgt*:

$$[im] = \frac{p\,l_i^2}{360}\,l_i' \left[M_i'\,r_1 + M_k'\,r_2\right].$$

Hier ist:

$$M_i' = 1; \qquad M_k' = -\tfrac{1}{2}\,\varepsilon_k \qquad \text{(s. Abb. 15).}$$

Also wird:

$$[im] = \frac{p\,l_i^2}{360}\,l_i' \left[1 \cdot r_1 - \frac{1}{2}\,\varepsilon_k\,r_2\right].$$

Ebenso:

$$[km] = \frac{p\,l_i^2}{360}\,l_i' \left[1 \cdot r_2 - \frac{1}{2}\,\varepsilon_i\,r_1\right] \qquad \text{(s. Abb. 13).}$$

Für den Nennerwert $[ii]$ bzw. $[kk]$ fanden wir:

$$[ii] = \frac{l_i'}{3}\,\frac{1 - \tfrac{1}{4}\varepsilon_i\,\varepsilon_k}{\varepsilon_i}\;;$$

$$[kk] = \frac{l_i'}{3}\,\frac{1 - \tfrac{1}{4}\varepsilon_i\,\varepsilon_k}{\varepsilon_k}\,.$$

Somit wird:

$$X_i = M_i = -\,\frac{[im]}{[ii]} = -\,\frac{p\,l_i^2}{120}\,\frac{r_1 - \tfrac{1}{2}\varepsilon_k\,r_2}{n_i}\;;$$

$$X_k = M_k = -\,\frac{[km]}{[kk]} = -\,\frac{p\,l_i^2}{120}\,\frac{r_2 - \tfrac{1}{2}\varepsilon_i\,r_1}{n_k}\,.$$

---

* Vgl. Statik II/2, S. 10.

Hierbei ist:

$$r_1 = \left(\tfrac{x}{l}\right)^2 \left[10 - 3\left(\tfrac{x}{l}\right)^2\right] = 10\left(\tfrac{x}{l}\right)^2 \left[1 - \tfrac{3}{10}\left(\tfrac{x}{l}\right)^2\right];$$

$$r_2 = \left(\tfrac{x}{l}\right)^2 \left[20 - 15\tfrac{x}{l} + 3\left(\tfrac{x}{l}\right)^2\right] = 10\left(\tfrac{x}{l}\right)^2 \left[2 - \tfrac{3}{2}\tfrac{x}{l} + \tfrac{3}{10}\left(\tfrac{x}{l}\right)^2\right].$$

Wir schreiben nunmehr:

$$M_i = -\frac{p\,l_i^2}{12}\,\frac{r_1 - \tfrac{1}{2}\varepsilon_k r_2}{n_i}\,; \qquad\qquad M_k = -\frac{p\,l_i^2}{12}\,\frac{r_2 - \tfrac{1}{2}\varepsilon_i r_1}{n_k}.$$

Anmerkung: Hier bedeuten r_1 und r_2 $^1/_{10}$ der Werte, die in der Zahlentabelle, Statik II/2, S. 15, angegeben sind. Sie sind im II. Teil dieses Buches in der Tabelle S. 100 enthalten.

Ergebnis: *Gleichungen für die Einspannmomente M_i und M_k.*

$$\left.\begin{aligned}
M_i &= M_0 v_i = M_0\frac{y_i}{n_i} = -\frac{p\,l_i^2}{12}\,\frac{r_1 - \tfrac{1}{2}\varepsilon_k r_2}{n_i}\,; \\[2mm]
M_k &= M_0 v_k = M_0\frac{y_k}{n_k} = -\frac{p\,l_i^2}{12}\,\frac{r_2 - \tfrac{1}{2}\varepsilon_i r_1}{n_k}.
\end{aligned}\right\} \tag{18}$$

Hierin ist:

a) $\quad M_0 = -\dfrac{p\,l_i^2}{12}\,;$

c) $\quad \begin{cases} y_i = r_1 - \tfrac{1}{2}\varepsilon_k r_2, \\ y_k = r_2 - \tfrac{1}{2}\varepsilon_i r_1; \end{cases}$

b) $\quad \begin{cases} \dfrac{1}{n_i} = \dfrac{\varepsilon_i}{1 - \tfrac{1}{4}\varepsilon_i \varepsilon_k}\,, \\[3mm] \dfrac{1}{n_k} = \dfrac{\varepsilon_k}{1 - \tfrac{1}{4}\varepsilon_i \varepsilon_k}\,; \end{cases}$

d) $\quad \begin{cases} r_1 = \left(\tfrac{x}{l}\right)^2\left[1 - \tfrac{3}{10}\left(\tfrac{x}{l}\right)^2\right], \\[3mm] r_2 = \left(\tfrac{x}{l}\right)^2\left[2 - \tfrac{3}{2}\tfrac{x}{l} + \tfrac{3}{10}\left(\tfrac{x}{l}\right)^2\right]. \end{cases}$

Anmerkung: Rechnet man den Abstand x' gemäß Abb. 20a vom linken Auflager, d. h. von i aus, so lautet die Gleichung für M_i bzw. M_k:

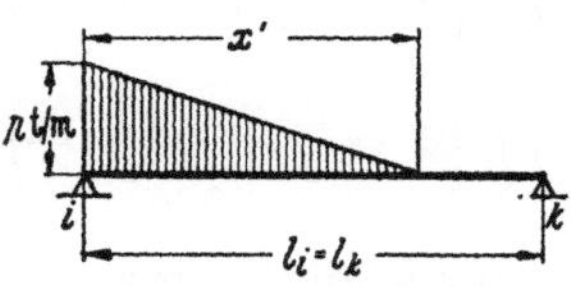

Abb. 20a.

$$\left.\begin{aligned}
M_i &= M_0 v_i = M_0\frac{y_i}{n_i} = -\frac{p\,l_i^2}{12}\,\frac{r_2' - \tfrac{1}{2}\varepsilon_k r_1'}{n_i}\,; \\[2mm]
M_k &= M_0 v_k = M_0\frac{y_k}{n_k} = -\frac{p\,l_i^2}{12}\,\frac{r_1' - \tfrac{1}{2}\varepsilon_i r_2'}{n_k}\,;
\end{aligned}\right\} \tag{18a}$$

wobei:

$$r_1' = \left(\tfrac{x'}{l}\right)^2\left[1 - \tfrac{3}{10}\left(\tfrac{x'}{l}\right)^2\right];$$

$$r_2' = \left(\tfrac{x'}{l}\right)^2\left[2 - \tfrac{3}{2}\tfrac{x'}{l} + \tfrac{3}{10}\left(\tfrac{x'}{l}\right)^2\right].$$

b) Belastung gemäß Abb. 21.

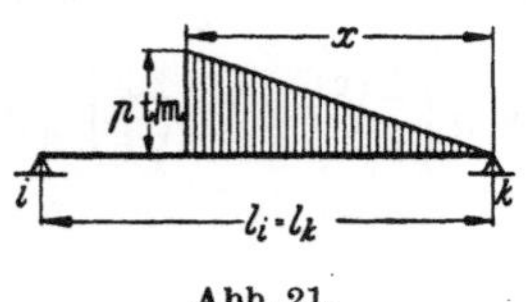

Abb. 21.

Der Zählerwert $[im]$ der Unbekannten X_i, d. h. das Einspannmoment M_i, berechnet sich wie folgt *:

$$[im] = \frac{p\,l_i^2}{360}\,l_i'\left[1\cdot t_1 - \frac{1}{2}\,\varepsilon_k\,t_2\right];$$

$$t_1 = 4\left(\frac{x}{l}\right)^2\left[5 - 3\left(\frac{x}{l}\right)^2\right] = 10\left(\frac{x}{l}\right)^2\left[2 - \frac{6}{5}\left(\frac{x}{l}\right)^2\right];$$

$$t_2 = \left(\frac{x}{l}\right)^2\left[40 - 45\frac{x}{l} + 12\left(\frac{x}{l}\right)^2\right] = 10\left(\frac{x}{l}\right)^2\left[4 - \frac{9}{2}\frac{x}{l} + \frac{6}{5}\left(\frac{x}{l}\right)^2\right].$$

$$[ii] = \frac{l_i'}{3}\,n_i;$$

$$X_i = M_i = -\frac{[im]}{[ii]} = -\frac{p\,l_i^2}{360}\,3\cdot 10\frac{t_1 - \frac{1}{2}\varepsilon_k\,t_2}{n_i} = -\frac{p\,l_i^2}{12}\frac{t_1 - \frac{1}{2}\varepsilon_k\,t_2}{n_i}.$$

Die Unbekannte X_k, d. h. das Einspannmoment M_k, errechnet sich auf gleiche Weise zu:

$$X_k = M_k = -\frac{[km]}{[kk]} = -\frac{p\,l_i^2}{360}\,3\cdot 10\frac{t_2 - \frac{1}{2}\varepsilon_i\,t_1}{n_k} = -\frac{p\,l_i^2}{12}\frac{t_2 - \frac{1}{2}\varepsilon_i\,t_1}{n_k};$$

$$t_1 = \left(\frac{x}{l}\right)^2\left[2 - \frac{6}{5}\left(\frac{x}{l}\right)^2\right];$$

$$t_2 = \left(\frac{x}{l}\right)^2\left[4 - \frac{9}{2}\frac{x}{l} + \frac{6}{5}\left(\frac{x}{l}\right)^2\right].$$

Anmerkung: Die hier für t_1 und t_2 verwandten Ausdrücke ergeben bei zahlenmäßiger Ausrechnung $1/10$ der Werte, die in der Zahlentabelle, Statik II/2, S. 16 angegeben sind. Sie sind zahlenmäßig in der Tabelle S. 101 enthalten.

Ergebnis: *Gleichungen für die Einspannmomente M_i und M_k.*

$$\left.\begin{array}{l}M_i = M_0\,\nu_i = M_0\dfrac{y_i}{n_i} = -\dfrac{p\,l_i^2}{12}\dfrac{t_1 - \frac{1}{2}\varepsilon_k\,t_2}{n_i};\\[2ex] M_k = M_0\,\nu_k = M_0\dfrac{y_k}{n_k} = -\dfrac{p\,l_i^2}{12}\dfrac{t_2 - \frac{1}{2}\varepsilon_i\,t_1}{n_k}.\end{array}\right\} \qquad (19)$$

____

* Vgl. Statik II/2, S. 11.

Hierin ist:

a) $\quad M_0 = -\dfrac{p\,l_i^2}{12}\;;$

c) $\begin{cases} y_i = t_1 - \frac{1}{2}\,\varepsilon_k\,t_2, \\[4pt] y_k = t_2 - \frac{1}{2}\,\varepsilon_i\,t_1; \end{cases}$

b) $\begin{cases} \dfrac{1}{n_i} = \dfrac{\varepsilon_i}{1 - \frac{1}{4}\,\varepsilon_i\,\varepsilon_k}\,, \\[10pt] \dfrac{1}{n_k} = \dfrac{\varepsilon_k}{1 - \frac{1}{4}\,\varepsilon_i\,\varepsilon_k}\,; \end{cases}$

d) $\begin{cases} t_1 = \left(\dfrac{x}{l}\right)^2\left[2 - \dfrac{6}{5}\left(\dfrac{x}{l}\right)^2\right], \\[10pt] t_2 = \left(\dfrac{x}{l}\right)^2\left[4 - \dfrac{9}{2}\,\dfrac{x}{l} + \dfrac{6}{5}\left(\dfrac{x}{l}\right)^2\right]. \end{cases}$

Anmerkung: Rechnet man den Abstand x' gemäß Abb. 21a vom linken Auflager, d. h. von i aus, so lautet die Gleichung für M_i bzw. M_k:

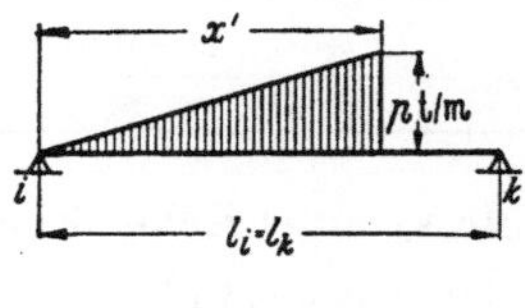

Abb. 21a.

$$M_i = M_0\,\nu_i = M_0\,\frac{y_i}{n_i} = -\,\frac{p\,l_i^2}{12}\;\frac{t_2' - \frac{1}{2}\,\varepsilon_k\,t_1'}{n_i}\;;$$

$$M_k = M_0\,\nu_k = M_0\,\frac{y_k}{n_k} = -\,\frac{p\,l_i^2}{12}\;\frac{t_1' - \frac{1}{2}\,\varepsilon_i\,t_2'}{n_k}\,.$$

$$\text{(19a)}$$

$$t_1' = \left(\frac{x'}{l}\right)^2\left[2 - \frac{6}{5}\left(\frac{x'}{l}\right)^2\right],$$

$$t_2' = \left(\frac{x'}{l}\right)^2\left[4 - \frac{9}{2}\,\frac{x'}{l} + \frac{6}{5}\left(\frac{x'}{l}\right)^2\right].$$

Sonderfall:

α) Dreieckförmige Vollbelastung gemäß Abb. 20 b.

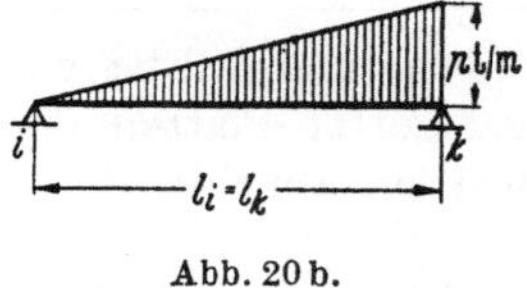

Abb. 20 b.

Für $\dfrac{x}{l} = 1\quad$ wird $\quad r_1 = \dfrac{7}{10};\quad r_2 = \dfrac{8}{10}\,.$

Somit ist:

$$M_i = -\,\frac{p\,l_i^2}{12}\,\frac{7}{10}\,\frac{1 - 0{,}57\,\varepsilon_k}{n_i}\;;$$

$$M_k = -\,\frac{p\,l_i^2}{12}\,\frac{8}{10}\,\frac{1 - 0{,}44\,\varepsilon_i}{n_k}\,.$$

$$\text{(18b)}$$

β) Dreieckförmige Vollbelastung gemäß Abb. 21 b.

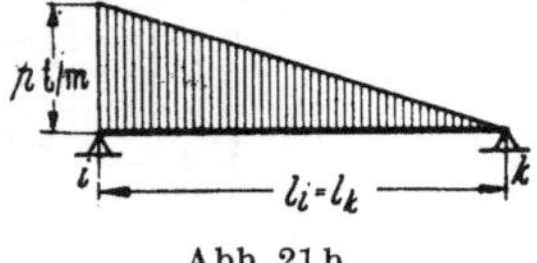

Abb. 21 b.

Für $\dfrac{x}{l} = 1$ wird $t_1 = \dfrac{8}{10}$; $t_2 = \dfrac{7}{10}$.

$$\left.\begin{aligned}
M_i &= -\frac{p\,l_i^2}{12}\frac{8}{10}\frac{1-0{,}44\,\varepsilon_k}{n_i}\;; \\[2ex]
M_k &= -\frac{p\,l_i^2}{12}\frac{7}{10}\frac{1-0{,}57\,\varepsilon_i}{n_k}.
\end{aligned}\right\} \qquad (19\mathrm{b})$$

c) Dreieckförmig verteilte symmetrische Belastung gemäß Abb. 22.

Diese Belastung setzt sich aus zwei gleichen Teilen zusammen, deren Einfluß sich nach G. (19) u. (19 a) errechnet.

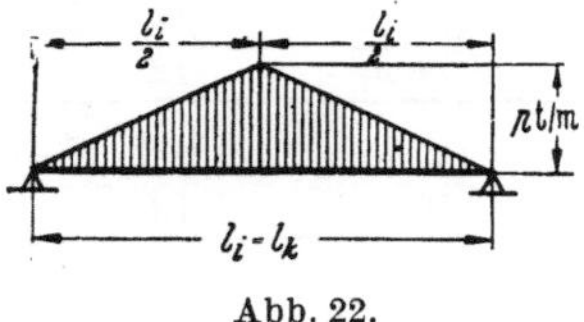

Abb. 22.

Da $\dfrac{x}{l} = \dfrac{x'}{l} = \dfrac{1}{2}$, so wird (Tabelle S. 101):

$$t_1 = 0{,}4250; \quad t_2 = 0{,}5125.$$

Damit ergibt sich:

$$\left.\begin{aligned}
M_i &= M_0\,v_i = M_0\frac{y_i}{n_i} = -\frac{p\,l_i^2}{12}\,0{,}937\,\frac{1-\frac{1}{2}\varepsilon_k}{n_i}\;; \\[2ex]
M_k &= M_0\,v_k = M_0\frac{y_k}{n_k} = -\frac{p\,l_i^2}{12}\,0{,}937\,\frac{1-\frac{1}{2}\varepsilon_i}{n_k}.
\end{aligned}\right\} \qquad (19\mathrm{c})$$

Anmerkung: Dieser Belastungsfall ist von besonderer praktischer Bedeutung bei vierseitig gelagerten Platten, die ihre Last auf die Riegel von rahmenartigen Tragwerken abgeben.

d) Trapezförmig verteilte symmetrische Belastung gemäß Abb. 22 a.

Diese Belastung kann aufgefaßt werden als rechteckige Vollbelastung, von der die beiden gleichen dreieckförmigen Lastanteile von der Länge x abgezogen werden.

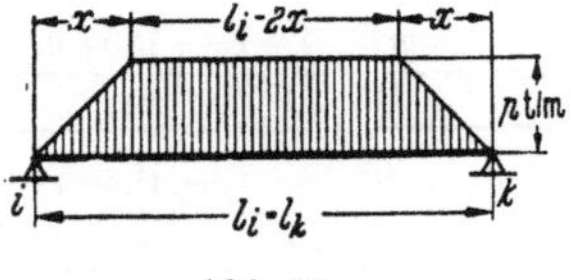

Abb. 22 a.

Es ist also:

$$M_i = -\frac{p\,l_i^2}{8}\,\frac{1 - \frac{1}{2}\varepsilon_k}{n_i} - \left(-\frac{p\,l_i^2}{12}\right)(r_1 + r_2)\frac{1 - \frac{1}{2}\varepsilon_k}{n_i}$$

$$= -\frac{p\,l_i^2}{8}\left[1 - \frac{2}{3}(r_1 + r_2)\right]\frac{1 - \frac{1}{2}\varepsilon_k}{n_i}$$

$$= -\frac{p\,l_i^2}{8}\,u\,\frac{1 - \frac{1}{2}\varepsilon_k}{n_i}\,.$$

Analog ergibt sich für:

$$M_k = -\frac{p\,l_i^2}{8}\,\frac{1 - \frac{1}{2}\varepsilon_i}{n_k} - \left(-\frac{p\,l_i^2}{12}\right)(r_1 + r_2)\frac{1 - \frac{1}{2}\varepsilon_i}{n_k}$$

$$= -\frac{p\,l_i^2}{8}\,u\,\frac{1 - \frac{1}{2}\varepsilon_i}{n_k}\,.$$

In diesen Gleichungen ist:

$$u = 1 - \frac{2}{3}(r_1 + r_2) = 1 - \left(\frac{x}{l}\right)^2\left(2 - \frac{x}{l}\right)\,.$$

Damit ergibt sich:

$$\left.\begin{aligned}
M_i = M_0\,v_i = M_0\,\frac{y_i}{n_i} = -\frac{p\,l_i^2}{8}\,u\,\frac{1 - \frac{1}{2}\varepsilon_k}{n_i}\;;\\[2mm]
M_k = M_0\,v_k = M_0\,\frac{y_k}{n_k} = -\frac{p\,l_i^2}{8}\,u\,\frac{1 - \frac{1}{2}\varepsilon_i}{n_k}\,.
\end{aligned}\right\} \qquad (19\,\mathrm{d})$$

Hierin ist:

$$M_0 = -\frac{p\,l_i^2}{8}\;;$$

$$y_i = u\,\frac{1 - \frac{1}{2}\varepsilon_k}{n_i}\,, \qquad y_k = u\,\frac{1 - \frac{1}{2}\varepsilon_i}{n_k}\,.$$

Die Werte u sind zahlenmäßig in der Tabelle S. 102 angegeben.

4. Belastung durch ein Moment (s. Abb. 23).

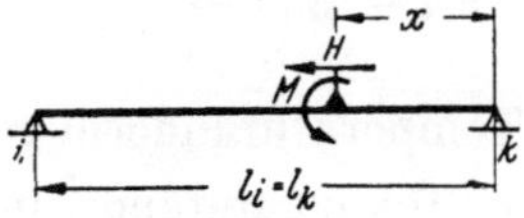

Abb. 23.

$$[i\,m] = M\,\frac{l_i'}{6}\left[1 \cdot s_1 - \left(-\frac{1}{2}\varepsilon_k\right)s_2\right]*;$$

$$= M\,\frac{l_i'}{6}\left[s_1 + \frac{1}{2}\varepsilon_k\,s_2\right];$$

$$[k\,m] = M\,\frac{l_i'}{6}\left[\left(-\frac{1}{2}\varepsilon_i\right)s_1 - 1 \cdot s_2\right];$$

$$= -M\,\frac{l_i'}{6}\left[s_2 + \frac{1}{2}\varepsilon_i\,s_1\right]*.$$

---

* Vgl. Statik II/2, S. 12.

Ergebnis: *Gleichung für die Einspannmomente M_i und M_k:*

$$\left.\begin{aligned}
M_i &= M_0\,\nu_i = -\frac{M}{2}\,\frac{s_1 + \tfrac{1}{2}\varepsilon_k\,s_2}{n_i}\;;\\[2ex]
M_k &= M_0\,\nu_k = +\frac{M}{2}\,\frac{s_2 + \tfrac{1}{2}\varepsilon_i\,s_1}{n_k}\;.
\end{aligned}\right\} \qquad (20)$$

$$s_1 = 1 - 3\left(\frac{x}{l}\right)^2;$$

$$s_2 = 1 - 3\left(1-\frac{x}{l}\right)^2,$$

(vgl. die Tabelle der Zahlenwerte für s_1 und s_2 S. 102).

Anmerkung: Wirkt das *Moment im umgekehrten Sinne*, so gelten die gleichen Beziehungen, wenn man x' vom linken Auflager, d. h. von i aus rechnet (s. Abb. 23a).

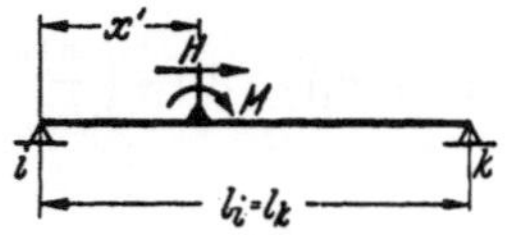

Abb. 23a.

$$[im] = M\,\frac{l_i'}{6}\left[\left(-\frac{1}{2}\varepsilon_k\right)s_1' - 1\cdot s_2'\right];$$

$$[km] = M\,\frac{l_i'}{6}\left[1\cdot s_1' - \left(-\frac{1}{2}\varepsilon_i\right)s_2'\right].$$

$$\left.\begin{aligned}
M_i &= M_0\,\nu_i = -\frac{M}{2}\,\frac{s_2' + \tfrac{1}{2}\varepsilon_k s_1'}{n_i}\;;\\[2ex]
M_k &= M_0\,\nu_k = +\frac{M}{2}\,\frac{s_1' + \tfrac{1}{2}\varepsilon_i s_2'}{n_k}\;.
\end{aligned}\right\} \qquad (20\,\text{a})$$

$$s_1' = 1 - 3\left(\frac{x'}{l}\right)^2;$$

$$s_2' = 1 - 3\left(1 - \frac{x'}{l}\right)^2.$$

5. Temperaturänderungen.

Im Felde l_i möge eine Temperaturänderung Δt auftreten. (Δt ist die Temperaturdifferenz zwischen oberem und unterem Querschnitt.) Es ist:

$$E\,J'\,[it] = E\,J'\int M_i\,\frac{\alpha_t\,\Delta t}{h}\,ds = E\,J'\,\frac{\alpha_t\,\Delta t}{h}\int M_i\,ds$$

$$= E\,J\,\frac{\alpha_t\,\Delta t}{h}\,\frac{l_i'}{2}\left[1 - \frac{1}{2}\varepsilon_k\right].$$

$$E\,J'\,[kt] = E\,J'\int M_k\,\frac{\alpha_t\,\Delta t}{h}\,ds = E\,J'\,\frac{\alpha_t\,\Delta t}{h}\int M_k\,ds$$

$$= E\,J\,\frac{\alpha_t\,\Delta t}{h}\,\frac{l_i'}{2}\left[1 - \frac{1}{2}\varepsilon_i\right]*.$$

---

* Vgl. Statik II/1, S. 34. Der dortige Wert ε des Wärmeausdehnungskoeffizienten ist hier ersetzt durch α_t.

Es ist:

$$[i\,i] = \frac{l_i'}{3}\,n_i\,; \qquad [k\,k] = \frac{l_i'}{3}\,n_k\,.$$

Somit:

$$\left.\begin{aligned}
M_i = M_0\,v_i &= -\frac{3}{2}\,E\,J\,\frac{\alpha_t\,\varDelta t}{h}\,\frac{1-\tfrac{1}{2}\varepsilon_k}{n_i}\,; \\[2mm]
M_k = M_0\,v_k &= -\frac{3}{2}\,E\,J\,\frac{\alpha_t\,\varDelta t}{h}\,\frac{1-\tfrac{1}{2}\varepsilon_i}{n_k}\,.
\end{aligned}\right\} \tag{21}$$

6. Stützensenkungen.

Irgendwelche Stützpunkte r mögen sich um δ_r senken, d. h. senkrecht verschieben.

Es gilt für den Zählerwert der Unbekannten X_i die Gleichung*:

$$E\,J'\,[i\,w] = -E\,J'\sum L_{ri}\,[l\,w] = -E\,J'\sum L_{ri}\,\delta_r\,.$$

Hier bedeutet L_{ri} die in Richtung der angenommenen Stützensenkungen δ_r beim Belastungszustand $X_i = 1$ auftretenden Stützendrücke. Diese Auflagerdrücke L_{ri} setzen sich zusammen aus den Wirkungen (Beiträgen) aller zum Belastungszustand $X_i = 1$ gehörenden Kräfte. Entsprechendes gilt für $[k\,w]$ bzw. L_{rk}.

Es ist:

$$[i\,i] = \frac{l_i'}{3}\,n_i\,; \qquad \text{bzw.} \qquad [k\,k] = \frac{l_i'}{3}\,n_k\,;$$

Somit

$$\left.\begin{aligned}
M_i = X_i = -\frac{[i\,w]}{[i\,i]} &= M\,v_i = 3\,\frac{E\,J}{l_i}\,\frac{\Sigma\,L_{ri}\,\delta_r}{n_i}\,, \\[2mm]
M_k = X_k = -\frac{[k\,w]}{[k\,k]} &= M\,v_k = 3\,\frac{E\,J}{l_i}\,\frac{\Sigma\,L_{rk}\,\delta_r}{n_k}\,.
\end{aligned}\right\} \tag{22}$$

Anmerkung: Die vorstehende Gl. (22) gilt allgemein für eine beliebige Zahl von Stützensenkungen und für beliebige Knotenpunktsgestaltung.

Die Berechnung der vorstehenden Summenausdrücke $\sum L_{ri}\,\delta_r$ bzw. $\sum L_{rk}\,\delta_r$ gestaltet sich in den praktisch vorkommenden Fällen, z. B. beim Stockwerkrahmen, sehr einfach.

Ist z. B. (s. Abb. 24) nach dem Einfluß einer Stützensenkung auf das Einspannmoment M_i in der Öffnung l_i gefragt, so ergibt sich folgende Rechnung.

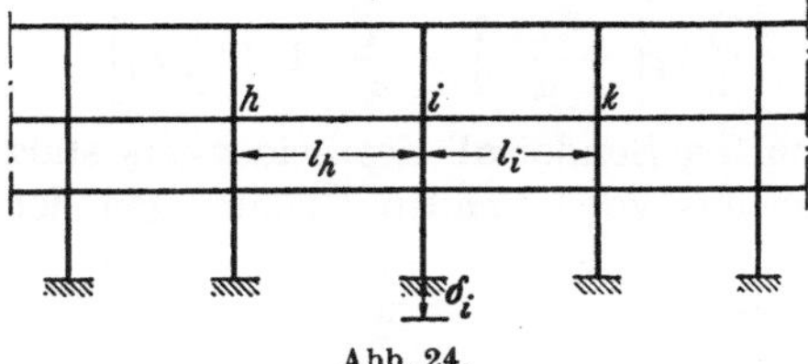

Abb. 24.

Der Belastungszustand $M_i = X_i = 1$ erstreckt sich, genau genommen, über alle Riegel und Ständer des Systems. Wir hätten also eigentlich alle die Einzelbeiträge zu ermitteln, welche die zum Belastungszustand $X_i = 1$ gehörenden Momente zum Stützendruck in i liefern.

---

* Vgl. Statik II/1, S. 50.

Indessen haben in der Hauptsache nur diejenigen Momente einen maßgebenden Einfluß auf den Stützendruck L_i, die in den beiden seitlich von i liegenden Feldern l_h und l_i infolge $X_i = 1$ auftreten. Wenn wir lediglich diese wesentlichen Beiträge berücksichtigen, so finden wir den Stützendruck L_{ii} infolge der Belastung $X_i = 1$ wie folgt:

Im Stabe l_i wirken die Momente $M_{ii} = 1$ in i und $M_{ki} = -\frac{1}{2}\,\varepsilon_k$ in k. Im Stab l_h wirken die Momente $M_{(i)i}* = 1\,\dfrac{\frac{1}{l_h''}}{k_i}$ in (i) und das Moment $M_{hi} = -\dfrac{1}{2}\,\varepsilon_h\,\dfrac{\frac{1}{l_h''}}{k_i}$ in h [vgl. Gl. (10) u. (12)].

Der durch diese Gruppe von vier Momenten im Auflager i erzeugte Stützendruck ergibt sich zu:

$$L_{ii} = -\frac{1}{l_i}\left[1 - \left(-\frac{1}{2}\,\varepsilon_k\right)\right] - \frac{1}{l_h}\,\frac{\frac{1}{l_h''}}{k_i}\left[1 - \left(-\frac{1}{2}\,\varepsilon_h\right)\right]\,;$$

$$L_{ii} = -\frac{1}{l_i}\left[1 + \frac{1}{2}\,\varepsilon_k\right] - \frac{1}{l_h}\,\frac{\frac{1}{l_h''}}{k_i}\left[1 + \frac{1}{2}\,\varepsilon_h\right]\,.$$

Dieser Wert ist in Gl. (22) einzusetzen; er stellt das einzige Glied des Summenausdruckes $L_{ri}\,\delta_r$ dar, da wir nur *eine* Verschiebung δ_i angenommen haben.

Für X_k gilt die entsprechende Rechnung (Belastungszustand $X_k = 1$). In l_i wirken die Momente:

$$M_{kk} = 1 \text{ in } k; \quad M_{ik} = -\tfrac{1}{2}\,\varepsilon_i \text{ in } i.$$

In l_h wirken die Momente:

$$M_{(i)k} = -\frac{1}{2}\,\varepsilon_i\,\frac{\frac{1}{l_h''}}{k_i} \text{ in } (i); \quad M_{hk} = M_{(i)k}\left(-\frac{1}{2}\,\varepsilon_h\right) \text{ in } h.$$

Hieraus errechnet sich der Stützendruck L_{ik} wie folgt:

$$L_{ik} = +\frac{1}{l_i}\left[1 - \left(-\frac{1}{2}\,\varepsilon_i\right)\right] + \frac{1}{l_h}\left(-\frac{1}{2}\,\varepsilon_i\,\frac{\frac{1}{l_h''}}{k_i}\right)\left[-1 + \left(-\frac{1}{2}\,\varepsilon_h\right)\right]\,;$$

$$L_{ik} = +\frac{1}{l_i}\left[1 + \frac{1}{2}\,\varepsilon_i\right] + \frac{1}{l_h}\,\frac{1}{2}\,\varepsilon_i\,\frac{\frac{1}{l_h''}}{k_i}\left[1 + \frac{1}{2}\,\varepsilon_h\right]\,.$$

Für den einfachsten Sonderfall des beiderseits starr eingespannten Balkens ergibt sich aus vorstehenden Gleichungen der Wert:

$$L_{ii} = -\frac{1}{l}\left[1 + \frac{1}{2}\,1\right] = -\frac{3}{2}\,\frac{1}{l}$$

und damit:

$$M_i = -\frac{6\,E\,J}{l^2}\,\delta_i\,**.$$

____

* Es sei darauf hingewiesen, daß wir unterscheiden müssen zwischen dem Knotenpunkt i als dem Anfangspunkt der Öffnung l_i und dem Knotenpunkt (i) als dem Endpunkt der Öffnung l_h. — Vgl. die näheren diesbezüglichen Angaben auf S. 53.

** Vgl. Statik II/2 S. 32.

Anhang: Zusammenstellung der Ergebnisse.

I. Der elastisch eingespannte Balken.

1. *Winkeländerung* des *gelenkig gelagerten* Stabes l_i an den Endpunkten i und k bei Belastung durch ein Moment M_i und M_k in den Endpunkten i bzw. k (vgl. S. 6).

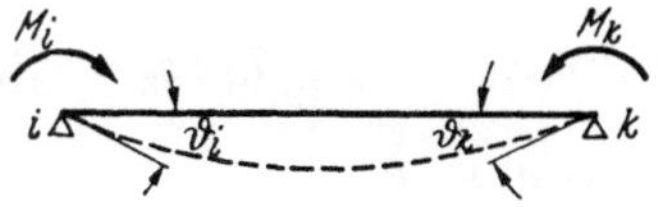

$$EJ'\vartheta_i = \frac{l_i'}{6}[2\,M_i + M_k];$$
$$EJ'\vartheta_k = \frac{l_i'}{6}[2\,M_k + M_i]. \tag{1}$$
$$l_i' = l_i\frac{J'}{J}.$$

2. *Durchbiegung* eines Punktes m des *gelenkig gelagerten* Stabes infolge der an den Stabenden wirkenden Momente M_i und M_k (vgl. S. 6).

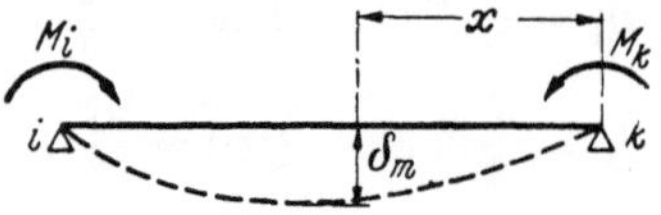

$$EJ'\delta_m = \frac{l_i}{6}\,l_i'[M_i\,c_1 + M_k\,c_2]. \tag{2}$$
$$c_1 = \frac{x}{l}\left(1 - \frac{x}{l}\right)\left(1 + \frac{x}{l}\right);$$
$$c_2 = \frac{x}{l}\left(1 - \frac{x}{l}\right)\left(2 - \frac{x}{l}\right).$$

3. *Winkeländerung* eines an einem Ende *starr eingespannten* Balkens l_i bei Belastung durch ein Moment M_i bzw. M_k am freien Ende (vgl. S. 7).

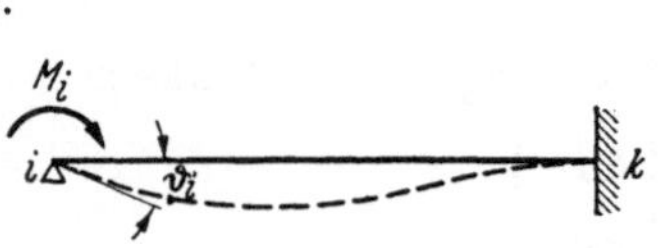

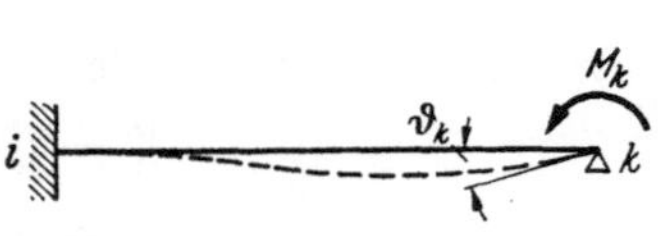

$$EJ'\vartheta_i = \frac{l_i}{3}\,\frac{3}{4}\,M_i;$$
$$EJ'\vartheta_k = \frac{l_i'}{3}\,\frac{3}{4}\,M_k. \tag{3}$$

4. *Durchbiegung* eines Punktes m der Stabachse eines an einem Ende *starr eingespannten* Balkens l_i bei Belastung durch ein Moment M_i bzw. M_k am freien Ende (vgl. S. 7).

$$EJ'\,\delta_{mi} = M_i\,\frac{l_i}{12}\,l_i'[2\,c_1 - c_2];$$

$$EJ'\,\delta_{mk} = M_k\,\frac{l_i}{12}\,l_i'[2\,c_2 - c_1]. \tag{4}$$

5. *Einspanngrade* ε (vgl. S. 8).

$$\varepsilon_i = \frac{M_{ik}}{(-\frac12)}; \qquad \varepsilon_k = \frac{M_{ki}}{(-\frac12)}. \tag{5}$$

6. *Winkeländerung* des bei i bzw. k *elastisch eingespannten* Stabes bei Belastung durch ein Moment $M = 1$ am freien Ende k bzw. i (vgl. S. 9).

$$EJ'\,\vartheta_i' = \frac13\,l_k'(1 - \tfrac14\,\varepsilon_k) = \frac{l_k''}{3};$$

$$EJ'\,\vartheta_k' = \frac13\,l_i'(1 - \tfrac14\,\varepsilon_i) = \frac{l_i''}{3}. \tag{6}$$

7. *Durchbiegung* im Punkte m der Stabachse des an einem Ende *elastisch eingespannten* Balkens bei Belastung durch ein Moment $M = 1$ am freien Ende (vgl. S. 9).

$$EJ'\,\delta_{mi} = \frac{l_i}{12}\,l_i'[2\,c_1 - \varepsilon_k\,c_2];$$

$$EJ'\,\delta_{mk} = \frac{l_i}{12}\,l_i'[2\,c_2 - \varepsilon_i\,c_1]. \tag{7}$$

8. *Reduzierte Stablänge* des elastisch eingespannten Balkens $l_i = l_k$ (vgl. S. 9).

$$l_i'' = l_i'(1 - \tfrac14\,\varepsilon_i);$$

$$l_k'' = l_k'(1 - \tfrac14\,\varepsilon_k). \tag{8}$$

9. *Stabsteifigkeit*, d. h. *Steifigkeitsgrad* des *elastisch eingespannten* Balkens $l_i = l_k$ (vgl. S. 10).

$$s_i = \frac{1}{l_i''}; \qquad s_k = \frac{1}{l_k''}. \tag{9}$$

II. Das Stabgefüge. — Der Knoten.

10. *Knotenstabmomente* bei Belastung eines Knotens i mit n Stäben durch ein äußeres Moment M_i (vgl. S. 18—19).

$$
\left.
\begin{aligned}
M_{ai} &= M_i\, r_a = M_i \frac{s_a}{k_i} \\[2mm]
&= M_i \frac{\dfrac{1}{l_a''}}{\dfrac{1}{l_a''} + \dfrac{1}{l_b''} + \dfrac{1}{l_c''} + \cdots} = M_i \frac{1}{1 + \dfrac{l_a''}{l_b''} + \dfrac{l_a''}{l_c''} + \cdots}\;; \\[4mm]
M_{bi} &= M_i\, r_b = M_i \frac{s_b}{k_i} \\[2mm]
&= M_i \frac{\dfrac{1}{l_b''}}{\dfrac{1}{l_a''} + \dfrac{1}{l_b''} + \dfrac{1}{l_c''} + \cdots} = M_i \frac{1}{1 + \dfrac{l_b''}{l_a''} + \dfrac{l_b''}{l_c''} + \cdots}\;; \\[4mm]
M_{ci} &= M_i\, r_c = M_i \frac{s_c}{k_i} \\[2mm]
&= M_i \frac{\dfrac{1}{l_c''}}{\dfrac{1}{l_a''} + \dfrac{1}{l_b''} + \dfrac{1}{l_c''} + \cdots} = M_i \frac{1}{1 + \dfrac{l_c''}{l_a''} + \dfrac{l_c''}{l_b''} + \cdots}\,.
\end{aligned}
\right\} \quad (10)
$$

$$\vdots \qquad\qquad \vdots \qquad\qquad \vdots$$

In diesen Gleichungen ist:

a) *Stabsteifigkeit* der einzelnen Stäbe eines Knotens [s. Gl. (9)] (vgl. S. 18).

$$
\left.
\begin{aligned}
s_a &= \frac{1}{l_a''} = \frac{1}{l_a'\left(1 - \tfrac{1}{4}\,\varepsilon_a\right)}\;; \\[2mm]
s_b &= \frac{1}{l_b''} = \frac{1}{l_b'\left(1 - \tfrac{1}{4}\,\varepsilon_b\right)}\;; \\[2mm]
s_c &= \frac{1}{l_c''} = \frac{1}{l_c'\left(1 - \tfrac{1}{4}\,\varepsilon_c\right)}\,.
\end{aligned}
\right\} \quad (9\,\mathrm{a})
$$

$$\vdots \qquad \vdots \qquad \vdots$$

b) *Knotensteifigkeit* eines Knotens i (vgl. S. 18).

$$
k_i = \frac{1}{l_a''} + \frac{1}{l_b''} + \frac{1}{l_c''} + \cdots \tag{11}
$$

c) *Relative Stabsteifigkeit* der einzelnen Stäbe eines Knotens i (vgl. S. 19).

$$
r_a = \frac{s_a}{k_i}\;; \qquad r_b = \frac{s_b}{k_i}\;; \qquad r_c = \frac{s_c}{k_i}\;; \qquad \cdots \tag{12}
$$

11. *Winkeländerung eines Knotens i* bei Belastung des Knotens mit einem äußeren Moment M (vgl. S. 20)

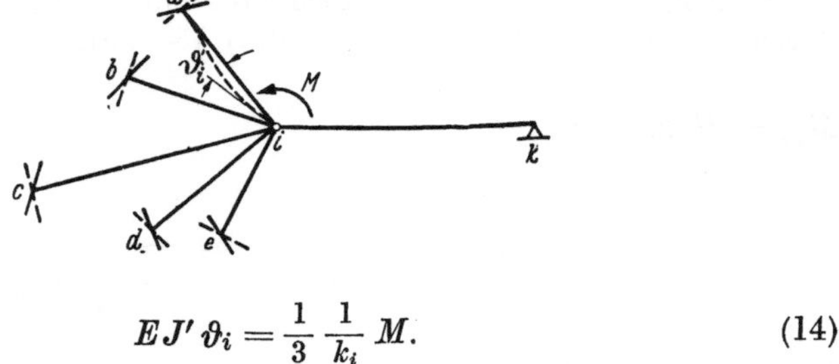

$$EJ'\,\vartheta_i = \frac{1}{3}\,\frac{1}{k_i}\,M. \tag{14}$$

III. Der Knotenstabzug. — Die Einspanngrade ε.

12. *Gleichungen für die Einspanngrade ε_i und ε_k* (vgl. S. 25):

$$\varepsilon_i = \frac{\lambda_i}{\lambda_i + 1}\,; \qquad \varepsilon_k = \frac{\lambda_k}{\lambda_k + 1}\,. \tag{15}$$

Hilfswerte λ_i und λ_k (vgl. S. 25).

$$\left.\begin{aligned}
\lambda_i &= \frac{l_i'}{l_a''} + \frac{l_i'}{l_b''} + \frac{l_i'}{l_c''} + \cdots\,; \\[4pt]
\lambda_k &= \frac{l_k'}{l_u''} + \frac{l_k'}{l_v''} + \frac{l_k'}{l_w''} + \cdots\,.
\end{aligned}\right\} \tag{15b}$$

IV. Einspannmoment M
des elastisch eingespannten Balkens.
Verschiedene Belastungsarten.

Merke:

In allen folgenden Gleichungen ist:

$$\frac{1}{n_i} = \frac{\varepsilon_i}{1 - \frac{1}{4}\,\varepsilon_i\,\varepsilon_k}\,; \qquad \frac{1}{n_k} = \frac{\varepsilon_k}{1 - \frac{1}{4}\,\varepsilon_i\,\varepsilon_k}\,.$$

13. *Einzellast P.*

$$\left.\begin{aligned}
M_i &= M_0\,v_i = M_0\,\frac{y_i}{n_i} = -\frac{P\,l_i}{2}\,\frac{c_1 - \frac{1}{2}\,\varepsilon_k\,c_2}{n_i}\,; \\[4pt]
M_k &= M_0\,v_k = M_0\,\frac{y_k}{n_k} = -\frac{P\,l_i}{2}\,\frac{c_2 - \frac{1}{2}\,\varepsilon_i\,c_1}{n_k}\,.
\end{aligned}\right\} \tag{16}$$

$$c_1 = \frac{x}{l}\left(1 - \frac{x}{l}\right)\left(1 + \frac{x}{l}\right)\,;$$

$$c_2 = \frac{x}{l}\left(1 - \frac{x}{l}\right)\left(2 - \frac{x}{l}\right)\,.$$

13a.

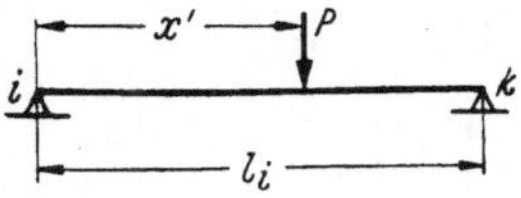

$$\left.\begin{aligned} M_i &= M_0 \nu_i = M_0 \frac{y_i}{n_i} = -\frac{P\, l_i}{2}\, \frac{c_2' - \frac{1}{2}\varepsilon_k c_1'}{n_i}\,; \\ M_k &= M_0 \nu_k = M_0 \frac{y_k}{n_k} = -\frac{P\, l_i}{2}\, \frac{c_1' - \frac{1}{2}\varepsilon_i c_2'}{n_k}\,. \end{aligned}\right\} \quad (16a)$$

$$c_1' = \frac{x'}{l}\left(1 - \frac{x'}{l}\right)\left(1 + \frac{x'}{l}\right);$$

$$c_2' = \frac{x'}{l}\left(1 - \frac{x'}{l}\right)\left(2 - \frac{x'}{l}\right).$$

14. *Gleichförmig verteilte Streckenlast.*

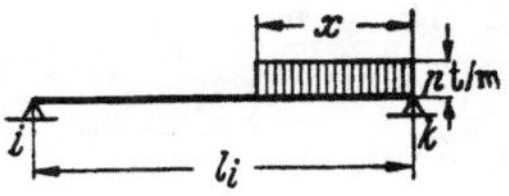

$$\left.\begin{aligned} M_i &= M_0 \nu_i = M_0 \frac{y_i}{n_i} = -\frac{p\, l_i^2}{8}\, \frac{k_1 - \frac{1}{2}\varepsilon_k k_2}{n_i}\,; \\ M_k &= M_0 \nu_k = M_0 \frac{y_k}{n_k} = -\frac{p\, l_i^2}{8}\, \frac{k_2 - \frac{1}{2}\varepsilon_i k_1}{n_k}\,. \end{aligned}\right\} \quad (17)$$

$$k_1 = \left(\frac{x}{l}\right)^2 \left[2 - \left(\frac{x}{l}\right)^2\right];$$

$$k_2 = \left(\frac{x}{l}\right)^2 \left[2 - \frac{x}{l}\right]^2.$$

14a.

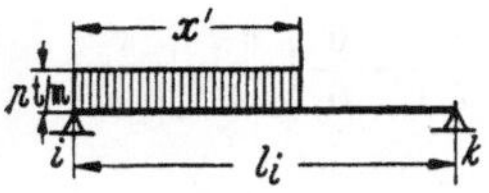

$$\left.\begin{aligned} M_i &= M_0 \nu_i = M_0 \frac{y_i}{n_i} = -\frac{p\, l_i^2}{8}\, \frac{k_2' - \frac{1}{2}\varepsilon_k k_1'}{n_i}\,; \\ M_k &= M_0 \nu_k = M_0 \frac{y_k}{n_k} = -\frac{p\, l_i^2}{8}\, \frac{k_1' - \frac{1}{2}\varepsilon_i k_2'}{n_k}\,. \end{aligned}\right\} \quad (17a)$$

$$k_1' = \left(\frac{x'}{l}\right)^2 \left[2 - \left(\frac{x'}{l}\right)^2\right];$$

$$k_2' = \left(\frac{x'}{l}\right)^2 \left[2 - \frac{x'}{l}\right]^2.$$

14b.

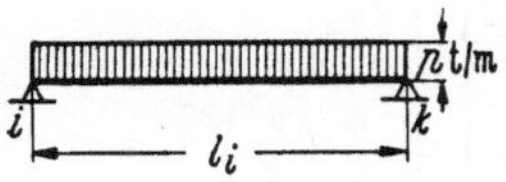

$$\left.\begin{aligned} M_i &= M_0 \nu_i = M_0 \frac{y_i}{n_i} = -\frac{p\, l_i^2}{8}\, \frac{1 - \frac{1}{2}\varepsilon_k}{n_i}\,; \\ M_k &= M_0 \nu_k = M_0 \frac{y_k}{n_k} = -\frac{p\, l_i^2}{8}\, \frac{1 - \frac{1}{2}\varepsilon_i}{n_k}\,. \end{aligned}\right\} \quad (17b)$$

15. *Dreieckförmige Last; größte Lastordinate am Auflager.*

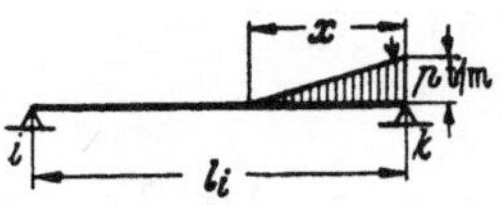

$$\left.\begin{aligned} M_i &= M_0 \nu_i = M_0 \frac{y_i}{n_i} = -\frac{p\, l_i^2}{12}\, \frac{r_1 - \frac{1}{2}\varepsilon_k r_2}{n_i}\,; \\ M_k &= M_0 \nu_k = M_0 \frac{y_k}{n_k} = -\frac{p\, l_i^2}{12}\, \frac{r_2 - \frac{1}{2}\varepsilon_i r_1}{n_k}\,. \end{aligned}\right\} \quad (18)$$

$$r_1 = \left(\frac{x}{l}\right)^2 \left[1 - \frac{3}{10}\left(\frac{x}{l}\right)^2\right];$$

$$r_2 = \left(\frac{x}{l}\right)^2 \left[2 - \frac{3}{2}\,\frac{x}{l} + \frac{3}{10}\left(\frac{x}{l}\right)^2\right].$$

15a.

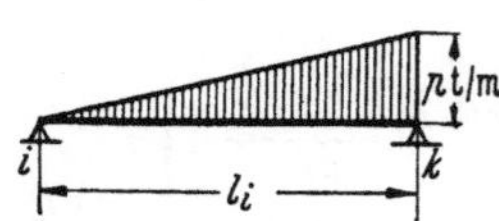

$$M_i = M_0\,\nu_i = M_0\,\frac{y_i}{n_i} = -\frac{p\,l_i^2}{12}\,\frac{r_2' - \tfrac{1}{2}\varepsilon_k r_1'}{n_i}\;;$$
$$M_k = M_0\,\nu_k = M_0\,\frac{y_k}{n_k} = -\frac{p\,l_i^2}{12}\,\frac{r_1' - \tfrac{1}{2}\varepsilon_i r_2'}{n_k}\;.$$
$$\left.\right\}\ (18\mathrm{a})$$

$$r_1' = \left(\frac{x'}{l}\right)^2\left[1 - \frac{3}{10}\left(\frac{x'}{l}\right)^2\right]\;;$$
$$r_2' = \left(\frac{x'}{l}\right)^2\left[2 - \frac{3}{2}\,\frac{x'}{l} + \frac{3}{10}\left(\frac{x'}{l}\right)^2\right]\;.$$

15b.

$$M_i = M_0\,\nu_i = M_0\,\frac{y_i}{n_i} = -\frac{p\,l_i^2}{12}\,\frac{7}{10}\,\frac{1-0{,}57\,\varepsilon_k}{n_i}\;;$$
$$M_k = M_0\,\nu_k = M_0\,\frac{y_k}{n_k} = -\frac{p\,l_i^2}{12}\,\frac{8}{10}\,\frac{1-0{,}44\,\varepsilon_i}{n_i}\;.$$
$$\left.\right\}\ (18\mathrm{b})$$

16. Dreieckförmige Last: größte Lastordinate im Feld.

$$M_i = M_0\,\nu_i = M_0\,\frac{y_i}{n_i} = -\frac{p\,l_i^2}{12}\,\frac{t_1 - \tfrac{1}{2}\varepsilon_k t_2}{n_i}\;;$$
$$M_k = M_0\,\nu_k = M_0\,\frac{y_k}{n_k} = -\frac{p\,l_i^2}{12}\,\frac{t_2 - \tfrac{1}{2}\varepsilon_i t_1}{n_k}\;.$$
$$\left.\right\}\ (19)$$

$$t_1 = \left(\frac{x}{l}\right)^2\left[2 - \frac{6}{5}\left(\frac{x}{l}\right)^2\right]\;;$$
$$t_2 = \left(\frac{x}{l}\right)^2\left[4 - \frac{9}{2}\,\frac{x}{l} + \frac{6}{5}\left(\frac{x}{l}\right)^2\right]\;.$$

16a.

$$M_i = M_0\,\nu_i = M_0\,\frac{y_i}{n_i} = -\frac{p\,l_i^2}{12}\,\frac{t_2' - \tfrac{1}{2}\varepsilon_k t_1'}{n_i}\;;$$
$$M_k = M_0\,\nu_k = M_0\,\frac{y_k}{n_k} = -\frac{p\,l_i^2}{12}\,\frac{t_1' - \tfrac{1}{2}\varepsilon_i t_2'}{n_k}\;.$$
$$\left.\right\}\ (19\mathrm{a})$$

$$t_1' = \left(\frac{x'}{l}\right)^2\left[2 - \frac{6}{5}\left(\frac{x'}{l}\right)^2\right]\;;$$
$$t_2' = \left(\frac{x'}{l}\right)^2\left[4 - \frac{9}{2}\left(\frac{x'}{l}\right) + \frac{6}{5}\left(\frac{x'}{l}\right)^2\right]\;.$$

16b.

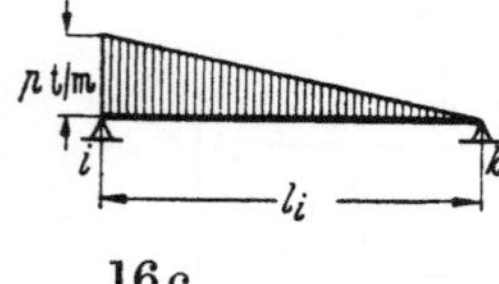

$$M_i = M_0\,\nu_i = M_0\,\frac{y_i}{n_i} = -\frac{p\,l_i^2}{12}\,\frac{8}{10}\,\frac{1-0{,}44\,\varepsilon_k}{n_i}\;;$$
$$M_k = M_0\,\nu_k = M_0\,\frac{y_k}{n_k} = -\frac{p\,l_i^2}{12}\,\frac{7}{10}\,\frac{1-0{,}57\,\varepsilon_i}{n_k}\;.$$
$$\left.\right\}\ (19\mathrm{b})$$

16c.

$$M_i = M_0\,\nu_i = M_0\,\frac{y_i}{n_i} = -\frac{p\,l_i^2}{12}\,0{,}937\,\frac{1-\tfrac{1}{2}\varepsilon_k}{n_i}\;;$$
$$M_k = M_0\,\nu_k = M_0\,\frac{y_k}{n_k} = -\frac{p\,l_i^2}{12}\,0{,}937\,\frac{1-\tfrac{1}{2}\varepsilon_i}{n_k}\;.$$
$$\left.\right\}\ (19\mathrm{c})$$

16d. *Trapezförmige Last.*

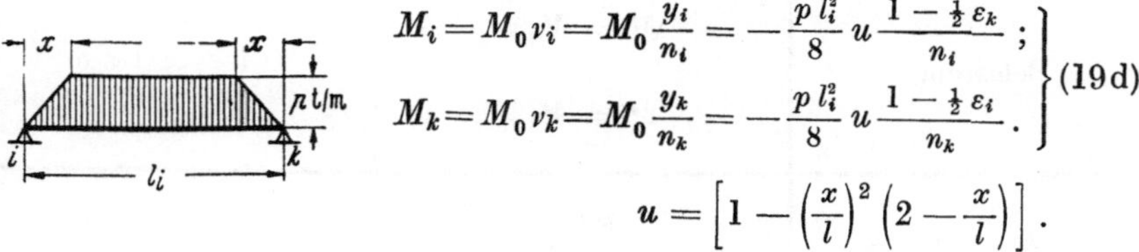

$$\left.\begin{aligned}
M_i &= M_0\,v_i = M_0\,\frac{y_i}{n_i} = -\,\frac{p\,l_i^2}{8}\,u\,\frac{1-\tfrac{1}{2}\,\varepsilon_k}{n_i}\;;\\[2mm]
M_k &= M_0\,v_k = M_0\,\frac{y_k}{n_k} = -\,\frac{p\,l_i^2}{8}\,u\,\frac{1-\tfrac{1}{2}\,\varepsilon_i}{n_k}\;.
\end{aligned}\right\}\;(19\,\mathrm{d})$$

$$u = \left[1 - \left(\frac{x}{l}\right)^2\left(2-\frac{x}{l}\right)\right].$$

17. *Belastung durch ein Moment.*

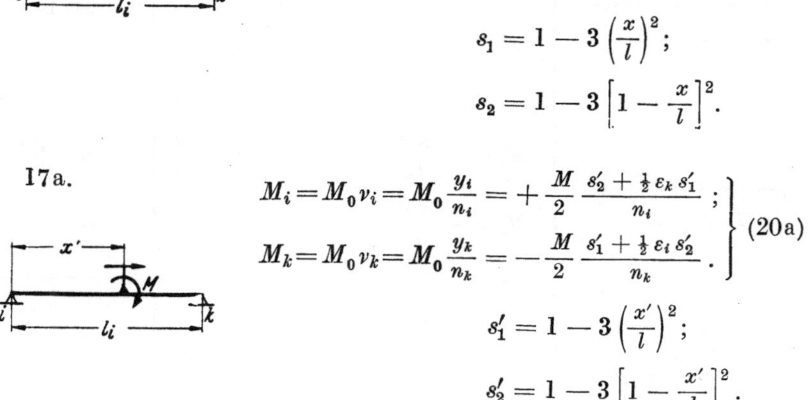

$$\left.\begin{aligned}
M_i &= M_0\,v_i = M_0\,\frac{y_i}{n_i} = -\,\frac{M}{2}\,\frac{s_1+\tfrac{1}{2}\,\varepsilon_k\,s_2}{n_i}\;;\\[2mm]
M_k &= M_0\,v_k = M_0\,\frac{y_k}{n_k} = +\,\frac{M}{2}\,\frac{s_2+\tfrac{1}{2}\,\varepsilon_i\,s_1}{n_k}\;.
\end{aligned}\right\}\;(20)$$

$$s_1 = 1 - 3\left(\frac{x}{l}\right)^2;$$

$$s_2 = 1 - 3\left[1-\frac{x}{l}\right]^2.$$

17a.

$$\left.\begin{aligned}
M_i &= M_0\,v_i = M_0\,\frac{y_i}{n_i} = +\,\frac{M}{2}\,\frac{s_2'+\tfrac{1}{2}\,\varepsilon_k\,s_1'}{n_i}\;;\\[2mm]
M_k &= M_0\,v_k = M_0\,\frac{y_k}{n_k} = -\,\frac{M}{2}\,\frac{s_1'+\tfrac{1}{2}\,\varepsilon_i\,s_2'}{n_k}\;.
\end{aligned}\right\}\;(20\,\mathrm{a})$$

$$s_1' = 1 - 3\left(\frac{x'}{l}\right)^2;$$

$$s_2' = 1 - 3\left[1-\frac{x'}{l}\right]^2.$$

18. *Temperaturänderung* *:

$$\left.\begin{aligned}
M_i &= M_0\,v_i = -\,\frac{3}{2}\,E\,J\,\frac{\alpha_t\,\varDelta t}{h}\,\frac{1-\tfrac{1}{2}\,\varepsilon_k}{n_i}\;;\\[2mm]
M_k &= M_0\,v_k = -\,\frac{3}{2}\,E\,J\,\frac{\alpha_t\,\varDelta t}{h}\,\frac{1-\tfrac{1}{2}\,\varepsilon_i}{n_k}\;.
\end{aligned}\right\}\;(21)$$

19. *Stützensenkung* **:

$$\left.\begin{aligned}
M_i &= M_0\,v_i = 3\,\frac{E\,J}{l_i}\,\frac{\varSigma\,L_{ri}\,\delta_r}{n_i}\;;\\[2mm]
M_k &= M_0\,v_k = 3\,\frac{E\,J}{l_i}\,\frac{\varSigma\,L_{rk}\,\delta_r}{n_k}\;.
\end{aligned}\right\}\;(22)$$

---

* α_t ist der Wärmeausdehnungskoeffizient des Materials, $\varDelta t$ der Wärmeunterschied zwischen oberem und unterem Querschnittsrand, h die Höhe des Querschnitts.

** L_{ri} und L_{rk} sind die vertikalen Auflagerdrücke in den Auflagerpunkten r infolge der Belastung $M_i = 1$ bzw. $M_k = 1$.

Belastung	$M_i = M_0\,\nu_i$ $M_k = M_0\,\nu_k$	ν_i ν_k
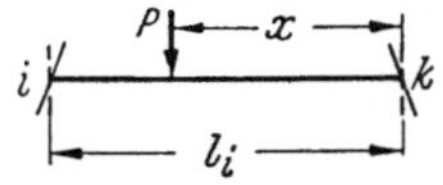	$M_i = -\frac{P\,l}{2}\,\nu_i$ $M_k = -\frac{P\,l}{2}\,\nu_k$	$\nu_i = \frac{y_i}{n_i}$ $\nu_k = \frac{y_k}{n_k}$ $\Big\}\; 0 < \nu < 0{,}385$
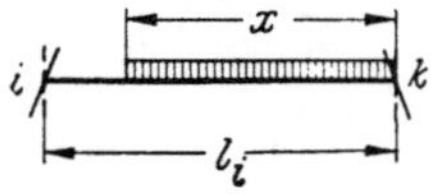	$M_i = -\frac{p\,l^2}{8}\,\nu_i$ $M_k = -\frac{p\,l^2}{8}\,\nu_k$	$\nu_i = \frac{y_i}{n_i}$ $\nu_k = \frac{y_k}{n_k}$ $\Big\}\; 0 < \nu < 1$
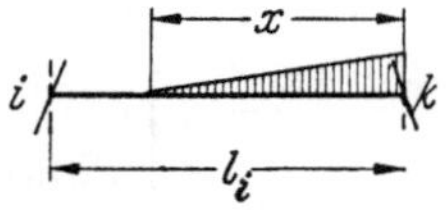	$M_i = -\frac{p\,l^2}{12}\,\nu_i$ $M_k = -\frac{p\,l^2}{12}\,\nu_k$	$\nu_i = \frac{y_i}{n_i}$ $\;0 < \nu_i < 0{,}7$ $\nu_k = \frac{y_k}{n_k}$ $\;0 < \nu_k < 0{,}8$
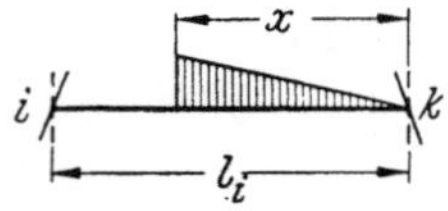	$M_i = -\frac{p\,l^2}{12}\,\nu_i$ $M_k = -\frac{p\,l^2}{12}\,\nu_k$	$\nu_i = \frac{y_i}{n_i}$ $\;0 < \nu_i < 0{,}8$ $\nu_k = \frac{y_k}{n_k}$ $\;0 < \nu_k < 0{,}7$
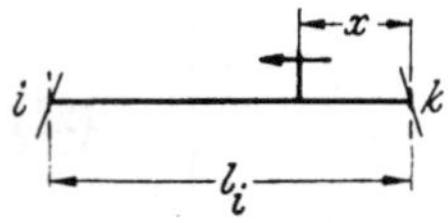	$M_i = -\frac{M}{2}\,\nu_i$ $M_k = +\frac{M}{2}\,\nu_k$	$\nu_i = \frac{y_i}{n_i}$ $\;-2 < \nu_i < +1$ $\nu_k = \frac{y_k}{n_k}$ $\;-2 < \nu_k < +1$
Temperatur-änderungen	$M_i = -\frac{3}{2}\,E\,J\,\frac{\alpha_t\,\Delta t}{h}\,\nu_i$ $M_k = -\frac{3}{2}\,E\,J\,\frac{\alpha_t\,\Delta t}{h}\,\nu_k$	$\nu_i = \frac{y_i}{n_i}$ $\nu_k = \frac{y_k}{n_k}$
Stützensenkungen	$M_i = 3\,\frac{E\,J}{l_i}\,\nu_i\,\Sigma\,L_{ri}\,\delta_r$ $M_k = 3\,\frac{E\,J}{l_i}\,\nu_k\,\Sigma\,L_{rk}\,\delta_r$	$\nu_i = \frac{1}{n_i}$ $\nu_k = \frac{1}{n_k}$

$\dfrac{1}{n_i}$ $\dfrac{1}{n_k}$	y_i y_k	$c;\ k;\ r;\ t;\ s$	Zahlen-tabelle
$\dfrac{1}{n_i} = \dfrac{\varepsilon_i}{1 - \frac{1}{4}\varepsilon_i\,\varepsilon_k}$ $\dfrac{1}{n_k} = \dfrac{\varepsilon_k}{1 - \frac{1}{4}\varepsilon_i\,\varepsilon_k}$	$y_i = c_1 - \tfrac{1}{2}\varepsilon_k\,c_2$ $y_k = c_2 - \tfrac{1}{2}\varepsilon_i\,c_1$	$c_1 = \dfrac{x}{l}\left[1 - \dfrac{x}{l}\right]\left[1 + \dfrac{x}{l}\right]$ $c_2 = \dfrac{x}{l}\left[1 - \dfrac{x}{l}\right]\left[2 - \dfrac{x}{l}\right]$	s. S. 98
,,	$y_i = k_1 - \tfrac{1}{2}\varepsilon_k\,k_2$ $y_k = k_2 - \tfrac{1}{2}\varepsilon_i\,k_1$	$k_1 = \left(\dfrac{x}{l}\right)^2\left[2 - \left(\dfrac{x}{l}\right)^2\right]$ $k_2 = \left(\dfrac{x}{l}\right)^2\left[2 - \dfrac{x}{l}\right]^2$	s. S. 99
,,	$y_i = r_1 - \tfrac{1}{2}\varepsilon_k\,r_2$ $y_k = r_2 - \tfrac{1}{2}\varepsilon_i\,r_1$	$r_1 = \left(\dfrac{x}{l}\right)^2\left[1 - \dfrac{3}{10}\left(\dfrac{x}{l}\right)^2\right]$ $r_2 = \left(\dfrac{x}{l}\right)^2\left[2 - \dfrac{3}{2}\dfrac{x}{l} + \dfrac{3}{10}\left(\dfrac{x}{l}\right)^2\right]$	s. S. 100
,,	$y_i = t_1 - \tfrac{1}{2}\varepsilon_k\,t_2$ $y_k = t_2 - \tfrac{1}{2}\varepsilon_i\,t_1$	$t_1 = \left(\dfrac{x}{l}\right)^2\left[2 - \dfrac{6}{5}\left(\dfrac{x}{l}\right)^2\right]$ $t_2 = \left(\dfrac{x}{l}\right)^2\left[4 - \dfrac{9}{2}\dfrac{x}{l} + \dfrac{6}{5}\left(\dfrac{x}{l}\right)^2\right]$	s. S. 101
,,	$y_i = s_1 + \tfrac{1}{2}\varepsilon_k\,s_2$ $y_k = s_2 + \tfrac{1}{2}\varepsilon_i\,s_1$	$s_1 = 1 - 3\left(\dfrac{x}{l}\right)^2$ $s_2 = 1 - 3\left[1 - \dfrac{x}{l}\right]^2$	s. S. 102
,,	$y_i = 1 - \tfrac{1}{2}\varepsilon_k$ $y_k = 1 - \tfrac{1}{2}\varepsilon_i$	—	—
,,	—	—	—

Bei den vorstehenden Untersuchungen handelte es sich um einen einfachen, geraden Balken, der an den beiden Enden elastisch eingespannt ist. Wir fragten insbesondere nach den Werten für die Einspannmomente an den Balkenenden, und zwar für ruhende und bewegliche Lasten. Es zeigte sich, daß die Einspannmomente M, die Unbekannten der Aufgabe, bestimmt sind durch die Einspanngrade ε. Für diese ließen sich einfache geschlossene Formeln angeben. Dabei war angenommen, daß der zu untersuchende Stab zwischen Knoten mit beliebig vielen Stäben eingespannt ist, von denen jeder einzelne wiederum am anderen Ende eine elastische Einspannung gegen andere Knoten aufweist.

Nunmehr bleibt noch anzugeben, wie in den praktisch bedeutsamen Fällen, insbesondere den Systemen mit 2-, 3- und 4-stäbigen Knoten, die Berechnung der Einspanngrade und der durch diese bestimmten Einspannmomente in zweckmäßiger Form zahlenmäßig durchzuführen ist. Es handelt sich also im folgenden um das „Berechnungsverfahren". Dabei gilt unser besonderes Interesse der tabellarischen Gestaltung der Rechnung, und zwar vor allem auch zur Bestimmung der Einflußlinien der Einspannmomente. Diese stellen nämlich das besondere Ziel unserer Untersuchungen dar.

Der elastisch eingespannte kontinuierliche Balken in rahmenartigen Tragwerken.

Einleitung: Grundbegriffe und Bezeichnungen. Ziel der Untersuchungen*.

Bei jeder Art von durchlaufenden (kontinuierlichen) Trägern ist das einzelne Feld gegen die benachbarten Felder elastisch eingespannt. Das gilt für die einfachste Aufgabe der Statik der unbestimmten Systeme, den gelenkig gelagerten kontinuierlichen Träger auf starren Stützen ebenso wie für rahmenartige Tragwerke, für Stockwerkrahmen und verwandte Systeme. In all diesen Fällen muß der einzelne Balken als zwischen Stabgruppen oder Stabgefügen (Knoten) elastisch eingespannt angesehen werden.

Diese Systeme sind miteinander wesensverwandt. Ihre Berechnung muß sich also auf einheitlicher Grundlage durchführen lassen — wenigstens unter gewissen Voraussetzungen —. Der durchlaufende Träger auf starren Stützen kann nur einen Sonderfall — und zwar den einfachsten — jener Tragwerke darstellen, bei denen eine Einspannung der Einzelstäbe in Stabgruppen (Knoten) vorliegt (s. Abb. 25).

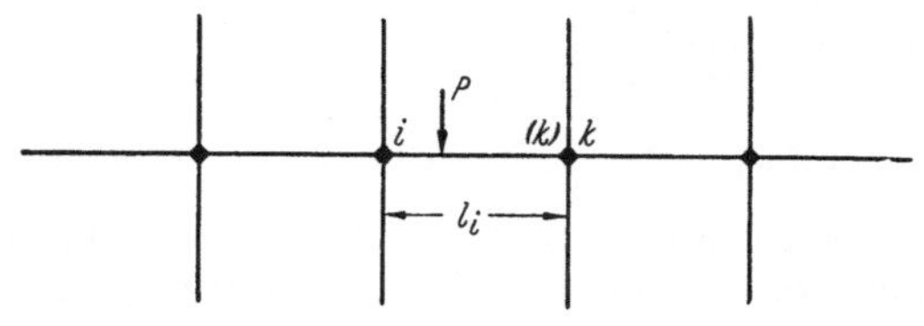

Abb. 25.

Wir werden deshalb ein allgemeines Berechnungsverfahren aufzustellen suchen, auf Grund dessen sich alle Aufgaben der besagten Art nach den gleichen Regeln behandeln lassen. Es wird sich zeigen, daß dies möglich ist, und zwar unter rein schematischer Abwandlung einfacher Berechnungsgrundlagen.

Die Erfordernisse der Baupraxis lassen die Berechnung für jede beliebige Belastungsart erwünscht erscheinen. Somit werden wir ins-

---

* Auf die Wiederholung von Angaben des ersten Teiles wurde bewußt — und zwar im Interesse der Geschlossenheit auch des zweiten Teiles der Darlegungen — nicht verzichtet. Naturgemäß muß auf die Ergebnisse der Untersuchungen des ersten Teiles immer wieder zurückgegriffen werden.

besondere die „*Einflußlinien*" für die Tragwerke der hier in Frage stehenden Art zum Ziel unserer Untersuchungen machen.

Es handle sich um irgendein beliebiges Feld l_i zwischen den Stützpunkten i und k eines durchlaufenden Trägers (s. Abb. 25).

Lediglich dieses eine Feld l_i sei belastet angenommen, und zwar beliebig, etwa mit einer Einzellast P.

An den Stützpunkten, den Knoten i und k, kreuzt sich der zu untersuchende (horizontale) durchlaufende Träger mit irgendwelchen anderen Stäben. Diese Stäbe — hier lediglich vertikale Stützen — sind in den Kreuzungspunkten untereinander ebenso wie mit dem zu untersuchenden Riegel starr verbunden.

Die Zahl der in einem **Knoten** zusammengefügten Knotenstäbe kann beliebig sein. Hier ist in Abb. 26 der praktisch häufigste Fall dargestellt, wo ein horizontal durchlaufender Träger zwischen vertikalen Stützen eingespannt ist (Stockwerkrahmen). Wir haben also hier Knoten mit je vier Stäben. — Wenn wir den belasteten Stab l_i für sich betrachten, sagen wir: er liegt zwischen den Knoten i und k, die je drei Knotenstäbe aufweisen.

Es kommen auch Aufgaben vor, bei denen die Knoten mehr als drei bzw. vier Stäbe aufweisen (z. B. Fachwerke mit starren Knotenpunktsverbindungen). Die Allgemeinheit unserer nachfolgenden Untersuchungen wird von der Zahl der Knotenstäbe nicht berührt.

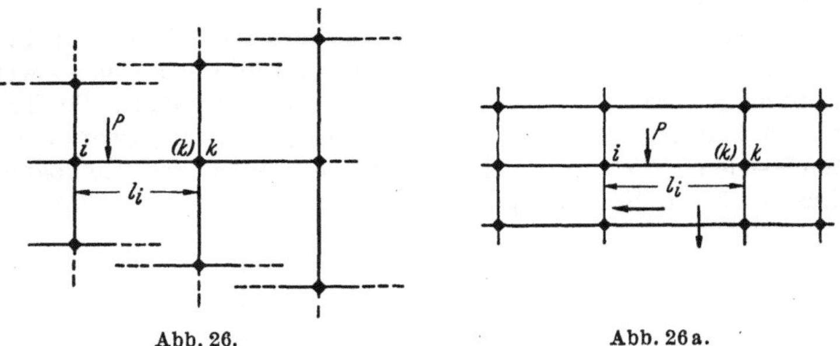

Abb. 26.   Abb. 26a.

Die vertikalen Ständer (Stützen) in Abb. 26 können ihrerseits wiederum durchlaufende Träger darstellen, die an den Stützpunkten in Knoten eingespannt sind. So kann man das Tragwerk beliebig erweitern (s. Abb. 1).

Gehen die weiteren horizontalen Stäbe der Abb. 26 ineinander über, so entsteht der Stockwerkrahmen (s. Abb. 26a).

Bei diesen wie überhaupt bei allen hier untersuchten Systemen ist vorausgesetzt, daß die *Knoten unverschieblich* sind. Sie sind drehbar, aber horizontal und vertikal unverschieblich angenommen.

Wir betrachten nunmehr den belasteten Stab l_i im Zusammenhang mit den zugehörigen Knoten i und k an den Stabenden, d. h. mit den in i und k angeschlossenen Stabgefügen, bestehend aus je drei Knotenstäben (s. Abb 27.).

Bezeichnungen: Wir bezeichnen ein Feld l_i jeweils nach dem *links* gelegenen Anfangspunkt i, dementsprechend also die an l_i angrenzenden Felder mit l_h und l_k.

Nun gehört aber jeder Knoten i oder k zwei aneinanderstoßenden Feldern an: i bildet den Anfangspunkt der Öffnung l_i, zugleich aber auch den Endpunkt der Öffnung l_h; desgleichen ist k der Anfangspunkt des Feldes l_k und zugleich der Endpunkt des Feldes l_i (vgl. Abb. 27). —

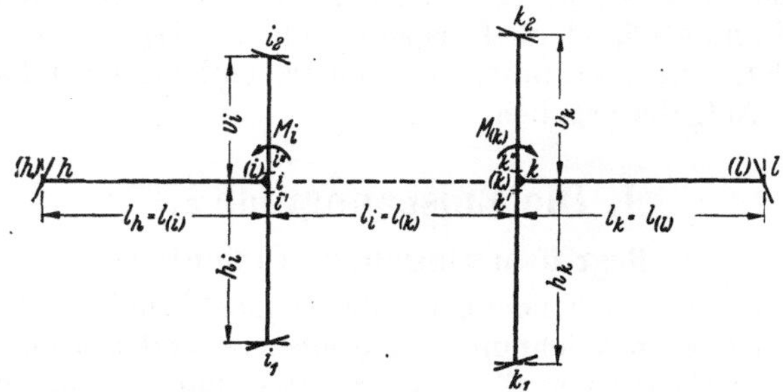

Abb. 27.

Zwecks klarer Unterscheidung setzen wir daher i und k, sofern sie am rechten Ende der jeweils betrachteten Öffnung liegen, in Klammern. Wir unterscheiden also i am (linken) Anfang des Feldes l_i von (i) am (rechten) Ende des Feldes l_h. — Entsprechendes gilt für die Knoten h und l wie überhaupt für alle sonstigen Knoten des Systems (s. Abb. 27).

Die nachfolgenden Untersuchungen bringen es mit sich, daß wir die Trägeröffnungen das eine Mal von links nach rechts, d. h. von i nach (k), lesen, das andere Mal dagegen von rechts nach links, also von (k) nach i. Da wir die Öffnungen nach dem Anfangspunkt bezeichnen, schreiben wir somit für dieselbe Öffnung im ersteren Falle l_i, im anderen Falle $l_{(k)}$. Es ist also

$$l_i = l_{(k)}$$

eine verschiedene Bezeichnung für dieselbe Stablänge. — Entsprechend ist $l_h = l_{(i)}$ und $l_k = l_{(l)}$ usw.

Für die vertikalen Ständer in i bzw. k sind die Bezeichnungen h_i bzw. h_k (unterhalb des Riegels) und v_i und v_k (oberhalb des Riegels) gewählt. — Die unteren Endpunkte der Ständer sind mit i_1 bzw. k_1, die oberen Endpunkte mit i_2 bzw. k_2 bezeichnet (s. Abb. 27).

Die Riegelstäbe (Felder) l und die Stützen h und v sind an den Enden gegen irgendein — an sich beliebig gestaltetes — Tragwerk elastisch eingespannt anzunehmen. *Diese elastische Einspannung der Stabenden kennzeichnen wir in der zeichnerischen Darstellung durch einen Schrägstrich, der gegen die punktiert gezeichnete Vertikale bzw. Horizontale geneigt ist.* In dieser Weise sind in Abb. 27 die Endpunkte h und l des Riegels wie auch die Endpunkte i_1, i_2 und k_1, k_2 der Stützen als elastisch eingespannt gekennzeichnet.

Das Ziel unserer Untersuchungen ist die Bestimmung der *Einspannmomente* M_i und M_k an den Enden des belasteten Stabes. — Sind diese gefunden, so lassen sich, wie wir sehen werden — auf Grund der Ergebnisse des ersten Teiles —, die sonstigen Momente, d. h. diejenigen in den Knotenstäben des angegliederten Systems, ohne Schwierigkeit bestimmen.

Von maßgeblicher Bedeutung für die Größe der Einspannmomente M_i und M_k im belasteten Stab l_i ist die Steifigkeit der Knoten i und k bzw. der Grad der Einspannung, d. h. die *Einspanngrade* der Stabenden in i und k, also die Werte ε_i und ε_k.

Wir sahen bereits (Erster Teil), daß sich die gesuchten Einspannmomente M_i und M_k durch die Einspanngrade ε_i und ε_k ausdrücken lassen. Sind diese letzteren bestimmt, so ist die wesentliche Grundlage für die Lösung der Aufgabe gegeben.

I. Die Einspanngrade ε.

1. Begriffsbestimmung (Definition).

Wir wiederholen hier nochmals die früheren Angaben (vgl. Teil I, S. 22 ff.), und zwar in Anlehnung an die nebenstehenden Abb. 28 u. 29. — Der Grad der elastischen Einspannung des Stabes l_i hängt von der Steifigkeit der Knoten i und (k) an den Stabenden ab. Wäre der Stab l_i gelenkig gelagert, so hätten wir die Einspannung 0; bei starrer, d. h. 100%iger, Einspannung läge der Höchstwert 1 der Einspannung vor. Zwischen diesen Grenzwerten müssen die Einspanngrade in allen Fällen elastischer Einspannung liegen.

Wir betrachten den Stab l_i in Verbindung mit dem Knoten i bei Belastung durch ein Moment $M_{(k)} = 1$ im Endpunkt (k) (s. Abb. 28).

Bei starrer Einspannung in i würde eine Belastung $M = 1$ in (k) ein Moment $(-\tfrac{1}{2})$ in i hervorrufen. Dies wäre der größtmögliche Wert des Endmomentes in i (s. Abb. 28a).

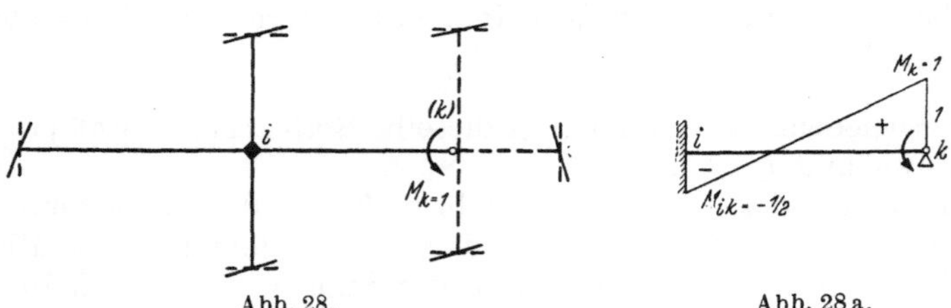

Abb. 28.   Abb. 28a.

Da im Falle der Abb. 28 die Einspannung elastisch ist, wird das in i infolge $M_{(k)} = 1$ erzeugte Moment kleiner als $(-\tfrac{1}{2})$, d. h. gleich einem Bruchteil von $(-\tfrac{1}{2})$. Wir schreiben daher

$$M_{ik} = (-\tfrac{1}{2})\,\varepsilon_i .$$

Den Koeffizienten ε_i nannten wir den „*Einspanngrad*" des Stabes im Endpunkt (Knoten) i.

Wir können die vorstehende Gleichung auch in der Form schreiben:

$$\varepsilon_i = \frac{M_{ik}}{(-\tfrac{1}{2})} ,$$

wenn M_{ik} das Moment in i infolge $M_{(k)} = 1$ bedeutet. (In ähnlicher Weise wie bei elastischen Verschiebungen ist hier durch den ersten Index i der Ort, d. h. die Wirkstelle, durch den zweiten Index k die Ursache des gesuchten Momentes gekennzeichnet.)

Entsprechendes gilt für den *Einspanngrad* $\varepsilon_{(k)}$ am anderen Stabende (k). Hierbei ist der Stab l_i in Verbindung mit dem Knoten (k) zu betrachten; in i ist er durch ein Moment 1, d. h. durch $M_i = 1$, belastet angenommen (s. Abb. 29).

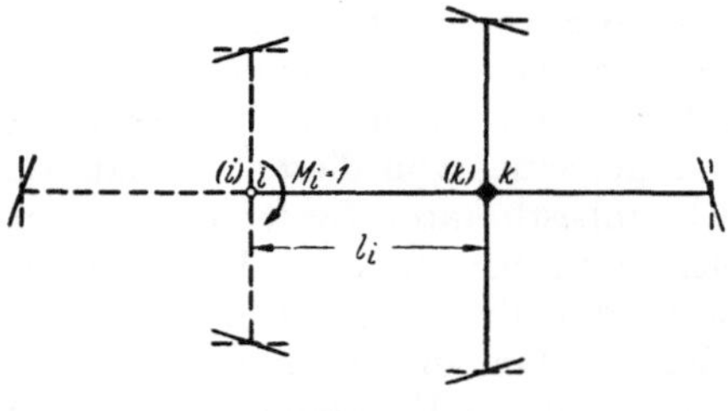

Abb. 29.

Wir schreiben:

$$M_{ki} = (-\tfrac{1}{2})\,\varepsilon_{(k)} \quad \text{bzw.} \quad \varepsilon_{(k)} = \frac{M_{ki}}{(-\tfrac{1}{2})}.$$

Somit schreiben wir die Einspanngrade der Öffnung l_i in folgender Form (s. Abb. 28 u. 29):

$$\varepsilon_i = \frac{M_{ik}}{(-\tfrac{1}{2})}\,; \qquad \varepsilon_{(k)} = \frac{M_{ki}}{(-\tfrac{1}{2})} \qquad \text{[siehe Gl. (5b), S. 8]}.$$

Diese Gleichung gibt die Begriffsbestimmung (Definition) des Einspanngrades ε. Sie zeigt aber auch den nunmehr zu besprechenden Weg für die Berechnung des Wertes von ε_i und $\varepsilon_{(k)}$.

2. Berechnung der Einspanngrade ε_i und ε_k (s. Abb. 27, 28 u. 29).

Gemäß Gl. (5b) berechnet sich der Einspanngrad ε_i aus dem Einspannmoment M_{ik}, d. h. aus dem Moment, das in i durch eine in (k) wirkende Belastung 1 $(M_{(k)} = 1)$ erzeugt wird. — Dieses Moment M_{ik} ist die Unbekannte eines (statisch unbestimmten) Systems, das durch das Stabgefüge des Knotens i, d. h. durch die drei Knotenstäbe l_h, h_i, v_i, gebildet wird. Diese drei Knotenstäbe sind an ihren Enden ebenfalls irgendwie elastisch eingespannt, und zwar l_h in h, h_i in i_1, v_i in i_2.

Die folgenden Untersuchungen haben zur Voraussetzung, *daß für die Berechnung von ε_i die Einspanngrade der Knotenstäbe l_h, h_i, v_i, die den Knoten i bilden, bekannt* sind. Wir nehmen somit die Werte ε dieser Knotenstäbe, d. h. die Größen ε_h, im Punkte h, ε_{i_1} im Punkte i_1, ε_{i_2} im Punkte i_2, als gegeben oder vorberechnet an (s. Abb. 27). — Entsprechendes gilt für die Berechnung von $\varepsilon_{(k)}$, d. h. die Einspanngrade $\varepsilon_{(l)}$, ε_{k_1}, ε_{k_2} sind als gegeben oder bekannt vorausgesetzt (s. Abb. 27).

Von jedem Knotenstab eines Knotens i sind also drei charakteristische Größenwerte als bekannt oder gegeben anzunehmen: die Länge (l, h, v), der Querschnitt bzw. dessen Trägheitsmoment (J_l, J_h, J_v) und der Einspanngrad ε $(\varepsilon_h, \varepsilon_{i_1}, \varepsilon_{i_2})$.

Aus diesen gegebenen Werten werden die folgenden *Rechnungsgrößen* gebildet:

a) Bezeichnungen.

Wir setzen:

$$l' = l\,\frac{J'}{J_l}, \qquad h' = h\,\frac{J'}{J_h}, \qquad v' = v\,\frac{J'}{J_v}.$$

Hier sind l, h, v die Stablängen; J_l, J_h, J_v die Trägheitsmomente der Querschnitte dieser Stäbe. J' ist irgendein frei gewähltes Trägheitsmoment, meist ein Mittelwert der in der Aufgabe vorkommenden Trägheitsmomente oder irgendeines von diesen. [Bekanntlich ist es bei der Berechnung statisch unbestimmter Systeme zweckmäßig und üblich, die Elastizitätsgleichungen bzw. alle in diesen vorkommenden elastischen Verschiebungen (Koeffizienten der Unbekannten) mit dem Produkt $E : J'$ ($E =$ Elastizitätsmodul) zu multiplizieren. Das vereinfacht die Rechnung, hat aber auf die Endergebnisse, d. h. auf die Werte der Unbekannten, keinen Einfluß, da diese sich als Quotienten von Verschiebungen darstellen.]

Ist ein Stab von der Länge l an einem Ende elastisch eingespannt — das andere Ende ist gelenkig gelagert angenommen — und hat der Einspanngrad den Wert ε, so nennen wir die Größe:

$$l'' = l' \cdot (1 - \tfrac{1}{4}\,\varepsilon)$$

die „*reduzierte Stablänge*" *des elastisch eingespannten Stabes.* Es ist also für die Knotenstäbe des Knotens i (s. Abb. 27):

$$l_h'' = l_h' \,(1 - \tfrac{1}{4}\,\varepsilon_h),$$
$$h_i'' = h_i' \,(1 - \tfrac{1}{4}\,\varepsilon_{i_1}),$$
$$v_i'' = v_i' \,(1 - \tfrac{1}{4}\,\varepsilon_{i_2}).$$

Entsprechend gilt für die Knotenstäbe des Knotens (k) (s. Abb. 27):

$$l_{(l)}'' = l_{(l)}' \,(1 - \tfrac{1}{4}\,\varepsilon_{(l)}), \qquad \text{wobei } l_{(l)}' = l_k',$$
$$h_k'' = h_b' \,(1 - \tfrac{1}{4}\,c_{k_1}),$$
$$v_k'' = v_b' \,(1 - \tfrac{1}{4}\,\varepsilon_{k_2}).$$

In vorstehenden Gleichungen bedeuten ε_h, ε_{i_1}, ε_{i_2} bzw. $\varepsilon_{(l)}$, ε_{k_1}, ε_{k_2} die als bekannt oder gegeben vorausgesetzten Einspanngrade in den Endpunkten der Knotenstäbe l_h, h_i, v_i bzw. $l_{(l)}$, h_k, v_k (s. Abb. 27).

Anmerkung: Der Stab l_i, dessen Einspanngrade ε_i und $\varepsilon_{(k)}$ gesucht werden, ist als aus den Knoten i und (k) herausgenommen und gelenkig gelagert anzusehen; dementsprechend erscheint er in der folgenden Rechnung vorerst mit $\varepsilon = 0$, d. h. in der Größe l_i' (nicht etwa l_i'').

Aus den oben angegebenen Rechnungsgrößen setzen sich die Werte der Einspanngrade ε zusammen. Ihre Berechnung gestaltet sich wie folgt.

b) Gleichung zur Berechnung von ε_i und $\varepsilon_{(k)}$.

Die Einspanngrade ε_i und $\varepsilon_{(k)}$ berechnen sich nach folgender Gleichung [s. erster Teil, Gl. (15)]:

$$\varepsilon_i = \frac{\lambda_i}{\lambda_i + 1}; \qquad \varepsilon_{(k)} = \frac{\lambda_{(k)}}{\lambda_{(k)} + 1} \qquad \text{[siehe Gl. (15), S. 25].}$$

Die Werte sind also echte Brüche; man findet sie, indem man einen Wert λ durch den um 1 vermehrten Wert λ dividiert.

Für λ_i und $\lambda_{(k)}$ gelten folgende Gleichungen:

$$\left.\begin{aligned}
\lambda_i &= \frac{l_i'}{l_h''} + \frac{l_i'}{h_i''} + \frac{l_i'}{v_i''} \cdots ; \\
\lambda_{(k)} &= \frac{l_i'}{l_{(l)}''} + \frac{l_i'}{h_k''} + \frac{l_i'}{v_k''} \cdots ;
\end{aligned}\right\} \quad \text{[siehe Gl. (15b), S. 25]},$$

oder, wenn man für l'', h'', v'' die vorhin angegebenen Werte einsetzt:

$$\left.\begin{aligned}
\lambda_i &= \frac{1}{1 - \frac{1}{4}\varepsilon_h}\,\frac{l_i'}{l_h'} + \frac{1}{1 - \frac{1}{4}\varepsilon_{i_1}}\,\frac{l_i'}{h_i'} + \frac{1}{1 - \frac{1}{4}\varepsilon_{i_2}}\,\frac{l_i'}{v_i'} \cdots ; \\
\lambda_{(k)} &= \frac{1}{1 - \frac{1}{4}\varepsilon_{(l)}}\,\frac{l_i'}{l_{(l)}'} + \frac{1}{1 - \frac{1}{4}\varepsilon_{k_1}}\,\frac{l_i'}{h_k'} + \frac{1}{1 - \frac{1}{4}\varepsilon_{k_2}}\,\frac{l_i'}{v_k'} \cdots
\end{aligned}\right\} \quad (15c)$$

Nach vorstehender Gl. (15c) setzen sich die Werte λ_i und $\lambda_{(k)}$ aus den *„Stablängenverhältnissen"* zusammen. Der *Zähler* ist bei allen Gliedern der gleiche, nämlich l_i', d. h. die reduzierte Stablänge des mit $\varepsilon = 0$ (also gelenkig) gelagerten Stabes l_i, dessen Einspanngrade gesucht werden. — Die *Nenner* sind die reduzierten Stablängen (l'', h'', v'') der elastisch eingespannten Knotenstäbe des Knotens i bzw. (k). Sie sind in der vorstehenden Gleichung in ihre Faktoren zerlegt. Dadurch erscheinen dort in der Rechnung die Stablängenverhältnisse in der Form von Quotienten aus den Werten l', h', v'; die Faktoren $(1 - \frac{1}{4}\varepsilon)$ sind im Nenner jeweils vorgesetzt.

Alle in den Gleichungen für λ_i und $\lambda_{(k)}$ vorkommenden Werte sind gegebene oder bekannte Größen: die reduzierten Stablängen l', h', v' ebenso wie die Einspanngrade ε der Knotenstäbe. — In den Werten für die Stablängen $l' = l\,\dfrac{J'}{J_l}$ sind die Feldweiten oder Stablängen durch die Systemform festgelegt. Die Trägheitsmomente J der einzelnen Knotenstäbe sind, wie vorher gesagt, als bekannt vorausgesetzt, d. h. entweder geschätzt oder auf Grund einer Vorberechnung angenommen. — Die Einspanngrade ε der Knotenstäbe müssen — gemäß unserer Voraussetzung — ebenfalls bekannt, d. h. angenommen oder vorher berechnet sein. Somit können die Werte λ_i und $\lambda_{(k)}$ aus gegebenen Größen berechnet werden. Die Einspanngrade ε_i und $\varepsilon_{(k)}$ sind alsdann nach obigen Gleichungen zu bestimmen.

Nach alledem ergibt sich der folgende einfache Rechnungsgang zur Ermittlung der Werte ε_i und $\varepsilon_{(k)}$.

c) Rechnungsgang zur Bestimmung der Einspanngrade ε_i und $\varepsilon_{(k)}$.

Die Werte λ_i und $\lambda_{(k)}$, für welche Gl. (15c) gilt, sind die maßgeblichen Größen der Rechnung. Aus ihnen ergeben sich die gesuchten Einspanngrade ε_i und $\varepsilon_{(k)}$ nach Gl. (15).

Indessen können die Werte λ_i und $\lambda_{(k)}$ und demnach auch ε_i und $\varepsilon_{(k)}$ nicht berechnet werden, wenn nicht vorher die Einspanngrade ε_h, ε_{i_1}, ε_{i_2} bzw. $\varepsilon_{(l)}$, ε_{k_1}, ε_{k_2} bestimmt worden sind [s. Gl. (15c)]. — Allgemein gilt also: Für die Berechnung der Einspanngrade ε_i und $\varepsilon_{(k)}$ eines jeden

Feldes l_i müssen die Einspanngrade des vorangehenden Feldes l_h bzw. des nächstfolgenden Feldes $l_{(l)}$, d. h. die Werte ε_h und $\varepsilon_{(i)}$ bekannt sein, ebenso wie die Einspanngrade der Stützen im Anfangs- und Endpunkt des zu untersuchenden Feldes, d. h. die Werte ε_{i_1}, ε_{i_2} und ε_{k_1}, ε_{k_2}. — *Daraus folgt, daß wir irgendwo und irgendwie mit gegebenen oder vorberechneten Werten ε den Anfang machen müssen. Das kann nach Lage der Verhältnisse nur beim Anfangspunkt bzw. beim Endpunkt des Tragwerkes der Fall sein.*

In Abb. 30 ist ein Tragwerk mit beliebig vielen Feldern dargestellt. Die Knotenpunkte sind mit $a, b, c, \ldots, h, i, k, l, \ldots, y, x, z$ bezeichnet. Jede Feldweite l_i erhält ihre Kennzeichnung durch den Knoten i am *Anfang* des Feldes. Das rechts gelegene Stabende in jedem Felde l_i ist nach dem nächsten Knoten k entsprechend unserer obigen Festsetzung mit (k) bezeichnet.

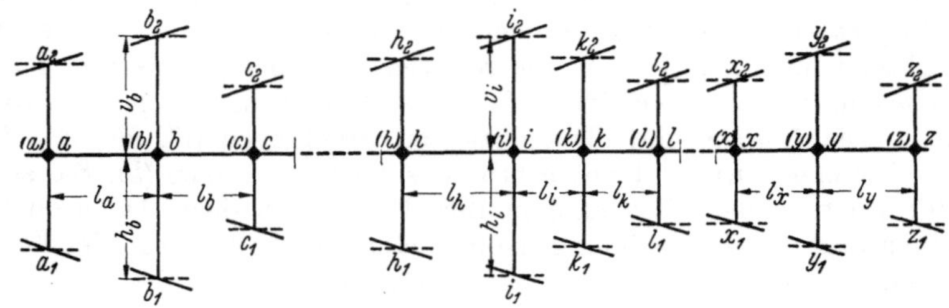

Abb. 30.

Wäre im Anfangspunkt a keine elastische Stütze, sondern ein Gelenk oder eine starre Einspannung, so wäre $\varepsilon_a = 0$ bzw. $\varepsilon_a = 1$ zu setzen. Ist, wie in Abb. 30 dargestellt, bei a eine elastische Einspannung in der Endstütze vorhanden, so berechnet sich λ_a nach Gl. (15c). Dabei fällt indessen das erste Glied aus, da ein vorangehendes Feld $l_{(a)}$ nicht vorhanden ist. — Die Einspanngrade ε_{a_1} und ε_{a_2} an dem Fuß- und Kopfende der Endstütze müssen aber gegeben sein, d. h. angenommen oder geschätzt oder irgendwie vorberechnet sein. Mit diesen Werten kann dann λ_a nach Gl. (15c) und hieraus aus Gl. (15) auch ε_a berechnet werden.

Ist aber der Einspanngrad ε_a im ersten Feld bekannt, so findet man ε_b für das zweite Feld l_b nach Gl. (15c) bzw. Gl. (15) und so fort für jedes weitere Feld bis zum letzten Feld l_y, wo sich ε_y ergibt.

Hierfür ist nur erforderlich, daß für jedes Feld l_i die Einspanngrade ε_{i_1} und ε_{i_2} der Stützen h_i und v_i gegeben, d. h. angenommen, geschätzt oder vorberechnet sind.

Wir werden später sehen, daß die hierbei zugrunde liegenden Annahmen mit einem gewissen Spielraum festgelegt oder gewählt werden können, ohne daß davon die Einspannungsgrade ε der Felder l wesentlich beeinflußt würden.

Hiernach ist der *Rechnungsgang zur Bestimmung der Einspanngrade* ε_i von links nach rechts entwickelt, d. h. beim ersten Feld l_a beginnend und bis zum letzten Feld l_y fortschreitend.

Entsprechend ist für die Berechnung der Werte $\varepsilon_{(k)}$ beim letzten Feld l_y bzw. beim Endstützpunkt (z) zu beginnen und nach links fortschreitend die Reihe der Werte $\varepsilon_{(k)}$ zu entwickeln bis zum ersten Feld l_a, wo sich der letzte Wert $\varepsilon_{(b)}$ ergibt. — Die Berechnung der Größen $\lambda_{(k)}$ erfolgt nach Gl. (15c); aus $\lambda_{(k)}$ ergibt sich $\varepsilon_{(k)}$ nach Gl. (15).

In der hier beschriebenen Weise werden für jedes einzelne Feld l_i je zwei Einspanngrade ε_i und $\varepsilon_{(k)}$ bestimmt. Es liegt in der Natur des geschilderten Rechnungsganges, daß dieser rein schematisch, von Feld zu Feld fortschreitend, durchgeführt werden kann. — Aus der schematischen Darstellung der Ergebnisse läßt sich schließlich die nachstehende, einfache und übersichtliche tabellarische Rechnungsweise entwickeln.

3. Werte der Einspanngrade ε_i und $\varepsilon_{(k)}$ bei 4-, 3- und 2-stäbigen Knoten.

a) Systeme mit 4-stäbigen Knoten (Stockwerkrahmen).

Schema der Einspanngrade ε_i und $\varepsilon_{(k)}$ (vgl. S. 65 u. 67).

Tabelle 1. *Der durchlaufende Träger mit doppelseitiger Einspannung in elastischen Stützen. Einspanngrade ε_i und $\varepsilon_{(k)}$.*

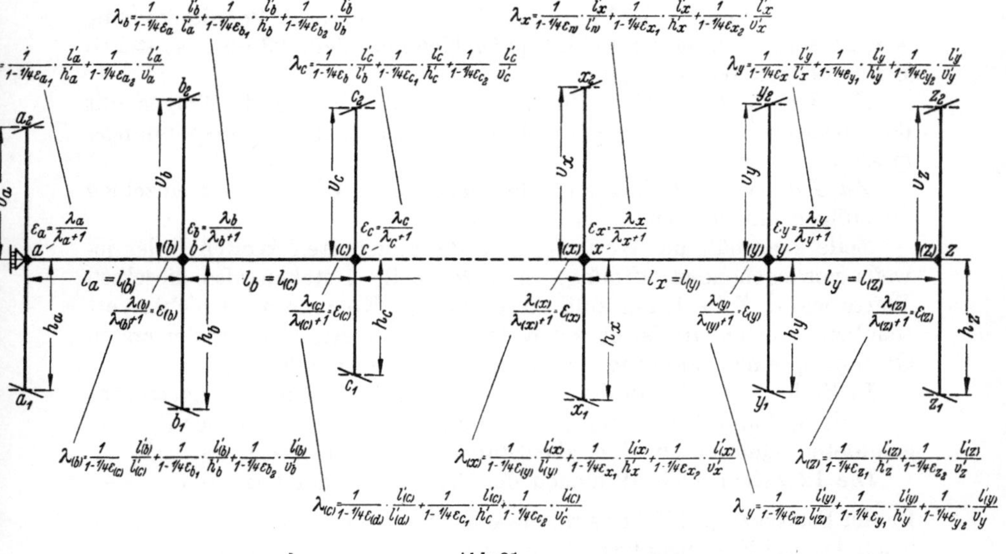

Abb. 31.

In vorstehender Tabelle 1 ist das Schema für die Berechnung der Einspanngrade ε übersichtlich dargestellt, und zwar für die einzelnen Öffnungen eines kontinuierlichen Trägers in einem rahmenartigen Tragwerk (Stockwerkrahmen). — Die Werte λ und ε ergeben sich aus Gl. (15c), s. S. 57 und Gl. (15), s. S. 25.

Für jedes Feld l_i kommen zwei Einspanngrade in Frage, nämlich ε_i und $\varepsilon_{(k)}$. Der Wert ε_i gilt für den (linken) Anfangspunkt i, der

Wert $\varepsilon_{(k)}$ für den (rechten) Endpunkt (k) des Feldes. Den Werten ε_i und $\varepsilon_{(k)}$ sind die Größen λ_i und $\lambda_{(k)}$ zugeordnet.

Die Werte ε_i sind — ebenso wie die zugehörigen Werte λ_i — *oberhalb* der horizontalen Systemlinie eingetragen; die Werte $\varepsilon_{(k)}$ stehen — mitsamt den zugehörigen Werten $\lambda_{(k)}$ — *unterhalb* der Horizontalen. — Ein Strich weist auf den Punkt i bzw. (k), zu dem die betreffenden Werte ε_i und λ_i bzw. $\varepsilon_{(k)}$ und $\lambda_{(k)}$ gehören (s. Abb. 31).

Die Reihe der Werte ε_i beginnt links mit ε_a im ersten Feld l_a und schreitet nach rechts fort bis zu ε_y im letzten Feld l_y.

Die Reihe der Werte $\varepsilon_{(k)}$ beginnt rechts mit $\varepsilon_{(z)}$ im letzten Feld und schreitet nach links fort bis zu $\varepsilon_{(b)}$ im ersten Feld l_a (s. die Pfeile).

Die in Tab. 1 schematisch dargestellten Werte λ und ε berechnet man zweckmäßig tabellarisch gemäß den nachfolgenden Angaben.

Tabellen zur Berechnung der Einspanngrade ε_i und $\varepsilon_{(k)}$ (s. Tab. 1a u. 1b).

In den beiden Tabellen 1a u. 1b ist die Berechnung von ε_i und $\varepsilon_{(k)}$ angegeben. — Es sind hierbei der Allgemeinheit der Darstellung wegen *alle Einspanngrade*, auch die als gegeben vorausgesetzten der Stützen, *verschieden* angenommen.

Jeder Öffnung l_a, l_b, l_c, $\ldots$, l_x, l_y entspricht eine Vertikalkolonne von 24 Zeilen. Unten am Schluß jeder Kolonne (Zeile 23 und 24) stehen die gesuchten Werte λ und ε.

Zu Tabelle 1a u. 1b, S. 62 u. 63. Der durchlaufende Träger mit doppelseitiger Einspannung in elastischen Stützen. — Einspannungsgrade ε_i und $\varepsilon_{(k)}$.

Zu Tab. 1a. In Zeile 1 sind die (gegebenen) Werte l_i' der einzelnen Öffnungen eingetragen.

Zeile 2 enthält die Werte l_h', d. h. die reduzierten Weiten l' der jeweils vorangehenden Öffnung. In dieser Zeile 2 stehen also dieselben Werte wie in Zeile 1, nur sind diese um eine Kolonne nach rechts verschoben. Es steht in der ersten Kolonne kein Wert, weil bei der ersten Öffnung l_a eine vorangehende Öffnung nicht vorhanden ist.

In Zeile 3 und 4 sind die Werte h' und v' der Stützen eingetragen.

Zeile 5, 6 und 7 enthalten die aus den vorerwähnten Größen l', h', v' gebildeten Quotienten, d. h. die Stablängenverhältnisse.

Die 12 Zeilen 8 bis 19 dienen der Berechnung der Faktoren $\dfrac{1}{1-\frac{1}{4}\varepsilon}$.

In vier Stufen zu je 3 Zeilen sind diese Faktoren entwickelt, und zwar für jeden der drei Knotenstäbe l_h, h_i, v_i, welche die Einspanngrade ε_h, ε_{i_1}, ε_{i_2} haben.

Im ersten Feld l_a kommt ein vorangehendes Feld (l_h), also auch ein Wert ε_h, nicht in Frage. Die entsprechenden Zeilen bleiben also unausgefüllt.

Die Werte ε_{i_1} und ε_{i_2} am Fuß bzw. Kopf der Stützen sind als gegeben oder bekannt vorausgesetzt, z. B. bei starrer Einspannung 1, bei gelenkiger Lagerung 0 oder irgendwie geschätzt bzw. vorberechnet. Hierbei ist zu beachten, daß eine mehr oder minder rohe Schätzung durchaus annehmbar ist; denn gewisse Unterschiede, etwa im Rahmen von $\pm 10\%$, in den Werten der Einspanngrade der Stützen sind auf die gesuchten Werte, d..h. auf die Einspanngrade der Riegel ohne nennenswerten Einfluß.

Es genügt für Aufgaben der Baupraxis, wenn man nach folgenden Regeln verfährt:

Sind die Stützen in 1-stäbigen Knoten elastisch eingespannt, d. h. gehen sie als auf den Riegeln (gelenkig gelagerte) durchlaufende Träger senkrecht über die Stützpunkte $a_1 a_2$, $b_1 b_2$ usw. hinaus, so ist ε_{a_1}, ε_{a_2}, ε_{b_1}, ε_{b_2} usw. mit $\frac{1}{2}$ (d. i. 50%) anzusetzen.

Schließen die Stützen an 2-stäbigen Knoten an, ähnlich wie in Abb. 31 etwa die Stütze v_a oder h_a im Punkte a, so kann mit $\varepsilon = \frac{2}{3}$ (d. i. 67%) für die Punkte $a_1, b_1, \ldots$ und $a_2, b_2, \ldots$ gerechnet werden.

Liegt am Kopf oder Fuß der Stützen eine Einspannung in 3-stäbigen Knoten vor, so ist die Annahme eines Einspanngrades von $\varepsilon = \frac{4}{5}$ (d. i. 80%) für die Punkte $a_1, b_1, \ldots, a_2, b_2, \ldots$ zu empfehlen.

Ob im ersteren Falle ($\varepsilon = 50\%$) 40% oder 60%, im letzteren Falle ($\varepsilon = 80\%$) 70% oder 90% richtig ist, mag die Werte der Einspanngrade der Riegel, d. h. ε_a, ε_b, $\ldots$, $\varepsilon_{(b)}$, $\varepsilon_{(c)}$, $\ldots$ um ein geringes beeinflussen, bleibt aber für die letzten Endes gesuchten Werte der Einspannmomente M_i und $M_{(k)}$ unwesentlich.

Vorstehende Angaben gelten naturgemäß auch für die Auswertung der nachfolgenden Tabellen.

Der Wert ε_a im ersten Feld kann auf dem durch die Kolonne 1 festgelegten Wege berechnet werden. Alle notwendigen Rechnungsgrößen sind gegeben. — Der Wert ε_a bildet das erste Rechenergebnis, von dem die Ermittlung der weiteren Werte ε auszugehen hat. — Der so gefundene Wert ε_a wird in die nächstfolgende für l_b geltende Kolonne eingesetzt, und zwar in Zeile 8. Damit kann, da ε_{b_1} und ε_{b_2} als gegeben angenommen sind, auch die zweite Kolonne durchgerechnet werden. Sie liefert den Wert ε_b. — Dieser Wert ε_b wird in die folgende (3.) Kolonne, und zwar in Zeile 8, eingesetzt und damit ε_c berechnet usw.

In dieser Weise wird die Rechnung schrittweise fortgesetzt bis zum letzten Feld, wo sich der Wert ε_y ergibt. — Damit sind die Einspanngrade ε_i gefunden.

Zu Tab. 1b: In der gleichen Weise werden die *Einspanngrade* $\varepsilon_{(k)}$ berechnet, und zwar nach Tab. 1b, s. S. 63.

Der *Unterschied* besteht lediglich darin, *daß diese Tabelle von rechts nach links entwickelt* wird, indem man beim Endpunkt (z) bzw. beim letzten Feld $l_{(z)}$ $(= l_y)$ beginnt. Die Werte l' in Zeile 2, d. h. die reduzierten Längen der vorangehenden Felder, sind gegen Zeile 1 um ein Feld *nach links* verschoben, angefangen in der zweitletzten Kolonne für $l_{(y)}$, und zwar mit $l_{(z)}$. In der letzten Kolonne bleibt also Zeile 2 unausgefüllt (vgl. Tab. 1a u. Tab. 1b).

Die Rechnung beginnt demnach in der letzten Kolonne mit der Ermittlung von $\varepsilon_{(z)}$. Hier sind die Werte h_z' und v_z' der Endstütze sowie deren Einspanngrade ε_{z_1} und ε_{z_2} gegeben; ein vorangehendes, d. h. auf l_y $(= l_{(z)})$ folgendes Feld ist nicht vorhanden.

Tabelle 1a. *Der durchlaufende Träger mit doppelseitiger Einspannung in elastischen Stützen. — Einspanngrade ε_i (vgl. Abb. 31).*

	l_i	l_a	l_b	l_c	$\ldots$	l_x	l_y
1	l_i'	l_a'	l_b'	l_c'		l_x'	l_y'
2	l_h'	—	l_a'	l_b'		l_w'	l_x'
3	h_i'	h_a'	h_b'	h_e'		h_x'	h_y'
4	v_i'	v_a'	v_b'	v_c'		v_x'	v_y'
5	$\dfrac{l_i'}{l_h'}$	—	$\dfrac{l_b'}{l_a'}$	$\dfrac{l_c'}{l_b'}$		$\dfrac{l_x'}{l_w'}$	$\dfrac{l_y'}{l_x'}$
6	$\dfrac{l_i'}{h_i'}$	$\dfrac{l_a'}{h_a'}$	$\dfrac{l_b'}{h_b'}$	$\dfrac{l_c'}{h_c'}$		$\dfrac{l_x'}{h_x'}$	$\dfrac{l_y'}{h_y'}$
7	$\dfrac{l_i'}{v_i'}$	$\dfrac{l_a'}{v_a'}$	$\dfrac{l_b'}{v_b'}$	$\dfrac{l_c'}{v_c'}$		$\dfrac{l_x'}{v_x'}$	$\dfrac{l_y'}{v_y'}$
8	ε_h	—	ε_a	ε_b		ε_w	ε_x
9	ε_{i_1}	ε_{a_1}	ε_{b_1}	ε_{c_1}		ε_{x_1}	ε_{y_1}
10	ε_{i_2}	ε_{a_2}	ε_{b_2}	ε_{c_2}		ε_{x_2}	ε_{y_2}
11	$\tfrac{1}{4}\varepsilon_h$	—	$\tfrac{1}{4}\varepsilon_a$	$\tfrac{1}{4}\varepsilon_b$		$\tfrac{1}{4}\varepsilon_w$	$\tfrac{1}{4}\varepsilon_x$
12	$\tfrac{1}{4}\varepsilon_{i_1}$	$\tfrac{1}{4}\varepsilon_{a_1}$	$\tfrac{1}{4}\varepsilon_{b_1}$	$\tfrac{1}{4}\varepsilon_{c_1}$		$\tfrac{1}{4}\varepsilon_{x_1}$	$\tfrac{1}{4}\varepsilon_{y_1}$
13	$\tfrac{1}{4}\varepsilon_{i_2}$	$\tfrac{1}{4}\varepsilon_{a_2}$	$\tfrac{1}{4}\varepsilon_{b_2}$	$\tfrac{1}{4}\varepsilon_{c_2}$		$\tfrac{1}{4}\varepsilon_{x_2}$	$\tfrac{1}{4}\varepsilon_{y_2}$
14	$1-\tfrac{1}{4}\varepsilon_h$	—	$1-\tfrac{1}{4}\varepsilon_a$	$1-\tfrac{1}{4}\varepsilon_b$		$1-\tfrac{1}{4}\varepsilon_w$	$1-\tfrac{1}{4}\varepsilon_x$
15	$1-\tfrac{1}{4}\varepsilon_{i_1}$	$1-\tfrac{1}{4}\varepsilon_{a_1}$	$1-\tfrac{1}{4}\varepsilon_{b_1}$	$1-\tfrac{1}{4}\varepsilon_{c_1}$		$1-\tfrac{1}{4}\varepsilon_{x_1}$	$1-\tfrac{1}{4}\varepsilon_{y_1}$
16	$1-\tfrac{1}{4}\varepsilon_{i_2}$	$1-\tfrac{1}{4}\varepsilon_{a_2}$	$1-\tfrac{1}{4}\varepsilon_{b_2}$	$1-\tfrac{1}{4}\varepsilon_{c_2}$		$1-\tfrac{1}{4}\varepsilon_{x_2}$	$1-\tfrac{1}{4}\varepsilon_{y_2}$
17	$\dfrac{1}{1-\tfrac{1}{4}\varepsilon_h}$	—	$\dfrac{1}{1-\tfrac{1}{4}\varepsilon_a}$	$\dfrac{1}{1-\tfrac{1}{4}\varepsilon_b}$		$\dfrac{1}{1-\tfrac{1}{4}\varepsilon_w}$	$\dfrac{1}{1-\tfrac{1}{4}\varepsilon_x}$
18	$\dfrac{1}{1-\tfrac{1}{4}\varepsilon_{i_1}}$	$\dfrac{1}{1-\tfrac{1}{4}\varepsilon_{a_1}}$	$\dfrac{1}{1-\tfrac{1}{4}\varepsilon_{b_1}}$	$\dfrac{1}{1-\tfrac{1}{4}\varepsilon_{c_1}}$		$\dfrac{1}{1-\tfrac{1}{4}\varepsilon_{x_1}}$	$\dfrac{1}{1-\tfrac{1}{4}\varepsilon_{y_1}}$
19	$\dfrac{1}{1-\tfrac{1}{4}\varepsilon_{i_2}}$	$\dfrac{1}{1-\tfrac{1}{4}\varepsilon_{a_2}}$	$\dfrac{1}{1-\tfrac{1}{4}\varepsilon_{b_2}}$	$\dfrac{1}{1-\tfrac{1}{4}\varepsilon_{c_2}}$		$\dfrac{1}{1-\tfrac{1}{4}\varepsilon_{x_2}}$	$\dfrac{1}{1-\tfrac{1}{4}\varepsilon_{y_2}}$
20	$\dfrac{1}{1-\tfrac{1}{4}\varepsilon_h}\dfrac{l_i'}{l_h'}$	—	$\dfrac{1}{1-\tfrac{1}{4}\varepsilon_a}\dfrac{l_b'}{l_a'}$	$\dfrac{1}{1-\tfrac{1}{4}\varepsilon_b}\dfrac{l_c'}{l_b'}$		$\dfrac{1}{1-\tfrac{1}{4}\varepsilon_w}\dfrac{l_x'}{l_w'}$	$\dfrac{1}{1-\tfrac{1}{4}\varepsilon_x}\dfrac{l_y'}{l_x'}$
21	$\dfrac{1}{1-\tfrac{1}{4}\varepsilon_{i_1}}\dfrac{l_i'}{h_i'}$	$\dfrac{1}{1-\tfrac{1}{4}\varepsilon_{a_1}}\dfrac{l_a'}{h_a'}$	$\dfrac{1}{1-\tfrac{1}{4}\varepsilon_{b_1}}\dfrac{l_b'}{h_b'}$	$\dfrac{1}{1-\tfrac{1}{4}\varepsilon_{c_1}}\dfrac{l_c'}{h_c'}$		$\dfrac{1}{1-\tfrac{1}{4}\varepsilon_{x_1}}\dfrac{l_x'}{h_x'}$	$\dfrac{1}{1-\tfrac{1}{4}\varepsilon_{y_1}}\dfrac{l_y'}{h_y'}$
22	$\dfrac{1}{1-\tfrac{1}{4}\varepsilon_{i_2}}\dfrac{l_i'}{v_i'}$	$\dfrac{1}{1-\tfrac{1}{4}\varepsilon_{a_2}}\dfrac{l_a'}{v_a'}$	$\dfrac{1}{1-\tfrac{1}{4}\varepsilon_{b_2}}\dfrac{l_b'}{v_b'}$	$\dfrac{1}{1-\tfrac{1}{4}\varepsilon_{c_2}}\dfrac{l_c'}{v_c'}$		$\dfrac{1}{1-\tfrac{1}{4}\varepsilon_{x_2}}\dfrac{l_x'}{v_x'}$	$\dfrac{1}{1-\tfrac{1}{4}\varepsilon_{y_2}}\dfrac{l_y'}{v_y'}$
23	$\lambda_i=\Sigma$	$\lambda_a=\Sigma$	$\lambda_b=\Sigma$	$\lambda_c=\Sigma$		$\lambda_x=\Sigma$	$\lambda_y=\Sigma$
24	$\varepsilon_i=\dfrac{\lambda_i}{\lambda_i+1}$	$\varepsilon_a=\dfrac{\lambda_a}{\lambda_a+1}$	$\varepsilon_b=\dfrac{\lambda_b}{\lambda_b+1}$	$\varepsilon_c=\dfrac{\lambda_c}{\lambda_c+1}$		$\varepsilon_x=\dfrac{\lambda_x}{\lambda_x+1}$	$\varepsilon_y=\dfrac{\lambda_y}{\lambda_y+1}$

Tabelle 1b. *Der durchlaufende Träger mit doppelseitiger Einspannung in elastischen Stützen. — Einspanngrade $\varepsilon_{(k)}$ (vgl. Abb. 31).*

	l_i	$l_{(b)}$	$l_{(c)}$	$\ldots$	$l_{(x)}$	$l_{(y)}$	$l_{(z)}$
1	l_i'	$l_{(b)}'$	$l_{(c)}'$		$l_{(x)}'$	$l_{(y)}'$	$l_{(z)}'$
2	l_k'	$l_{(c)}'$	$l_{(d)}'$		$l_{(x)}'$	$l_{(z)}'$	—
3	h_k'	h_b'	h_c'		h_x'	h_y'	h_z'
4	v_k'	v_b'	v_c'		v_x'	v_y'	v_z'
5	$\dfrac{l_i'}{l_k'}$	$\dfrac{l_{(b)}'}{l_{(c)}'}$	$\dfrac{l_{(c)}'}{l_{(d)}'}$		$\dfrac{l_{(x)}'}{l_{(y)}'}$	$\dfrac{l_{(y)}'}{l_{(z)}'}$	—
6	$\dfrac{l_i'}{h_k'}$	$\dfrac{l_{(b)}'}{h_b'}$	$\dfrac{l_{(c)}'}{h_c'}$		$\dfrac{l_{(x)}'}{h_x'}$	$\dfrac{l_{(y)}'}{h_y'}$	$\dfrac{l_{(z)}'}{h_z'}$
7	$\dfrac{l_i'}{v_k'}$	$\dfrac{l_{(b)}'}{v_b'}$	$\dfrac{l_{(c)}'}{v_c'}$		$\dfrac{l_{(x)}'}{v_x'}$	$\dfrac{l_{(y)}'}{v_y'}$	$\dfrac{l_{(z)}'}{v_z'}$
8	$\varepsilon_{(l)}$	$\varepsilon_{(c)}$	$\varepsilon_{(d)}$		$\varepsilon_{(y)}$	$\varepsilon_{(z)}$	—
9	ε_{k_1}	ε_{b_1}	ε_{c_1}		ε_{x_1}	ε_{y_1}	ε_{z_1}
10	ε_{k_2}	ε_{b_2}	ε_{c_2}		ε_{x_2}	ε_{y_2}	ε_{z_2}
11	$\tfrac{1}{4}\varepsilon_{(l)}$	$\tfrac{1}{4}\varepsilon_{(c)}$	$\tfrac{1}{4}\varepsilon_{(d)}$		$\tfrac{1}{4}\varepsilon_{(y)}$	$\tfrac{1}{4}\varepsilon_{(z)}$	—
12	$\tfrac{1}{4}\varepsilon_{k_1}$	$\tfrac{1}{4}\varepsilon_{b_1}$	$\tfrac{1}{4}\varepsilon_{c_1}$		$\tfrac{1}{4}\varepsilon_{x_1}$	$\tfrac{1}{4}\varepsilon_{y_1}$	$\tfrac{1}{4}\varepsilon_{z_1}$
13	$\tfrac{1}{4}\varepsilon_{k_2}$	$\tfrac{1}{4}\varepsilon_{b_2}$	$\tfrac{1}{4}\varepsilon_{b_2}$		$\tfrac{1}{4}\varepsilon_{x_2}$	$\tfrac{1}{4}\varepsilon_{y_2}$	$\tfrac{1}{4}\varepsilon_{z_2}$
14	$1-\tfrac{1}{4}\varepsilon_{(l)}$	$1-\tfrac{1}{4}\varepsilon_{(c)}$	$1-\tfrac{1}{4}\varepsilon_{(d)}$		$1-\tfrac{1}{4}\varepsilon_{(y)}$	$1-\tfrac{1}{4}\varepsilon_{(z)}$	—
15	$1-\tfrac{1}{4}\varepsilon_{k_1}$	$1-\tfrac{1}{4}\varepsilon_{b_1}$	$1-\tfrac{1}{4}\varepsilon_{c_1}$		$1-\tfrac{1}{4}\varepsilon_{x_1}$	$1-\tfrac{1}{4}\varepsilon_{y_1}$	$1-\tfrac{1}{4}\varepsilon_{z_1}$
16	$1-\tfrac{1}{4}\varepsilon_{k_2}$	$1-\tfrac{1}{4}\varepsilon_{b_2}$	$1-\tfrac{1}{4}\varepsilon_{c_2}$		$1-\tfrac{1}{4}\varepsilon_{x_2}$	$1-\tfrac{1}{4}\varepsilon_{y_2}$	$1-\tfrac{1}{4}\varepsilon_{z_2}$
17	$\dfrac{1}{1-\tfrac{1}{4}\varepsilon_{(l)}}$	$\dfrac{1}{1-\tfrac{1}{4}\varepsilon_{(c)}}$	$\dfrac{1}{1-\tfrac{1}{4}\varepsilon_{(d)}}$		$\dfrac{1}{1-\tfrac{1}{4}\varepsilon_{(y)}}$	$\dfrac{1}{1-\tfrac{1}{4}\varepsilon_{(z)}}$	—
18	$\dfrac{1}{1-\tfrac{1}{4}\varepsilon_{k_1}}$	$\dfrac{1}{1-\tfrac{1}{4}\varepsilon_{b_1}}$	$\dfrac{1}{1-\tfrac{1}{4}\varepsilon_{c_1}}$		$\dfrac{1}{1-\tfrac{1}{4}\varepsilon_{x_1}}$	$\dfrac{1}{1-\tfrac{1}{4}\varepsilon_{y_1}}$	$\dfrac{1}{1-\tfrac{1}{4}\varepsilon_{z_1}}$
19	$\dfrac{1}{1-\tfrac{1}{4}\varepsilon_{k_2}}$	$\dfrac{1}{1-\tfrac{1}{4}\varepsilon_{b_2}}$	$\dfrac{1}{1-\tfrac{1}{4}\varepsilon_{c_2}}$		$\dfrac{1}{1-\tfrac{1}{4}\varepsilon_{x_2}}$	$\dfrac{1}{1-\tfrac{1}{4}\varepsilon_{y_2}}$	$\dfrac{1}{1-\tfrac{1}{4}\varepsilon_{z_2}}$
20	$\dfrac{1}{1-\tfrac{1}{4}\varepsilon_{(l)}}\,\dfrac{l_i'}{l_k'}$	$\dfrac{1}{1-\tfrac{1}{4}\varepsilon_{(c)}}\,\dfrac{l_{(b)}'}{l_{(c)}'}$	$\dfrac{1}{1-\tfrac{1}{4}\varepsilon_{(d)}}\,\dfrac{l_{(c)}'}{l_{(d)}'}$		$\dfrac{1}{1-\tfrac{1}{4}\varepsilon_{(y)}}\,\dfrac{l_{(x)}'}{l_{(y)}'}$	$\dfrac{1}{1-\tfrac{1}{4}\varepsilon_{(z)}}\,\dfrac{l_{(y)}'}{l_{(z)}'}$	—
21	$\dfrac{1}{1-\tfrac{1}{4}\varepsilon_{k_1}}\,\dfrac{l_i'}{h_k'}$	$\dfrac{1}{1-\tfrac{1}{4}\varepsilon_{b_1}}\,\dfrac{l_{(b)}'}{h_b'}$	$\dfrac{1}{1-\tfrac{1}{4}\varepsilon_{c_1}}\,\dfrac{l_{(c)}'}{h_c'}$		$\dfrac{1}{1-\tfrac{1}{4}\varepsilon_{x_1}}\,\dfrac{l_{(x)}'}{h_x'}$	$\dfrac{1}{1-\tfrac{1}{4}\varepsilon_{y_1}}\,\dfrac{l_{(y)}'}{h_y'}$	$\dfrac{1}{1-\tfrac{1}{4}\varepsilon_{z_1}}\,\dfrac{l_{(z)}'}{h_z'}$
22	$\dfrac{1}{1-\tfrac{1}{4}\varepsilon_{k_2}}\,\dfrac{l_i'}{v_k'}$	$\dfrac{1}{1-\tfrac{1}{4}\varepsilon_{b_2}}\,\dfrac{l_{(b)}'}{v_b'}$	$\dfrac{1}{1-\tfrac{1}{4}\varepsilon_{c_2}}\,\dfrac{l_{(c)}'}{v_c'}$		$\dfrac{1}{1-\tfrac{1}{4}\varepsilon_{x_2}}\,\dfrac{l_{(x)}'}{v_x'}$	$\dfrac{1}{1-\tfrac{1}{4}\varepsilon_{y_2}}\,\dfrac{l_{(y)}'}{v_y'}$	$\dfrac{1}{1-\tfrac{1}{4}\varepsilon_{z_2}}\,\dfrac{l_{(z)}'}{v_z'}$
23	$\lambda_{(k)}=\Sigma$	$\lambda_{(b)}=\Sigma$	$\lambda_{(c)}=\Sigma$		$\lambda_{(x)}=\Sigma$	$\lambda_{(y)}=\Sigma$	$\lambda_{(z)}=\Sigma$
24	$\varepsilon_{(k)}=\dfrac{\lambda_{(k)}}{\lambda_{(k)}+1}$	$\varepsilon_{(b)}=\dfrac{\lambda_{(b)}}{\lambda_{(b)}+1}$	$\varepsilon_{(c)}=\dfrac{\lambda_{(c)}}{\lambda_{(c)}+1}$		$\varepsilon_{\cdot}=\dfrac{\lambda_{(x)}}{\lambda_{(x)}+1}$	$\varepsilon_{(y)}=\dfrac{\lambda_{(y)}}{\lambda_{(y)}+1}$	$\varepsilon_{(z)}=\dfrac{\lambda_{(z)}}{\lambda_{(z)}+1}$

Ist $\varepsilon_{(z)}$ gefunden (letzte Kolonne), so wird dieser Wert in die nächstfolgende Kolonne, Zeile 8 eingesetzt und der zweite Wert $\varepsilon_{(y)}$ berechnet, und so fort bis zum Wert $\varepsilon_{(b)}$ in der ersten Öffnung l_a.

Auf dem hier beschriebenen Wege und nach den Angaben der Tab. 1a bzw. 1b sind die Einspanngrade in einfachster Weise durch schematische Rechnung zu bestimmen. — Man vergleiche das *Zahlenbeispiel* auf S. 128.

Anmerkung: Die Einspanngrade ε bilden die grundlegenden Werte für die Lösung einer jeden Aufgabe. Denn aus den Einspanngraden ε berechnen sich, wie wir in Abschnitt II zeigen werden, die Einspannmomente M für jede Belastungsart nach einfachen geschlossenen Formeln.

Bevor wir indessen die hierfür in Betracht kommenden Rechnungen besprechen, sollen einige „*Sonderfälle*" aus den vorstehenden allgemeinen Entwicklungen abgeleitet werden.

b) Systeme mit 3-stäbigen Knoten.

Kontinuierliche Träger mit einseitiger Einspannung in elastischen Stützen (s. Abb. 32a).
Rahmenträger (s. Abb. 32b). *Silozellen* (s. Abb. 32c).

Den bisherigen Untersuchungen war ein System mit 4-stäbigen Knoten zugrunde gelegt, wie es insbesondere beim Stockwerkrahmen gegeben ist. — Für die Einspanngrade ε_i und $\varepsilon_{(k)}$ eines Feldes l_i gilt Gl. (15), s. S. 25. — Die hierbei maßgeblichen Werte λ_i und $\lambda_{(k)}$ wurden

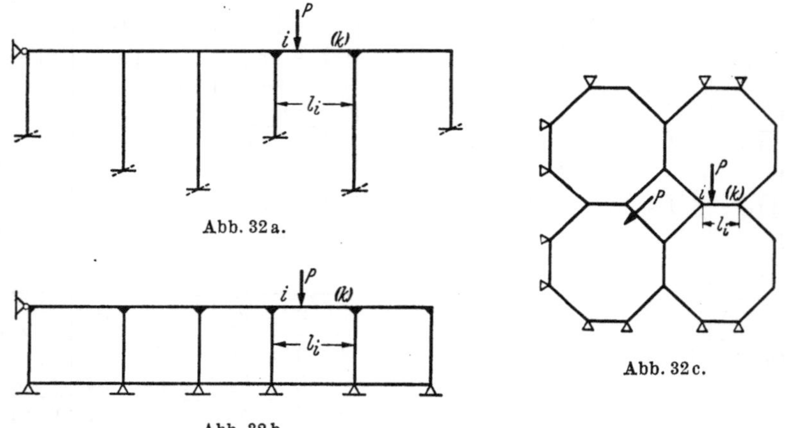

Abb. 32a.

Abb. 32c.

Abb. 32b.

nach Gl. (15c), s. S. 57, berechnet. Nach dieser Gleichung stellten λ_i und $\lambda_{(k)}$ Summen von je drei Gliedern dar. Diese entsprechenden drei Knotenstäben, aus denen jeder Knoten i und (k) besteht, wenn der zu untersuchende Stab l_i herausgenommen wird.

In vorstehender Abb. 32 sind drei verschiedene Systeme beispielsweise dargestellt, in denen die Knoten nur 3 (statt bisher 4) Knotenstäbe aufweisen. Die Gl. (15c), s. S. 57, für λ_i und $\lambda_{(k)}$ weist daher jetzt nur 2 (statt wie bisher 3) Glieder auf. Im übrigen bleibt der Rechnungsgang der gleiche. Insbesondere werden die Werte ε_i und $\varepsilon_{(k)}$ nach wie vor aus Gl. (15), s. S. 25, berechnet.

Während früher (s. Abb. 30) untere Stützen h und obere Stützen v vorhanden waren, fehlen jetzt (s. Abb. 32a) die letzteren, also die Stützen v. Somit fällt das letzte Glied in Gl. (15c) jetzt aus. Entsprechend vereinfacht sich die „schematische Darstellung der Einspanngrade ε_i und $\varepsilon_{(k)}$" ebenso wie die zu ihrer Berechnung dienende Tabelle. Diese nehmen somit die hier angegebene Form an (s. S. 66 u. 67).

Schema der Einspanngrade ε_i und $\varepsilon_{(k)}$ (Tab. 2).

Tabelle 2. *Der durchlaufende Träger mit einseitiger Einspannung in elastischen Stützen. Einspanngrade ε_i und $\varepsilon_{(k)}$.*

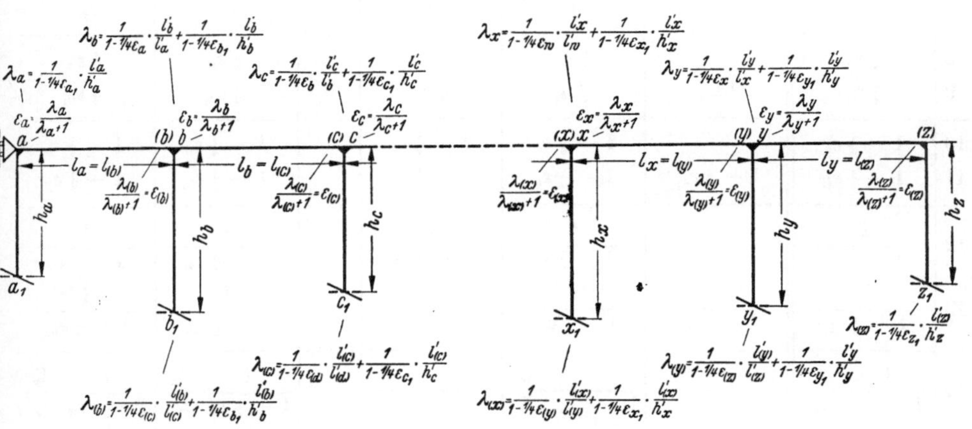

Abb. 33.

In Tab. 2 ist das Schema der Einspanngrade ε_i und $\varepsilon_{(k)}$ für Systeme der vorhin angegebenen Art dargestellt.

Der Unterschied der Tab. 2 gegen die für Systeme mit 4-stäbigen Knoten geltende Tab. 1 besteht lediglich darin, daß die den oberen Ständern v entsprechenden Glieder hier fortfallen.

Zu den Tabellen zur Berechnung der Einspanngrade ε_i und $\varepsilon_{(k)}$ (Tab. 2a u. 2b).

Das zuletzt Gesagte gilt entsprechend auch für die Berechnungstabellen. Die in den früheren Tab. 1a u. 1b für die oberen Ständer v geltenden Glieder fallen in den hier geltenden Tab. 2a u. 2b fort. — Im übrigen ist der Rechnungsgang der gleiche.

Tabelle 2a. *Der durchlaufende Träger mit einseitiger Einspannung in elastischen Stützen. — Einspanngrade ε_i (vgl. Abb. 33).*

	l_i	l_a	l_b	l_c	.....	l_x	l_y
1	l'_i	l'_a	l'_b	l'_c		l'_x	l'_y
2	l'_h	—	l'_a	l'_b		l'_w	l'_x
3	h'_i	h'_a	h'_b	h'_c	.....	h'_x	h'_y
4	$\dfrac{l'_i}{l'_h}$	—	$\dfrac{l'_b}{l'_a}$	$\dfrac{l'_c}{l'_b}$		$\dfrac{l'_x}{l'_w}$	$\dfrac{l'_y}{l'_x}$
5	$\dfrac{l'_i}{h'_i}$	$\dfrac{l'_a}{h'_a}$	$\dfrac{l'_b}{h'_b}$	$\dfrac{l'_c}{h'_c}$	.....	$\dfrac{l'_x}{h'_x}$	$\dfrac{l'_y}{h'_y}$
6	ε_h	—	ε_a	ε_b		ε_w	ε_x
7	ε_{i_1}	ε_{a_1}	ε_{b_1}	ε_{c_1}		ε_{x_1}	ε_{y_1}
8	$\frac{1}{4}\varepsilon_h$	—	$\frac{1}{4}\varepsilon_a$	$\frac{1}{4}\varepsilon_b$	.....	$\frac{1}{4}\varepsilon_w$	$\frac{1}{4}\varepsilon_x$
9	$\frac{1}{4}\varepsilon_{i_1}$	$\frac{1}{4}\varepsilon_{a_1}$	$\frac{1}{4}\varepsilon_{b_1}$	$\frac{1}{4}\varepsilon_{c_1}$		$\frac{1}{4}\varepsilon_{x_1}$	$\frac{1}{4}\varepsilon_{y_1}$
10	$1-\frac{1}{4}\varepsilon_h$	—	$1-\frac{1}{4}\varepsilon_a$	$1-\frac{1}{4}\varepsilon_b$		$1-\frac{1}{4}\varepsilon_w$	$1-\frac{1}{4}\varepsilon_x$
11	$1-\frac{1}{4}\varepsilon_{i_1}$	$1-\frac{1}{4}\varepsilon_{a_1}$	$1-\frac{1}{4}\varepsilon_{b_1}$	$1-\frac{1}{4}\varepsilon_{c_1}$	.....	$1-\frac{1}{4}\varepsilon_{x_1}$	$1-\frac{1}{4}\varepsilon_{y_1}$
12	$\dfrac{1}{1-\frac{1}{4}\varepsilon_h}$	—	$\dfrac{1}{1-\frac{1}{4}\varepsilon_a}$	$\dfrac{1}{1-\frac{1}{4}\varepsilon_b}$		$\dfrac{1}{1-\frac{1}{4}\varepsilon_w}$	$\dfrac{1}{1-\frac{1}{4}\varepsilon_x}$
13	$\dfrac{1}{1-\frac{1}{4}\varepsilon_{i_1}}$	$\dfrac{1}{1-\frac{1}{4}\varepsilon_{a_1}}$	$\dfrac{1}{1-\frac{1}{4}\varepsilon_{b_1}}$	$\dfrac{1}{1-\frac{1}{4}\varepsilon_{c_1}}$	.....	$\dfrac{1}{1-\frac{1}{4}\varepsilon_{x_1}}$	$\dfrac{1}{1-\frac{1}{4}\varepsilon_{y_1}}$
14	$\dfrac{1}{1-\frac{1}{4}\varepsilon_h}\dfrac{l'_i}{l'_h}$	—	$\dfrac{1}{1-\frac{1}{4}\varepsilon_a}\dfrac{l'_b}{l'_a}$	$\dfrac{1}{1-\frac{1}{4}\varepsilon_b}\dfrac{l'_c}{l'_b}$		$\dfrac{1}{1-\frac{1}{4}\varepsilon_w}\dfrac{l'_x}{l'_w}$	$\dfrac{1}{1-\frac{1}{4}\varepsilon_x}\dfrac{l'_y}{l'_x}$
15	$\dfrac{1}{1-\frac{1}{4}\varepsilon_{i_1}}\dfrac{l'_i}{h'_i}$	$\dfrac{1}{1-\frac{1}{4}\varepsilon_{a_1}}\dfrac{l'_a}{h'_a}$	$\dfrac{1}{1-\frac{1}{4}\varepsilon_{c_1}}\dfrac{l'_b}{h'_b}$	$\dfrac{1}{1-\frac{1}{4}\varepsilon_{c_1}}\dfrac{l'_c}{h'_c}$		$\dfrac{1}{1-\frac{1}{4}\varepsilon_{x_1}}\dfrac{l'_x}{h'_x}$	$\dfrac{1}{1-\frac{1}{4}\varepsilon_{y_1}}\dfrac{l'_y}{h'_y}$
16	$\lambda_i=\Sigma$	$\lambda_a=\Sigma$	$\lambda_b=\Sigma$	$\lambda_c=\Sigma$	.....	$\lambda_x=\Sigma$	$\lambda_y=\Sigma$
17	$\varepsilon_i=\dfrac{\lambda_i}{\lambda_i+1}$	$\varepsilon_a=\dfrac{\lambda_a}{\lambda_a+1}$	$\varepsilon_b=\dfrac{\lambda_b}{\lambda_b+1}$	$\varepsilon_c=\dfrac{\lambda_c}{\lambda_c+1}$		$\varepsilon_x=\dfrac{\lambda_x}{\lambda_x+1}$	$\varepsilon_{\iota}=\dfrac{\lambda_y}{\lambda_y+1}$

c) Systeme mit 2-stäbigen Knoten.

(Kontinuierlicher Träger mit gelenkiger Lagerung auf starren Stützen)
(s. Abb. 34).

Der in Abb. 34 dargestellte kontinuierliche Träger auf starren Stützen stellt den einfachsten Sonderfall der bisher behandelten Aufgabe dar. Die Knoten haben jeder nur zwei Stäbe. Nimmt man den zu untersuchenden Stab l_i heraus, so haben die Knoten i und (k) je einen Knotenstab.

Tabelle 2b. *Der durchlaufende Träger mit einseitiger Einspannung in elastischen Stützen. — Einspanngrade $\varepsilon_{(k)}$ (vgl. Abb. 33).*

	$l_{(k)}$	$l_{(b)}$	$l_{(c)}$	.....	$l_{(x)}$	$l_{(y)}$	$l_{(z)}$
1	$l'_{(k)}$	$l'_{(b)}$	$l'_{(c)}$		$l'_{(x)}$	$l'_{(y)}$	$l'_{(z)}$
2	$l'_{(l)}$	$l'_{(c)}$	$l'_{(d)}$		$l'_{(y)}$	$l'_{(z)}$	—
3	h'_k	h'_b	h'_c		h'_x	h'_y	h'_z
4	$\dfrac{l'_{(k)}}{l'_{(l)}}$	$\dfrac{l'_{(b)}}{l'_{(c)}}$	$\dfrac{l'_{(c)}}{l'_{(d)}}$		$\dfrac{l'_{(x)}}{l'_{(y)}}$	$\dfrac{l'_{(y)}}{l'_{(z)}}$	—
5	$\dfrac{l'_{(k)}}{h'_k}$	$\dfrac{l'_{(b)}}{h'_b}$	$\dfrac{l'_{(c)}}{h'_c}$		$\dfrac{l'_{(x)}}{h'_x}$	$\dfrac{l'_{(y)}}{h'_y}$	$\dfrac{l'_{(z)}}{h'_z}$
6	$\varepsilon_{(l)}$	$\varepsilon_{(c)}$	$\varepsilon_{(d)}$		$\varepsilon_{(y)}$	$\varepsilon_{(z)}$	—
7	ε_{k_1}	ε_{b_1}	ε_{c_1}		ε_{x_1}	ε_{y_1}	ε_{z_1}
8	$\frac{1}{4}\varepsilon_{(l)}$	$\frac{1}{4}\varepsilon_{(c)}$	$\frac{1}{4}\varepsilon_{(d)}$		$\frac{1}{4}\varepsilon_{(y)}$	$\frac{1}{4}\varepsilon_{(z)}$	—
9	$\frac{1}{4}\varepsilon_{k_1}$	$\frac{1}{4}\varepsilon_{b_1}$	$\frac{1}{4}\varepsilon_{c_1}$		$\frac{1}{4}\varepsilon_{x_1}$	$\frac{1}{4}\varepsilon_{y_1}$	$\frac{1}{4}\varepsilon_{z_1}$
10	$1-\frac{1}{4}\varepsilon_{(l)}$	$1-\frac{1}{4}\varepsilon_{(c)}$	$1-\frac{1}{4}\varepsilon_{(d)}$		$1-\frac{1}{4}\varepsilon_{(y)}$	$1-\frac{1}{4}\varepsilon_{(z)}$	—
11	$1-\frac{1}{4}\varepsilon_{k_1}$	$1-\frac{1}{4}\varepsilon_{b_1}$	$1-\frac{1}{4}\varepsilon_{c_1}$		$1-\frac{1}{4}\varepsilon_{x_1}$	$1-\frac{1}{4}\varepsilon_{y_1}$	$1-\frac{1}{4}\varepsilon_{z_1}$
12	$\dfrac{1}{1-\frac{1}{4}\varepsilon_{(l)}}$	$\dfrac{1}{1-\frac{1}{4}\varepsilon_{(c)}}$	$\dfrac{1}{1-\frac{1}{4}\varepsilon_{(d)}}$		$\dfrac{1}{1-\frac{1}{4}\varepsilon_{(y)}}$	$\dfrac{1}{1-\frac{1}{4}\varepsilon_{(z)}}$	—
13	$\dfrac{1}{1-\frac{1}{4}\varepsilon_{k_1}}$	$\dfrac{1}{1-\frac{1}{4}\varepsilon_{b_1}}$	$\dfrac{1}{1-\frac{1}{4}\varepsilon_{c_1}}$		$\dfrac{1}{1-\frac{1}{4}\varepsilon_{x_1}}$	$\dfrac{1}{1-\frac{1}{4}\varepsilon_{y_1}}$	$\dfrac{1}{1-\frac{1}{4}\varepsilon_{z_1}}$
14	$\dfrac{1}{1-\frac{1}{4}\varepsilon_{(l)}}\dfrac{l'_{(k)}}{l'_{(l)}}$	$\dfrac{1}{1-\frac{1}{4}\varepsilon_{(c)}}\dfrac{l'_{(b)}}{l'_{(c)}}$	$\dfrac{1}{1-\frac{1}{4}\varepsilon_{(d)}}\dfrac{l'_{(c)}}{l'_{(d)}}$		$\dfrac{1}{1-\frac{1}{4}\varepsilon_{(y)}}\dfrac{l'_{(x)}}{l'_{(y)}}$	$\dfrac{1}{1-\frac{1}{4}\varepsilon_{(z)}}\dfrac{l'_{(y)}}{l'_{(z)}}$	—
15	$\dfrac{1}{1-\frac{1}{4}\varepsilon_{k_1}}\dfrac{l'_{(k)}}{h'_k}$	$\dfrac{1}{1-\frac{1}{4}\varepsilon_{b_1}}\dfrac{l'_{(b)}}{h'_b}$	$\dfrac{1}{1-\frac{1}{4}\varepsilon_{c_1}}\dfrac{l'_{(c)}}{h'_c}$		$\dfrac{1}{1-\frac{1}{4}\varepsilon_{x_1}}\dfrac{l'_{(x)}}{h'_x}$	$\dfrac{1}{1-\frac{1}{4}\varepsilon_{y_1}}\dfrac{l'_{(y)}}{h'_y}$	$\dfrac{1}{1-\frac{1}{4}\varepsilon_{z_1}}\dfrac{l'_{(z)}}{h'_z}$
16	$\lambda_{(k)}=\Sigma$	$\lambda_{(b)}=\Sigma$	$\lambda_{(c)}=\Sigma$		$\lambda_{(x)}=\Sigma$	$\lambda_{(y)}=\Sigma$	$\lambda_{(z)}=\Sigma$
17	$\varepsilon_{(k)}=\dfrac{\lambda_{(k)}}{\lambda_{(k)}+1}$	$\varepsilon_{(b)}=\dfrac{\lambda_{(b)}}{\lambda_{(b)}+1}$	$\varepsilon_{(c)}=\dfrac{\lambda_{(c)}}{\lambda_{(c)}+1}$		$\varepsilon_{(x)}=\dfrac{\lambda_{(x)}}{\lambda_{(x)}+1}$	$\varepsilon_{(y)}=\dfrac{\lambda_{(y)}}{\lambda_{(y)}+1}$	$\varepsilon_{(z)}=\dfrac{\lambda_{(z)}}{\lambda_{(z)}+1}$

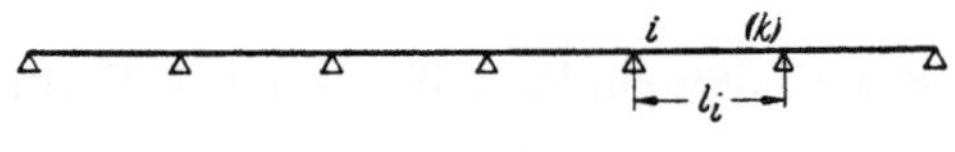

Abb. 34.

Infolgedessen tritt in Gl. (15c), s. S. 57, im Wert für λ_i bzw. $\lambda_{(k)}$ nur das erste Glied auf. — Entsprechend vereinfacht sich das „Schema der Einspanngrade ε_i und $\varepsilon_{(k)}$" sowie die zu ihrer Berechnung dienende Tabelle. Diese nehmen somit die nachstehende Form an.

Schema der Einspanngrade ε_i und $\varepsilon_{(k)}$ (Tab. 3).

Tabelle 3. *Der durchlaufende Träger auf starren Stützen. Einspanngrade ε_i und $\varepsilon_{(k)}$.*

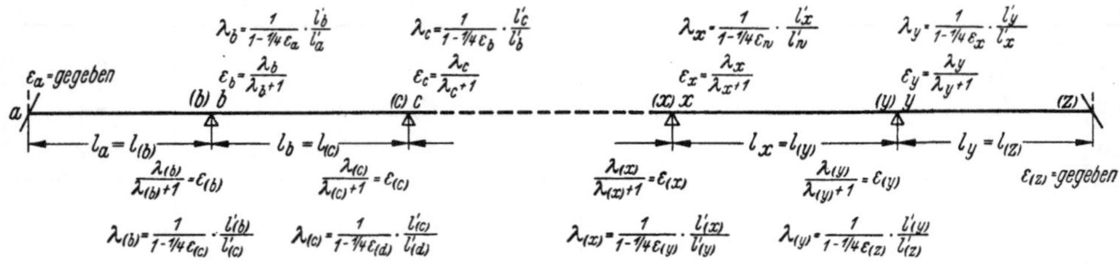

Abb. 35.

Die bei den bisher untersuchten Systemen vorkommenden Stützen *h* und *v* fehlen beim Träger auf starren Stützen. Demenstsprechend fallen in der schematischen Darstellung der Einspanngrade (s. Tab. 3) die entsprechenden Glieder aus, und die Tafel nimmt die obenstehend angegebene einfache Form an.

Für die Tabellen zur Berechnung der Einspanngrade ε_i und $\varepsilon_{(k)}$ (Tab. 3a u. 3b) gilt das vorher Gesagte.

Anmerkung: *Systeme mit mehr als 4-stäbigen Knoten.*

Es kommen auch Tragwerke vor, bei denen einzelne Knoten mehr als 4 Knotenstäbe aufweisen. Meist handelt es sich dann um Kombinationen, die teils mehr, teils weniger als 4 Knotenstäbe aufweisen.

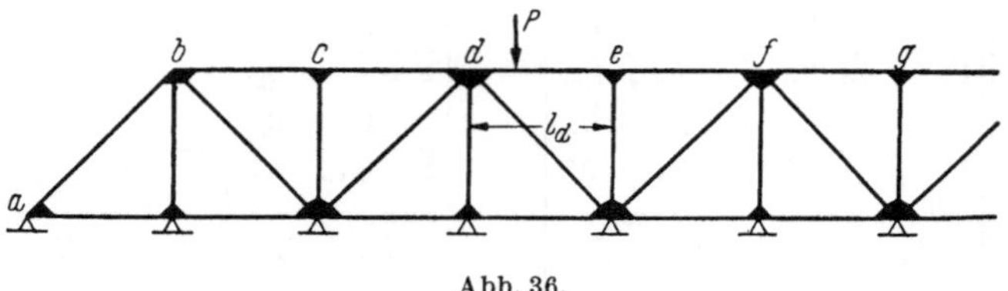

Abb. 36.

Einen solchen Fall stellt beispielsweise das in Abb. 36 dargestellte „Fachwerk mit starren Knotenpunktsverbindungen" dar, das im Stahlbau eine Rolle spielt.

Hier haben: der Knotenpunkt *d* insgesamt 5 Knotenstäbe,

     ,,   ,,   *b*   ,,   4   ,,

     ,,   ,,   *c*   ,,   3   ,,

     ,,   ,,   *a*   ,:   2   ,,

In solchen Fällen weist die Summe in Gl. (15c) (Werte λ_i und $\lambda_{(k)}$) entsprechend mehr oder weniger Glieder auf. Im übrigen bleibt der Rechnungsgang der gleiche.

Tabelle 3a. *Der durchlaufende Träger auf starren Stützen. — Einspanngrade ε_i (vgl. Abb. 35).*

	l_i	l_a	l_b	l_c	$\cdots$	l_i	$\cdots$	l_x	l_y
1	l_i'	l_a'	l_b'	l_c'		l_i'		l_x'	l_y'
2	l_h'	—	l_a'	l_b'		l_h'		l_w'	l_x'
3	$\dfrac{l_i'}{l_h'}$	—	$\dfrac{l_b'}{l_a'}$	$\dfrac{l_c'}{l_b'}$		$\dfrac{l_i'}{l_h'}$		$\dfrac{l_x'}{l_w'}$	$\dfrac{l_y'}{l_x'}$
4	ε_h	—	ε_a	ε_b		ε_h		ε_w	ε_x
5	$\tfrac{1}{4}\varepsilon_h$	—	$\tfrac{1}{4}\varepsilon_a$	$\tfrac{1}{4}\varepsilon_b$		$\tfrac{1}{4}\varepsilon_h$		$\tfrac{1}{4}\varepsilon_w$	$\tfrac{1}{4}\varepsilon_x$
6	$1-\tfrac{1}{4}\varepsilon_h$	—	$1-\tfrac{1}{4}\varepsilon_a$	$1-\tfrac{1}{4}\varepsilon_b$		$1-\tfrac{1}{4}\varepsilon_h$		$1-\tfrac{1}{4}\varepsilon_w$	$1-\tfrac{1}{4}\varepsilon_x$
7	$\dfrac{1}{1-\tfrac{1}{4}\varepsilon_h}$	—	$\dfrac{1}{1-\tfrac{1}{4}\varepsilon_a}$	$\dfrac{1}{1-\tfrac{1}{4}\varepsilon_b}$		$\dfrac{1}{1-\tfrac{1}{4}\varepsilon_h}$		$\dfrac{1}{1-\tfrac{1}{4}\varepsilon_w}$	$\dfrac{1}{1-\tfrac{1}{4}\varepsilon_x}$
8	$\lambda_i=\dfrac{1}{1-\tfrac{1}{4}\varepsilon_h}\dfrac{l_i'}{l_h'}$	—	$\lambda_b=\dfrac{1}{1-\tfrac{1}{4}\varepsilon_a}\dfrac{l_b'}{l_a'}$	$\lambda_c=\dfrac{1}{1-\tfrac{1}{4}\varepsilon_b}\dfrac{l_c'}{l_b'}$		$\lambda_i=\dfrac{1}{1-\tfrac{1}{4}\varepsilon_h}\dfrac{l_i'}{l_h'}$		$\lambda_x=\dfrac{1}{1-\tfrac{1}{4}\varepsilon_w}\dfrac{l_x'}{l_w'}$	$\lambda_y=\dfrac{1}{1-\tfrac{1}{4}\varepsilon_x}\dfrac{l_y'}{l_x'}$
9	$\varepsilon_i=\dfrac{\lambda_i}{\lambda_i+1}$	$\varepsilon_a=$ (gegeben)	$\varepsilon_b=\dfrac{\lambda_b}{\lambda_b+1}$	$\varepsilon_c=\dfrac{\lambda_c}{\lambda_c+1}$		$\varepsilon_i=\dfrac{\lambda_i}{\lambda_i+1}$		$\varepsilon_x=\dfrac{\lambda_x}{\lambda_x+1}$	$\varepsilon_y=\dfrac{\lambda_y}{\lambda_y+1}$

Tabelle 3b. *Der durchlaufende Träger auf starren Stützen. — Einspanngrade $\varepsilon_{(k)}$* (vgl. Abb. 35).

	$l_{(k)}$	$l_{(b)}$	$l_{(c)}$	$l_{(d)}$	...	$l_{(k)}$	...	$l_{(y)}$	$l_{(z)}$
1	$l_{(k)}$	$l'_{(b)}$	$l'_{(c)}$	$l'_{(d)}$		$l'_{(k)}$		$l_{(y)}$	$l'_{(z)}$
2	$l'_{(l)}$	$l'_{(c)}$	$l'_{(d)}$	$l'_{(e)}$		$l'_{(l)}$		$l'_{(z)}$	—
3	$\dfrac{l'_{(k)}}{l'_{(l)}}$	$\dfrac{l'_{(b)}}{l'_{(c)}}$	$\dfrac{l'_{(c)}}{l'_{(d)}}$	$\dfrac{l'_{(d)}}{l'_{(e)}}$		$\dfrac{l'_{(k)}}{l'_{(l)}}$		$\dfrac{l'_{(y)}}{l'_{(z)}}$	—
4	$\varepsilon_{(l)}$	$\varepsilon_{(c)}$	$\varepsilon_{(d)}$	$\varepsilon_{(e)}$		$\varepsilon_{(l)}$		$\varepsilon_{(z)}$	—
5	$\tfrac{1}{4}\varepsilon_{(l)}$	$\tfrac{1}{4}\varepsilon_{(c)}$	$\tfrac{1}{4}\varepsilon_{(d)}$	$\tfrac{1}{4}\varepsilon_{(e)}$		$\tfrac{1}{4}\varepsilon_{(l)}$		$\tfrac{1}{4}\varepsilon_{(z)}$	—
6	$1-\tfrac{1}{4}\varepsilon_{(l)}$	$1-\tfrac{1}{4}\varepsilon_{(c)}$	$1-\tfrac{1}{4}\varepsilon_{(d)}$	$1-\tfrac{1}{4}\varepsilon_{(e)}$		$1-\tfrac{1}{4}\varepsilon_{(l)}$		$1-\tfrac{1}{4}\varepsilon_{(z)}$	—
7	$\dfrac{1}{1-\tfrac{1}{4}\varepsilon_{(l)}}$	$\dfrac{1}{1-\tfrac{1}{4}\varepsilon_{(c)}}$	$\dfrac{1}{1-\tfrac{1}{4}\varepsilon_{(d)}}$	$\dfrac{1}{1-\tfrac{1}{4}\varepsilon_{(e)}}$		$\dfrac{1}{1-\tfrac{1}{4}\varepsilon_{(l)}}$		$\dfrac{1}{1-\tfrac{1}{4}\varepsilon_{(z)}}$	—
8	$\lambda_{(k)}=\dfrac{1}{1-\tfrac{1}{4}\varepsilon_{(l)}}\dfrac{l'_{(k)}}{l'_{(l)}}$	$\lambda_{(b)}=\dfrac{1}{1-\tfrac{1}{4}\varepsilon_{(c)}}\dfrac{l'_{(b)}}{l'_{(c)}}$	$\lambda_{(c)}=\dfrac{1}{1-\tfrac{1}{4}\varepsilon_{(d)}}\dfrac{l'_{(c)}}{l'_{(d)}}$	$\lambda_{(d)}=\dfrac{1}{1-\tfrac{1}{4}\varepsilon_{(e)}}\dfrac{l'_{(d)}}{l'_{(e)}}$		$\lambda_{(k)}=\dfrac{1}{1-\tfrac{1}{4}\varepsilon_{(l)}}\dfrac{l'_{(k)}}{l'_{(l)}}$		$\lambda_{(y)}=\dfrac{1}{1-\tfrac{1}{4}\varepsilon_{(z)}}\dfrac{l'_{(y)}}{l'_{(z)}}$	—
9	$\varepsilon_{(k)}=\dfrac{\lambda_{(k)}}{\lambda_{(k)}+1}$	$\varepsilon_{(b)}=\dfrac{\lambda_{(b)}}{\lambda_{(b)}+1}$	$\varepsilon_{(c)}=\dfrac{\lambda_{(c)}}{\lambda_{(c)}+1}$	$\varepsilon_{(d)}=\dfrac{\lambda_{(d)}}{\lambda_{(d)}+1}$		$\varepsilon_{(k)}=\dfrac{\lambda_{(k)}}{\lambda_{(k)}+1}$		$\varepsilon_{(y)}=\dfrac{\lambda_{y}}{\lambda_{(y)}+1}$	$\varepsilon_{(z)}=$(gegeben)

4. Vereinfachtes Verfahren
zur Berechnung der Einspanngrade ε_i und $\varepsilon_{(k)}$.

a) Gleichungen zur vereinfachten Berechnung der Werte λ_i und $\lambda_{(k)}$.

Die Einspanngrade ε_i und $\varepsilon_{(k)}$ [s. Gl. (15), S. 25] sind bestimmt durch die Werte λ_i und $\lambda_{(k)}$. Für diese gilt Gl. (15 c), S. 57.

Jeder der in Gl. (15 c) vorkommenden Nennerwerte l'_h, h'_i, v'_i bzw. $l'_{(l)}$, h'_k, v'_k hat einen Reduktionsfaktor $(1 - \tfrac{1}{4}\,\varepsilon)$. Die in diesen Faktoren vorkommenden Einspanngrade ε sind im allgemeinen für jeden Knotenstab l, h, v verschieden.

Nun ergibt sich aber sowohl aus der Theorie als auch aus der Rechenpraxis eine für die Vereinfachung unserer Berechnungen bedeutsame Feststellung: Die gesuchten Werte ε_i und $\varepsilon_{(k)}$, d. h. die Einspanngrade eines Riegels l_i $(= l_{(k)})$, werden durch geringe Abweichungen der Einspanngrade der Knotenstäbe der Knoten i und (k) nur unwesentlich beeinflußt, d. h. für die Größen ε_h, ε_{i_1}, ε_{i_2} bzw. $\varepsilon_{(l)}$, ε_{k_1}, ε_{k_2} genügen auch angenähert zutreffende Werte.

Die Zahlenrechnungen zeigen z. B., daß bei Systemen mit 4-stäbigen Knoten, etwa bei Stockwerkrahmen (s. Abb. 37), die Einspanngrade der Knotenstäbe sich mehr oder minder dem Wert $\tfrac{4}{5} = 0,8$ nähern. — Bei Systemen mit 3-stäbigen Knoten, also Trägern mit einseitiger Einspannung in elastischen Stützen (s. Abb. 32a), liegen die Werte ε alle in der Nähe von $\tfrac{2}{3}$ bis $\tfrac{3}{4}$, d. h. um den Wert $0,70$ herum. — Beim einfachen kontinuierlichen Träger auf starren Stützen (s. Abb. 34) nähern sich die Einspanngrade der einzelnen Felder dem Wert $\tfrac{1}{2} = 0,50$.

Von dieser Feststellung machen wir Gebrauch und schreiben:

$$\varepsilon_h \;=\; \varepsilon_{i_1} = \varepsilon_{i_2} = \varepsilon\,;$$

$$\varepsilon_{(l)} \;=\; \varepsilon_{k_1} = \varepsilon_{k_2} = \varepsilon\,.$$

Damit ergibt sich für Gl. (15 c) die folgende vereinfachte Form:

$$\left.\begin{aligned}
\lambda_i &= \frac{1}{1-\tfrac{1}{4}\varepsilon}\left(\frac{l'_i}{l'_h} + \frac{l'_i}{h'_i} + \frac{l'_i}{v'_i}\right);\\[2mm]
\lambda_{(k)} &= \frac{1}{1-\tfrac{1}{4}\varepsilon}\left(\frac{l'_i}{l'_{(l)}} + \frac{l'_i}{h'_k} + \frac{l'_i}{v'_k}\right).
\end{aligned}\right\}
\quad
\begin{aligned}
&\text{(15 d)}\\
&\text{Gl. (15), s. S. 25}\\
&\text{Gl. (15 c), s. S. 57}
\end{aligned}$$

Die hiernach berechneten Werte von λ_i und $\lambda_{(k)}$ sind zwar nur Näherungswerte. Aber die aus ihnen ermittelten Ergebnisse ε_i und $\varepsilon_{(k)}$ weichen von den genauen Werten nur unwesentlich ab.

Das hat seinen Grund insbesondere in der Form der Ausdrücke für ε_i und $\varepsilon_{(k)}$:

$$\varepsilon_i = \frac{\lambda_i}{\lambda_i + 1}\,;$$

$$\varepsilon_{(k)} = \frac{\lambda_{(k)}}{\lambda_{(k)} + 1}\,.$$

Hier kommen nämlich die Werte λ_i und $\lambda_{(k)}$ im Zähler *und* im Nenner vor, und zwar ist der Nenner gegenüber dem Zähler lediglich um 1 vergrößert. Deshalb kann der Einfluß des gleichen Fehlers derselben Größe im Zähler und Nenner nur von geringem Einfluß auf die Ergebnisse ε_i und $\varepsilon_{(k)}$ sein.

Anmerkung: Nach der Fehlertheorie ist der relative Fehler eines Quotienten gleich der Differenz der relativen Fehler von Zähler und Nenner. Auch hiernach kommt man also zu der vorhin angeführten Schlußfolgerung.

Die obige vereinfachte Gl. (15 d) für die Werte λ_i und $\lambda_{(k)}$ enthält nur mehr die Stablängenverhältnisse und den Faktor $\dfrac{1}{1-\frac{1}{4}\varepsilon}$. — Die in diesem Faktor vorkommenden Werte ε, d. h. die Einspanngrade der Knotenstäbe, sind, wie bereits oben gesagt, für die einzelnen Tragsysteme verschieden; sie schwanken etwa zwischen $\frac{1}{2}$ (für einfache kontinuierliche Träger auf starren Stützen) und $\frac{4}{5}$ (für kontinuierliche Träger in Stockwerkrahmen). Die Werte $\varepsilon = 0$ und $\varepsilon = 1$ gelten für die Sonderfälle gelenkiger Endlagerung bzw. starrer Einspannung.

Nachstehend sind die Werte des besagten Faktors $\dfrac{1}{1-\frac{1}{4}\varepsilon}$ für die praktisch in Frage kommenden Größen ε von $\frac{1}{2}$ bis 1 angegeben.

$\varepsilon =$	0	$\frac{1}{2} = 0{,}50$	$\frac{3}{5} = 0{,}60$	$\frac{2}{3} = 0{,}667$	$\frac{7}{10} = 0{,}70$	$\frac{3}{4} = 0{,}75$	$\frac{4}{5} = 0{,}80$	$\frac{9}{10} = 0{,}90$	1
$\dfrac{1}{1-\frac{1}{4}\varepsilon} =$	1	**1,15** (1,143) $= \frac{8}{7}$	1,18	**1,20** $= \frac{6}{5}$	1,20 (1,21)	123	**1,25** $= \frac{5}{4}$	1,29	1,33 $= \frac{4}{3}$

Von besonderer Bedeutung für unsere Rechnungen sind die in der Tabelle unterstrichenen Werte:

$$\text{a) für }\quad \varepsilon = \frac{1}{2} \quad \text{ist} \quad \frac{1}{1-\frac{1}{4}\varepsilon} \cong 1{,}15 \cong \frac{8}{7}\,;$$

$$\text{b) für }\quad \varepsilon = \frac{2}{3} \quad \text{ist} \quad \frac{1}{1-\frac{1}{4}\varepsilon} \cong 1{,}20 = \frac{6}{5}\,;$$

$$\text{c) für }\quad \varepsilon = \frac{4}{5} \quad \text{ist} \quad \frac{1}{1-\frac{1}{4}\varepsilon} \cong 1{,}25 = \frac{5}{4}\,.$$

Wir verwenden (auf Grund der Erfahrung bei Zahlenrechnungen):
a) bei Systemen mit 2-stäbigen Knoten, insbesondere beim kontinuierlichen Träger auf starren Stützen:

$$\varepsilon = \frac{1}{2}, \quad \text{d. h.} \quad \frac{1}{1-\frac{1}{4}\varepsilon} = 1{,}15;$$

b) bei Systemen mit 3-stäbigen Knoten, insbesondere bei den in Abb. 32 a dargestellten Tragwerken:

$$\varepsilon = \frac{2}{3} \ \text{ bzw. } \ \frac{7}{10}, \quad \text{d. h.} \quad \frac{1}{1-\frac{1}{4}\varepsilon} = 1{,}20;$$

c) bei Systemen mit 4-stäbigen Knoten, insbesondere bei Stockwerkrahmen:

$$\varepsilon = \frac{4}{5}, \quad \text{d. h.} \quad \frac{1}{1-\frac{1}{4}\varepsilon} = 1{,}25.$$

Anmerkung: Der Einfachheit halber sind die Werte 1,14 und 1,21 auf 1,15 bzw. 1,20 abgerundet. Denn es ist für den Wert ε_i praktisch bedeutungslos, ob in der Größe λ_i der Faktor 1,14 oder 1,15 bzw. 1,21 oder 1,20 eingesetzt wird.

Wir verwenden also für die drei charakteristischen Fälle die drei Faktoren 1,15 und 1,20 und 1,25, was sich dem Gedächtnis leicht einprägt.

Sonderfälle: Bei den vorstehenden Untersuchungen (s. Tab. 1, 1a, 1b) war angenommen, daß alle Einspanngrade der Knotenstäbe, also die der Riegel (ε_h) wie auch die der Stützen (ε_{i_1} und ε_{i_2}) voneinander verschieden seien. — Es kommen indes auch Systeme oder Systemteile vor, wo die Einspanngrade zwar voneinander verschieden sind, aber bestimmte, d. h. gegebene oder angenommene (abgerundete) Werte haben. Wie sich alsdann die Rechnungen gestalten, bleibt noch klarzustellen.

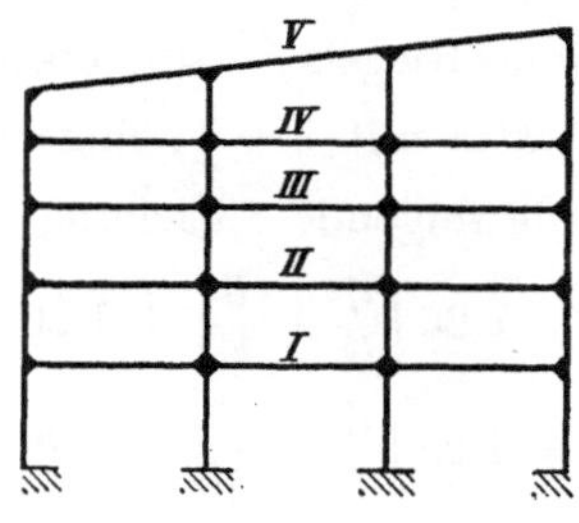

Abb. 37.

Im Erdgeschoß des in Abb. 37 dargestellten Stockwerkrahmens sind z. B. die Stützen h in den Fundamenten entweder starr eingespannt ($\varepsilon_{i_1} = 1$) oder gelenkig gelagert ($\varepsilon_{i_1} = 0$). Die oberen Stützen v dagegen (s. Riegel I in Abb. 37) sind in 3-stäbigen Knoten eingespannt ($\varepsilon_{i_2} = \tfrac{4}{5}$).

Für diesen Sonderfall lauten also die Gleichungen für λ_i und $\lambda_{(k)}$, wenn für $\dfrac{1}{1 - \frac{1}{4}\varepsilon}$ die in vorstehender Tabelle angegebenen Zahlenwerte eingesetzt werden.

$$\begin{aligned}
\lambda_i &= 1{,}25\left(\frac{l_i'}{l_h'} + \frac{l_i'}{v_i'}\right) + 1{,}33\,\frac{l_i'}{h_i'}\,; \\[2mm]
\lambda_{(k)} &= 1{,}25\left(\frac{l_i'}{l_k'} + \frac{l_i'}{v_k'}\right) + 1{,}33\,\frac{l_i'}{h_k'}\,;
\end{aligned}\right\} \tag{15e}$$

Gl. (15e) gilt für die Riegel I des *Untergeschosses* von Stockwerkrahmen, wenn die Stützen in den Fundamenten *starr eingespannt* sind.

$$\begin{aligned}
\lambda_i &= 1{,}25\left(\frac{l_i'}{l_h'} + \frac{l_i'}{v_i'}\right) + \frac{l'}{h_i'}\,; \\[2mm]
\lambda_{(k)} &= 1{,}25\left(\frac{l_i'}{l_k'} + \frac{l_i'}{v_k'}\right) + \frac{l_i'}{h_k'}\,;
\end{aligned}\right\}$$

(15f)

Gl. (15), s. S. 25
Gl. (15c), s. S. 57

Gl. (15f) gilt für die Riegel I des Untergeschosses von Stockwerkrahmen, wenn die *Stützen* an den Fundamenten *gelenkig gelagert* sind.

In den Mittelgeschossen des in Abb. 37 dargestellten Stockwerkrahmens, also beim Riegel II, sind alle Knotenstäbe in 3-stäbigen

Knoten eingespannt. Somit ist $\varepsilon = \dfrac{4}{5}$ und $\dfrac{1}{1 - \frac{1}{4}\varepsilon} = 1{,}25$. Die Gleichungen für λ_i und $\lambda_{(k)}$ lauten also:

$$\lambda_i = 1{,}25 \left(\frac{l_i'}{l_h'} + \frac{l_i'}{h_i'} + \frac{l_i'}{v_i'} \right) ; \left.\vphantom{\begin{matrix}a\\a\end{matrix}}\right\}$$
$$\lambda_{(k)} = 1{,}25 \left(\frac{l_i'}{l_k'} + \frac{l_i'}{h_k'} + \frac{l_i'}{v_k'} \right) ; \tag{15g}$$

Gl. (15g) gilt für die Riegel der *Mittelgeschosse* von Stockwerkrahmen.

Im Obergeschoß des Stockwerkrahmens sind bei dem Riegel *IV* die oberen Stützen v gegen die 2-stäbigen Knoten des oberen Abschlußbalkens (Dachbalkens) eingespannt. Hierfür wäre also ε_{i_2} mit $\frac{2}{3}$ bis $\frac{3}{4}$ im Mittel mit 0,70 einzusetzen; der Faktor $\dfrac{1}{1 - \frac{1}{4}\varepsilon}$ hat den Wert 1,20. Die unteren Stützen h dieses Riegels *IV* sind ebenso wie die Riegelfelder gegen 3-stäbige Knoten, also mit $\varepsilon = \frac{4}{5}$, eingespannt; $\dfrac{1}{1 - \frac{1}{4}\varepsilon} = 1{,}25$.

Somit erhalten wir die folgende Gleichung für λ_i und $\lambda_{(k)}$:

$$\lambda_i = 1{,}25 \left(\frac{l_i'}{l_h'} + \frac{l_i'}{h_i'} \right) + 1{,}20 \, \frac{l_i'}{v_i'} ; \left.\vphantom{\begin{matrix}a\\a\end{matrix}}\right\}$$
$$\lambda_{(k)} = 1{,}25 \left(\frac{l_i'}{l_k'} + \frac{l_i'}{h_k'} \right) + 1{,}20 \, \frac{l_i'}{v_k'} ; \tag{15h}$$

Gl. (15h) gilt für die Riegel des *Obergeschosses* von Stockwerkrahmen.

Im oberen Randbalken des Obergeschosses (Riegel *V*, Dachbalken) des in Abb. 37 dargestellten Stockwerkrahmens haben wir einen Träger mit einseitiger Stützung; die oberen Stützen v fehlen. — Die Stützen (h) sind in 3-stäbigen Knoten eingespannt, also mit $\varepsilon = \frac{4}{5}$ und $\dfrac{1}{1 - \frac{1}{4}\varepsilon} = 1{,}25$, die Riegelfelder dagegen in 2-stäbigen Knoten, also mit $\varepsilon = \sim 0{,}70$ und $\dfrac{1}{1 - \frac{1}{4}\varepsilon} = 1{,}20$.

Die Gleichungen für λ_i und $\lambda_{(k)}$ lauten also:

$$\lambda_i = 1{,}20 \, \frac{l_i'}{l_h'} + 1{,}25 \, \frac{l_i'}{h_i'} ; \left.\vphantom{\begin{matrix}a\\a\end{matrix}}\right\}$$
$$\lambda_{(k)} = 1{,}20 \, \frac{l_i'}{l_k'} + 1{,}25 \, \frac{l_i'}{h_k'} ; \tag{15i}$$

Gl. (15i) gilt für den Abschlußriegel *V* (Dachbalken) im Obergeschoß von Stockwerkrahmen.

In all den hier behandelten Sonderfällen von Balken mit 4-stäbigen Knoten kann man indessen von den Unterschieden der Zahlenkoeffizienten in den Werten λ_i und $\lambda_{(k)}$ [s. Gl. (15e), (15f), (15g), (15h)] absehen und allgemein den Zahlenfaktor 1,25 verwenden, d. h. mit dem konstanten Einspanngrad $\frac{4}{5}$ für alle Stäbe rechnen. — In dem Fall des oberen Abschlußbalkens *V* [s. Gl. (15i)], der einen Balken mit 3-stäbigen Knoten darstellt, setzt man allenfalls den Faktor 1,20 bei beiden Gliedern ein.

Die Ergebnisse, d. h. die aus den Werten λ_i und $\lambda_{(k)}$ berechneten Einspanngrade ε_i und $\varepsilon_{(k)}$ eines Feldes l_i, werden durch diese Vereinfachung oder Annäherung nur unwesentlich beeinflußt. Jedenfalls sind die Unterschiede praktisch belanglos. — Das wurde bereits oben näher dargelegt und begründet. Die späteren Zahlenbeispiele werden dies bestätigen.

Ergebnis: *Allgemein können die Werte λ_i und $\lambda_{(k)}$, die zur Bestimmung der Einspanngrade ε_i und $\varepsilon_{(k)}$ von kontinuierlichen Trägern mit elastischer Einspannung in Knoten dienen — je nachdem es sich um Systeme mit 4-, 3- oder 2-stäbigen Knoten handelt — nach folgenden vereinfachten Gleichungen berechnet werden:*

a) *für Systeme mit 4-stäbigen Knoten* (Stockwerkrahmen, s. Abb. 38):

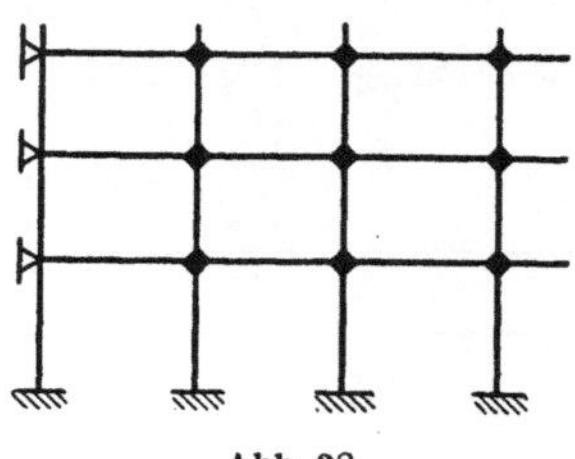

Abb. 38.

$$\lambda_i = 1{,}25\left(\frac{l_i'}{l_h'} + \frac{l_i'}{h_i'} + \frac{l_i'}{v_i'}\right);$$

$$\lambda_{(k)} = 1{,}25\left(\frac{l_i'}{l_k'} + \frac{l_i'}{h_k'} + \frac{l_i'}{v_k'}\right); \qquad (15\text{k})$$

b) *für Systeme mit 3-stäbigen Knoten* (rahmenartige Tragwerke nach Abb. 39 oder verwandte Systeme):

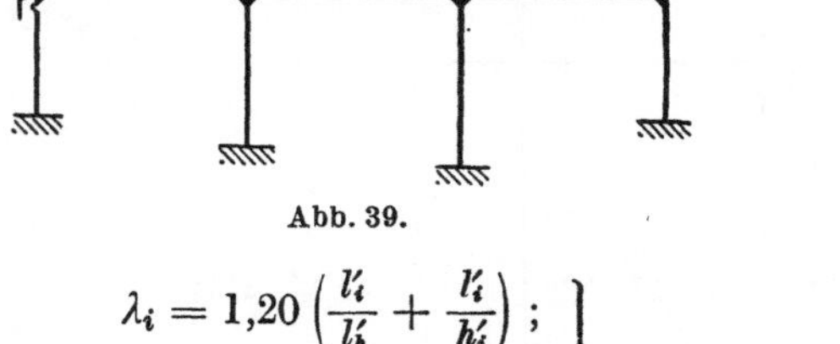

Abb. 39.

$$\lambda_i = 1{,}20\left(\frac{l_i'}{l_h'} + \frac{l_i'}{h_i'}\right);$$

$$\lambda_{(k)} = 1{,}20\left(\frac{l_i'}{l_k'} + \frac{l_i'}{h_k'}\right); \qquad (15\text{l})$$

c) *für Systeme mit 2-stäbigen Knoten* (kontinuierliche Träger auf starren Stützen, s. Abb. 40):

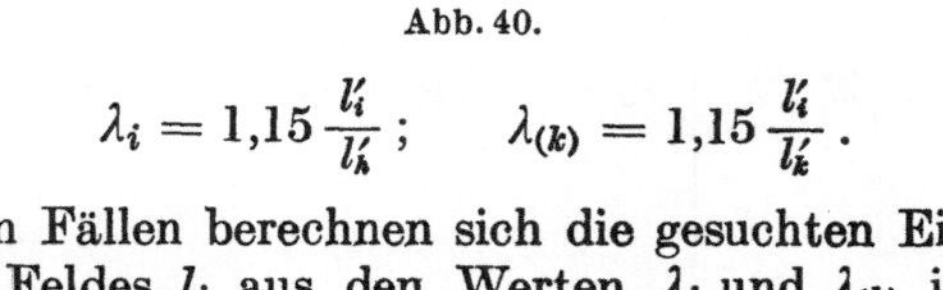

Abb. 40.

$$\lambda_i = 1{,}15\,\frac{l_i'}{l_h'}; \qquad \lambda_{(k)} = 1{,}15\,\frac{l_i'}{l_k'}. \qquad (15\text{m})$$

In all diesen Fällen berechnen sich die gesuchten Einspanngrade ε_i und $\varepsilon_{(k)}$ eines Feldes l_i aus den Werten λ_i und $\lambda_{(k)}$ in der gleichen Weise nach der Gleichung:

$$\varepsilon_i = \frac{\lambda_i}{\lambda_i + 1}; \qquad \varepsilon_{(k)} = \frac{\lambda_{(k)}}{\lambda_{(k)} + 1}.$$

Tabelle 4a. *Der durchlaufende Träger mit doppelseitiger Einspannung in elastischen Stützen. — Einspanngrade ε_i.* Vereinfachtes Verfahren (vgl. Abb. 41).

	l_i	l_a	l_b	l_c	…	l_x	l_y
1	l'_i	l'_a	l'_b	l'_c	…	l'_x	l'_y
2	l'_h	—	l'_a	l'_b	…	l'_w	l'_x
3	h'_i	h'_a	h'_b	h'_c		h'_x	h'_y
4	v'_i	v'_a	v'_b	v'_c		v'_x	v'_y
5	$\dfrac{l'_i}{l'_h}$	—	$\dfrac{l'_b}{l'_a}$	$\dfrac{l'_c}{l'_b}$	…	$\dfrac{l'_x}{l'_w}$	$\dfrac{l'_y}{l'_x}$
6	$\dfrac{l'_i}{h'_i}$	$\dfrac{l'_a}{h'_a}$	$\dfrac{l'_b}{h'_b}$	$\dfrac{l'_c}{h'_c}$		$\dfrac{l'_x}{h'_x}$	$\dfrac{l'_y}{h'_y}$
7	$\dfrac{l'_i}{v'_i}$	$\dfrac{l'_a}{v'_a}$	$\dfrac{l'_b}{v'_b}$	$\dfrac{l'_c}{v'_c}$		$\dfrac{l'_x}{v'_x}$	$\dfrac{l'_y}{v'_y}$
8	$\dfrac{l'_i}{l'_h}+\dfrac{l'_i}{h'_i}+\dfrac{l'_i}{v'_i}$	$\dfrac{l'_a}{h'_a}+\dfrac{l'_a}{v'_a}$	$\dfrac{l'_b}{l'_a}+\dfrac{l'_b}{h'_b}+\dfrac{l'_b}{v'_b}$	$\dfrac{l'_c}{l'_b}+\dfrac{l'_c}{h'_c}+\dfrac{l'_c}{v'_c}$	…	$\dfrac{l'_x}{l'_w}+\dfrac{l'_x}{h'_x}+\dfrac{l'_x}{v'_x}$	$\dfrac{l'_y}{l'_x}+\dfrac{l'_y}{h'_y}+\dfrac{l'_y}{v'_y}$
9	$\lambda_i=1{,}25\left(\dfrac{l'_i}{l'_h}+\dfrac{l'_i}{h'_i}+\dfrac{l'_i}{v'_i}\right)$	$\lambda_a=1{,}25\left(\dfrac{l'_a}{h'_a}+\dfrac{l'_a}{v'_a}\right)$	$\lambda_b=1{,}25(\cdots)$	$\lambda_c=1{,}25(\cdots)$	…	$\lambda_x=1{,}25(\cdots)$	$\lambda_y=1{,}25(\cdots)$
10	$\varepsilon_i=\dfrac{\lambda_i}{\lambda_i+1}$	$\varepsilon_a=\dfrac{\lambda_a}{\lambda_a+1}$	$\varepsilon_b=\dfrac{\lambda_b}{\lambda_b+1}$	$\varepsilon_c=\dfrac{\lambda_c}{\lambda_c+1}$	…	$\varepsilon_x=\dfrac{\lambda_x}{\lambda_x+1}$	$\varepsilon_y=\dfrac{\lambda_y}{\lambda_y+1}$

Tabelle 4b. *Der durchlaufende Träger mit doppelseitiger Einspannung in elastischen Stützen.* — *Einspanngrade* $\varepsilon_{(k)}$.
Vereinfachtes Verfahren (vgl. Abb. 41).

	$l_{(k)}$	$l_{(b)}$	$l_{(c)}$	$\cdots$	$l_{(x)}$	$l_{(y)}$	$l_{(z)}$
1	$l'_{(k)}$	$l'_{(b)}$	$l'_{(c)}$	$\cdots$	$l'_{(x)}$	$l'_{(y)}$	$l'_{(z)}$
2	$l'_{(l)}$	$l'_{(c)}$	$l'_{(d)}$		$l'_{(y)}$	$l'_{(z)}$	—
3	$h'_{(k)}$	$h'_{(b)}$	$h'_{(c)}$		$h'_{(x)}$	$h'_{(y)}$	$h'_{(z)}$
4	$v'_{(k)}$	$v'_{(b)}$	$v'_{(c)}$		$v'_{(x)}$	$v'_{(y)}$	$v'_{(z)}$
5	$\dfrac{l'_{(k)}}{l'_{(l)}}$	$\dfrac{l'_{(b)}}{l'_{(c)}}$	$\dfrac{l'_{(c)}}{l'_{(d)}}$		$\dfrac{l'_{(x)}}{l'_{(y)}}$	$\dfrac{l'_{(y)}}{l'_{(z)}}$	—
6	$\dfrac{l'_{(k)}}{h'_k}$	$\dfrac{l'_{(b)}}{h'_b}$	$\dfrac{l'_{(c)}}{h'_c}$		$\dfrac{l'_{(x)}}{h'_x}$	$\dfrac{l'_{(y)}}{h'_y}$	$\dfrac{l'_{(z)}}{h'_z}$
7	$\dfrac{l'_{(k)}}{v'_{(k)}}$	$\dfrac{l'_{(b)}}{v'_b}$	$\dfrac{l'_{(c)}}{v'_c}$		$\dfrac{l'_{(x)}}{v'_x}$	$\dfrac{l'_{(y)}}{v'_y}$	$\dfrac{l'_{(z)}}{v'_z}$
8	$\dfrac{l'_{(k)}}{l'_{(l)}}+\dfrac{l'_{(k)}}{h'_k}+\dfrac{l'_{(k)}}{v'_k}$	$\dfrac{l'_{(b)}}{l'_{(c)}}+\dfrac{l'_{(b)}}{h'_b}+\dfrac{l'_{(b)}}{v'_b}$	$\dfrac{l'_{(c)}}{l'_{(d)}}+\dfrac{l'_{(c)}}{h'_c}+\dfrac{l'_{(c)}}{v'_c}$		$\dfrac{l'_{(x)}}{l'_{(y)}}+\dfrac{l'_{(x)}}{h'_x}+\dfrac{l'_{(x)}}{v'_x}$	$\dfrac{l'_{(y)}}{l'_{(z)}}+\dfrac{l'_{(y)}}{h'_y}+\dfrac{l'_{(y)}}{v'_y}$	$\dfrac{l'_{(z)}}{h'_z}+\dfrac{l'_{(z)}}{v'_z}$
9	$\lambda_{(\lambda)}=1{,}25\,(\cdots)$	$\lambda_{(b)}=1{,}25\,(\cdots)$	$\lambda_{(c)}=1{,}25\,(\cdots)$		$\lambda_{(x)}=1{,}25\,(\cdots)$	$\lambda_{(y)}=1{,}25\,(\cdots)$	$\lambda_{(z)}=1{,}25\,(\cdots)$
10	$\varepsilon_{(k)}=\dfrac{\lambda_{(k)}}{\lambda_{(k)}+1}$	$\varepsilon_{(b)}=\dfrac{\lambda_{(b)}}{\lambda_{(b)}+1}$	$\varepsilon_{(c)}=\dfrac{\lambda_{(c)}}{\lambda_{(c)}+1}$		$\varepsilon_{(x)}=\dfrac{\lambda_{(x)}}{\lambda_{(x)}+1}$	$\varepsilon_{(y)}=\dfrac{\lambda_{(y)}}{\lambda_{(y)}+1}$	$\varepsilon_{(z)}=\dfrac{\lambda_{(z)}}{\lambda_{(z)}+1}$

b) Tabellen zur Berechnung der Einspanngrade ε_i und $\varepsilon_{(k)}$ nach dem vereinfachten Verfahren.

Auf Grund der vorstehenden Ausführungen ergeben sich für die Einspanngrade ε_i und $\varepsilon_{(k)}$ der verschiedenen Tragsysteme die nachfolgenden Tabellen in der vereinfachten Form 4, 5 und 6.

Tabelle 4. *Der durchlaufende Träger mit doppelseitiger Einspannung in elastischen Stützen. — Einspanngrade ε_i und $\varepsilon_{(k)}$.* Vereinfachtes Verfahren.

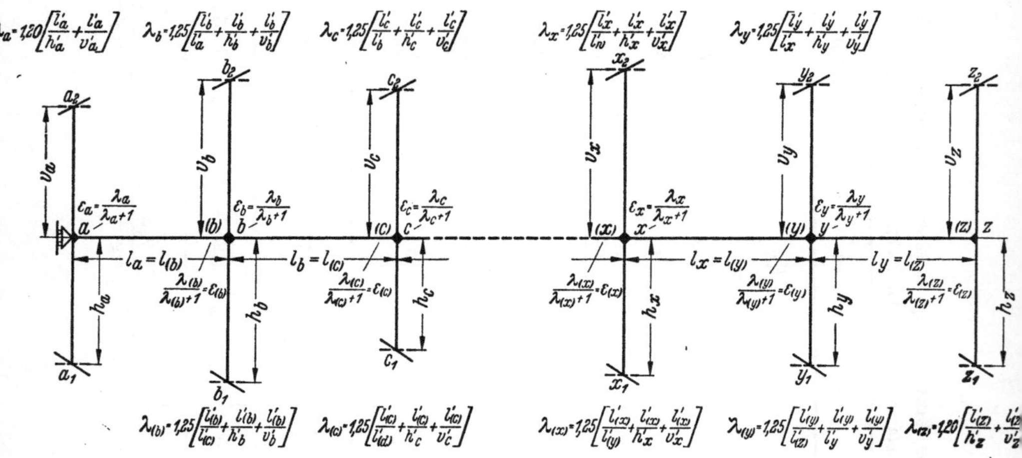

Abb. 41.

(Man vergleiche hiermit die Tab. 1, 2 u. 3, welche die entsprechenden Angaben für den allgemeinen Fall enthalten.)

Für Aufgaben der Baupraxis sollte nur das vereinfachte Verfahren verwandt werden, wie es in den nebenstehenden Tabellen dargestellt ist.

Tabelle 5. *Der durchlaufende Träger mit einseitiger Einspannung in elastischen Stützen. — Einspanngrade ε_i und $\varepsilon_{(k)}$.* Vereinfachtes Verfahren.

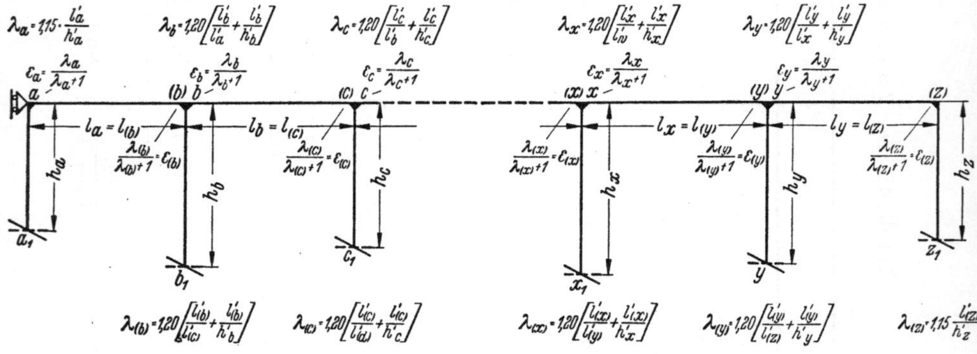

Abb. 42.

Tabelle 5a. *Der durchlaufende Träger mit einseitiger Einspannung in elastischen Stützen. — Einspanngrade ε_i.*
Vereinfachtes Verfahren.

	l_i	l_a	l_b	l_c	…	l_x	l_y
1	l'_i	l'_a	l'_b	l'_c		l'_x	l'_y
2	l'_h	—	l'_a	l'_b		l'_w	l'_x
3	h'_i	h'_a	h'_b	h'_c		h'_x	h'_y
4	$\dfrac{l'_i}{l'_h}$	—	$\dfrac{l'_b}{l'_a}$	$\dfrac{l'_c}{l'_b}$	…	$\dfrac{l'_x}{l'_w}$	$\dfrac{l'_y}{l'_x}$
5	$\dfrac{l'_i}{h'_i}$	$\dfrac{l'_a}{h'_a}$	$\dfrac{l'_b}{h'_b}$	$\dfrac{l'_c}{h'_c}$		$\dfrac{l'_x}{h'_x}$	$\dfrac{l'_y}{h'_y}$
6	$\dfrac{l'_i}{l'_h} + \dfrac{l'_i}{h'_i}$	$\dfrac{l'_a}{h'_a}$	$\dfrac{l'_b}{l'_a} + \dfrac{l'}{h'_b}$	$\dfrac{l'_c}{l'_b} + \dfrac{l'_c}{h'_c}$	…	$\dfrac{l'_x}{l'_w} + \dfrac{l'_x}{h'_x}$	$\dfrac{l'_y}{l'_x} + \dfrac{l'_y}{h'_y}$
7	$\lambda_i = 1{,}20\left(\dfrac{l'_i}{l'_h} + \dfrac{l'_i}{h'_i}\right)$	$\lambda_a = 1{,}15\,\dfrac{l'_a}{h'_a}$	$\lambda_b = 1{,}20\left(\dfrac{l'_b}{l'_a} + \dfrac{l'_b}{h'_b}\right)$	$\lambda_c = 1{,}20\left(\dfrac{l'_c}{l'_b} + \dfrac{l'_c}{h'_c}\right)$	…	$\lambda_x = 1{,}20\left(\dfrac{l'_x}{l'_w} + \dfrac{l'_x}{h'_x}\right)$	$\lambda_y = 1{,}20\left(\dfrac{l'_y}{l'_x} + \dfrac{l'_y}{h'_y}\right)$
8	$\varepsilon_i = \dfrac{\lambda_i}{\lambda_i + 1}$	$\varepsilon_a = \dfrac{\lambda_a}{\lambda_a + 1}$	$\varepsilon_b = \dfrac{\lambda_b}{\lambda_b + 1}$	$\lambda_c = \dfrac{\lambda_c}{\lambda_c + 1}$		$\varepsilon_x = \dfrac{\lambda_x}{\lambda_x + 1}$	$\varepsilon_y = \dfrac{\lambda_y}{\lambda_y + 1}$

Tabelle 5b. *Der durchlaufende Träger mit einseitiger Einspannung in elastischen Stützen. — Einspanngrade $\varepsilon_{(k)}$.*
Vereinfachtes Verfahren.

	$l_{(k)}$	$l_{(b)}$	$l_{(c)}$	$l_{(d)}$	…	$l_{(y)}$	$l_{(z)}$
1	$l'_{(k)}$	$l'_{(b)}$	$l'_{(c)}$	$l'_{(d)}$		$l'_{(y)}$	$l'_{(z)}$
2	$l'_{(l)}$	$l'_{(c)}$	$l'_{(d)}$	$l'_{(e)}$		$l'_{(z)}$	—
3	h'_k	h'_b	h_c	h'_d		h'_y	h'_z
4	$\dfrac{l'_{(k)}}{l'_{(l)}}$	$\dfrac{l'_{(b)}}{l'_{(c)}}$	$\dfrac{l'_{(c)}}{l'_{(d)}}$	$\dfrac{l'_{(d)}}{l'_{(e)}}$		$\dfrac{l'_{(y)}}{l'_{(z)}}$	—
5	$\dfrac{l'_{(k)}}{h'_{(k)}}$	$\dfrac{l'_{(b)}}{h'_b}$	$\dfrac{l'_{(c)}}{h'_c}$	$\dfrac{l'_{(d)}}{h'_d}$		$\dfrac{l'_{(y)}}{h'_y}$	$\dfrac{l'_{(z)}}{h'_z}$
6	$\dfrac{l'_{(k)}}{l'_{(l)}} + \dfrac{l'_{(k)}}{h'_k}$	$\dfrac{l'_{(b)}}{l'_{(c)}} + \dfrac{l'_{(b)}}{h'_b}$	$\dfrac{l'_{(c)}}{l'_{(d)}} + \dfrac{l'_{(c)}}{h'_c}$	$\dfrac{l'_{(d)}}{l'_{(e)}} + \dfrac{l'_{(d)}}{h'_{(d)}}$		$\dfrac{l'_{(y)}}{l'_{(z)}} + \dfrac{l'_{(y)}}{h'_y}$	$\dfrac{l'_{(s)}}{h'_z}$
7	$\lambda_{(k)} = 1{,}20 \left(\dfrac{l'_{(k)}}{l'_{(l)}} + \dfrac{l'_{(k)}}{h'_k} \right)$	$\lambda_{(b)} = 1{,}20 \left(\dfrac{l'_{(b)}}{l'_{(c)}} + \dfrac{l'_{(b)}}{h'_b} \right)$	$\lambda_{(c)} = 1{,}20 \left(\dfrac{l'_{(c)}}{l'_{(d)}} + \dfrac{l'_{(c)}}{h'_c} \right)$	$\lambda_{(d)} = 1{,}20 \left(\dfrac{l'_{(d)}}{l'_{(e)}} + \dfrac{l'_{(d)}}{h'_d} \right)$		$\lambda_{(y)} = 1{,}20 \left(\dfrac{l'_{(y)}}{l'_{(z)}} + \dfrac{l'_{(y)}}{h'_y} \right)$	$\lambda_{(z)} = 1{,}15\, \dfrac{l'_{(z)}}{h'_z}$
8	$\varepsilon_{(k)} = \dfrac{\lambda_{(k)}}{\lambda_{(k)} + 1}$	$\varepsilon_{(b)} = \dfrac{\lambda_{(b)}}{\lambda_{(b)} + 1}$	$\varepsilon_{(c)} = \dfrac{\lambda_{(c)}}{\lambda_{(c)} + 1}$	$\varepsilon_{(d)} = \dfrac{\lambda_{(d)}}{\lambda_{(d)} + 1}$		$\varepsilon_{(y)} = \dfrac{\lambda_{(y)}}{\lambda_{(y)} + 1}$	$\varepsilon_{(z)} = \dfrac{\lambda_{(z)}}{\lambda_{(z)} + 1}$

Tabelle 6. *Der durchlaufende Träger auf starren Stützen.* — *Einspanngrade ε_i und $\varepsilon_{(k)}$.* Vereinfachtes Verfahren.

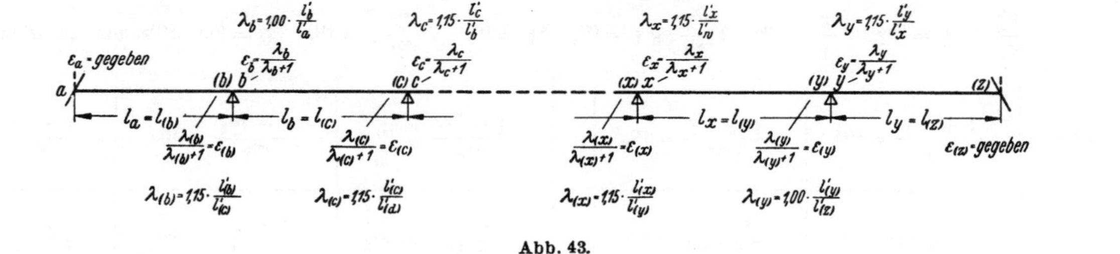

Abb. 43.

Tabelle 6a. *Der durchlaufende Träger auf starren Stützen.* — *Einspanngrade ε_i.* Vereinfachtes Verfahren.

	l_i	l_a	l_b	l_c	...	l_x	l_y
1	l'_i	l'_a	l'_b	l'_c		l'_x	l'_y
2	l'_h	—	l'_a	l'_b		l'_w	l'_x
3	$\dfrac{l'_i}{l'_h}$	—	$\dfrac{l'_b}{l'_a}$	$\dfrac{l'_c}{l'_b}$		$\dfrac{l'_x}{l'_w}$	$\dfrac{l'_y}{l'_x}$
4	$\lambda_i=1,15\dfrac{l'_i}{l'_h}$	—	$\lambda_b=1,15\dfrac{l'_b}{l'_a}$ *)	$\lambda_c=1,15\dfrac{l'_c}{l'_b}$		$\lambda_x=1,15\dfrac{l'_x}{l'_w}$	$\lambda_y=1,15\dfrac{l'_y}{l'_x}$
5	$\varepsilon_i=\dfrac{\lambda_i}{\lambda_i+1}$	$\varepsilon_a=$ gegeben	$\varepsilon_b=\dfrac{\lambda_b}{\lambda_b+1}$	$\varepsilon_c=\dfrac{\lambda_c}{\lambda_c+1}$		$\varepsilon_x=\dfrac{\lambda_x}{\lambda_x+1}$	$\varepsilon_y=\dfrac{\lambda_y}{\lambda_y+1}$

*) λ_b hängt ab von ε_a: $\quad \varepsilon_a=0,\ \lambda_b=1\dfrac{l'_b}{l'_a}$; $\quad \varepsilon_c=1,\ \lambda_b=1,33\dfrac{l'_b}{l'_a}$; $\quad \varepsilon_a=\dfrac{1}{2},\ \lambda_b=1,15\dfrac{l'}{l'_a}$.

6

Tabelle 6b. *Der durchlaufende Träger auf starren Stützen. — Einspanngrade* $\varepsilon_{(k)}$.
Vereinfachtes Verfahren.

	$l_{(k)}$	$l_{(b)}$	$l_{(c)}$	$\ldots$	$l_{(x)}$	$l_{(y)}$	$l_{(z)}$
1	$l'_{(k)}$	$l'_{(b)}$	$l'_{(c)}$		$l'_{(x)}$	$l'_{(y)}$	$l'_{(z)}$
2	$l'_{(l)}$	$l'_{(c)}$	$l'_{(d)}$		$l'_{(y)}$	$l'_{(z)}$	—
3	$\dfrac{l'_{(k)}}{l'_{(l)}}$	$\dfrac{l'_{(b)}}{l'_{(c)}}$	$\dfrac{l'_{(c)}}{l'_{(d)}}$		$\dfrac{l'_{(x)}}{l'_{(y)}}$	$\dfrac{l'_{(y)}}{l'_{(z)}}$	—
4	$\lambda_{(k)} = 1{,}15\,\dfrac{l'_{(k)}}{l'_{(l)}}$	$\lambda_{(b)} = 1{,}15\,\dfrac{l'_{(b)}}{l'_{(c)}}$	$\lambda_{(c)} = 1{,}15\,\dfrac{l'_{(c)}}{l'_{(d)}}$		$\lambda_{(x)} = 1{,}15\,\dfrac{l'_{(x)}}{l'_{(y)}}$	$\lambda_{(y)} = 1{,}15\,\dfrac{l'_{(y)}}{l'_{(z)}}$ *)	—
5	$\varepsilon_{(k)} = \dfrac{\lambda_{(k)}}{\lambda_{(k)} + 1}$	$\varepsilon_{(b)} = \dfrac{\lambda_{(b)}}{\lambda_{(b)} + 1}$	$\varepsilon_{(c)} = \dfrac{\lambda_{(c)}}{\lambda_{(c)} + 1}$		$\varepsilon_{(x)} = \dfrac{\lambda_{(x)}}{\lambda_{(x)} + 1}$	$\varepsilon_{(y)} = \dfrac{\lambda_{(y)}}{\lambda_{(y)} + 1}$	$\varepsilon_{(z)} =$ gegeben

*) $\lambda_{(y)}$ hängt ab von $\varepsilon_{(z)}$: $\varepsilon_{(z)} = 0$, $\lambda_{(y)} = 1\,\dfrac{l'_{(y)}}{l'_{(z)}}$; $\varepsilon_{(z)} = 1$, $\lambda_{(y)} = 1{,}33\,\dfrac{l'_{(y)}}{l'_{(z)}}$; $\varepsilon_{(z)} = \dfrac{1}{2}$, $\lambda_{(y)} = 1{,}15\,\dfrac{l'_{(y)}}{l'_{(z)}}$.

II. Die Einspannmomente M_i und M_k des beiderseits elastisch eingespannten Balkens.

Im vorigen Abschnitt haben wir die Berechnung der Einspanngrade ε_i und $\varepsilon_{(k)}$ eines beiderseits elastisch eingespannten Balkens von der Länge l_i behandelt.

Sind die Einspanngrade ε_i und $\varepsilon_{(k)}$ der Stabenden i und (k) bekannt, so berechnen sich die Einspannmomente M_i und M_k für jede Art von Belastung nach geschlossenen Formeln. Diese sollen im folgenden nochmals angegeben werden. (Vgl. die diesbezüglichen Angaben in Teil I, insbesondere die „Ergebnisse" am Schluß von Teil I.)

Zunächst stellen wir die allgemeinen, für eine beliebige ruhende Belastung geltenden Ausdrücke (Formeln) auf. — Anschließend werden die entsprechenden Formeln für besondere, öfter vorkommende Belastungsfälle angegeben, und zwar einschließlich der Gleichungen für den Einfluß von Temperaturänderungen und Stützensenkungen. — Zum Schluß behandeln wir dann des näheren den Fall beweglicher Belastungen, d. h. die *Einflußlinien* der Einspannmomente M. Diese stellen *das besondere Ziel unserer Untersuchungen dar*.

Den nachfolgenden Berechnungen liegt wiederum der beiderseits elastisch eingespannte Einzelbalken zugrunde (s. Abb. 44). Die Öffnungsweite bzw. Balkenlänge sei l_i. Die Einspanngrade ε_i und $\varepsilon_{(k)}$ an den Balkenenden werden als vorher berechnet bzw. als bekannt oder gegeben angenommen. Die Belastung sei beliebig, etwa eine Einzellast P an beliebiger Stelle im Abstand x vom rechten Balkenende. — Gesucht sind die Einspannmomente M_i und M_k.

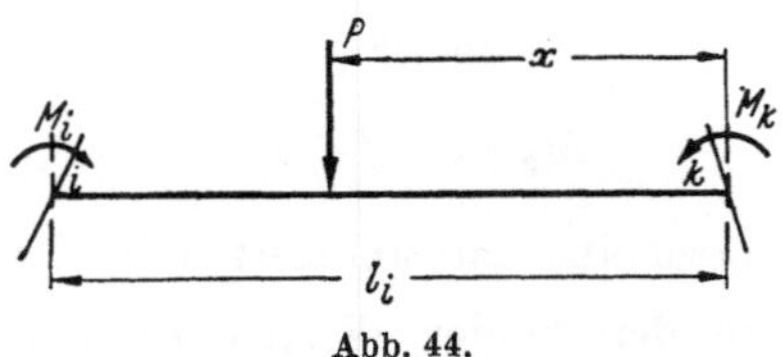

Abb. 44.

Anmerkung: Wir schreiben hier, wo wir lediglich den einzelnen Balken betrachten, für die Balkenenden i und k. — Später beim kontinuierlichen Träger, wo k der Anfangspunkt der nächstfolgenden Öffnung l_k bedeutet, setzen wir wie bisher für den Endpunkt in l_i die Bezeichnung (k).

Die Einspannmomente M_i und M_k sollen positiv gerechnet werden, wenn sie, wie in Abb. 44 angegeben, wirken, d. h. wenn sie den Balken im gleichen Sinne wie die Last P, also nach unten, verbiegen.

1. Allgemeine Gleichungen für die Einspannmomente M.

Für die Werte M gilt die Gleichung:

$$M_i = M_0 \frac{y_i}{n_i} \; ; \qquad M_k = M_0 \frac{y_k}{n_k} \quad \text{[s. Gl. (16), S. 29].}$$

6*

Hierbei bedeutet M_0 ein Moment des gelenkig gelagerten einfachen Balkens, und zwar ist:

a) für eine äußere Belastung durch *eine Einzellast P* (s. Abb. 45a):

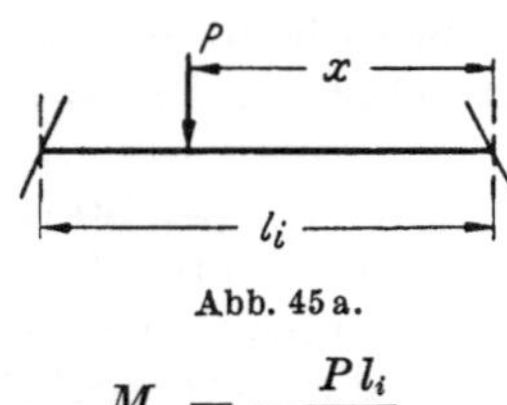

Abb. 45a.

$$M_0 = -\frac{P l_i}{2}.$$

b) für eine äußere Belastung durch eine *kontinuierliche, rechteckig verteilte Last p* (s. Abb. 45b):

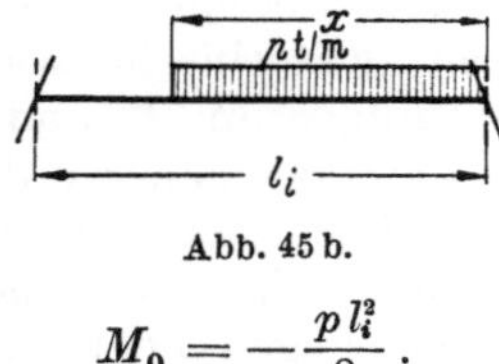

Abb. 45b.

$$M_0 = -\frac{p l_i^2}{8}.$$

c) für eine *kontinuierliche, dreieckförmig verteilte Last mit dem Größt-wert p* (s. Abb. 45c):

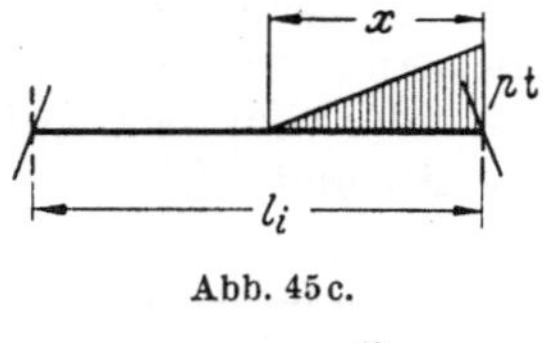

Abb. 45c.

$$M_0 = -\frac{p l_i^2}{12}.$$

Dieser Wert M_0 erscheint multipliziert mit dem Quotienten $\frac{y_i}{n_i}$ bzw. $\frac{y_k}{n_k}$. Lediglich zu den beiden Werten y und n sind nähere Angaben zu machen.

a) Die Nennerwerte n_i und n_k

sind von der äußeren Belastung unabhängige Konstante; sie werden bestimmt durch die Einspanngrade ε_i und ε_k. Für die reziproken Werte von n_i und n_k gilt die Gleichung:

$$\frac{1}{n_i} = \frac{\varepsilon_i}{1 - \tfrac{1}{4}\varepsilon_i \varepsilon_k} \; ; \qquad \frac{1}{n_k} = \frac{\varepsilon_k}{1 - \tfrac{1}{4}\varepsilon_i \varepsilon_k}. \tag{23}$$

Beide Werte $\frac{1}{n_i}$ und $\frac{1}{n_k}$ haben den gleichen Nenner. Im Zähler von $\frac{1}{n_i}$ steht der Wert ε_i, im Zähler von $\frac{1}{n_k}$ steht ε_k, d. h. der im Zähler von $\frac{1}{n}$ stehende Einspanngrad ε hat den gleichen Index wie der in Frage stehende Wert von $\frac{1}{n}$.

Tabelle zur Berechnung der Werte $\dfrac{1}{n_i}$ und $\dfrac{1}{n_k}$ (Tafel II).

Sind die Einspanngrade ε_i und ε_k einer Öffnung l_i bekannt, so ergeben sich die Werte $\dfrac{1}{n_i}$ und $\dfrac{1}{n_k}$ nach der vorstehenden Gleichung.

Im Grunde genommen erübrigen sich weitere Angaben zur Bestimmung dieser einfachen Größen. Trotzdem sei die Tab. 7 (Tafel II) für die Werte $\dfrac{1}{n_i}$ und $\dfrac{1}{n_k}$ hier angegeben. Sie mag gegebenenfalls dazu verwandt werden, für eine gegebene Gruppe ε_i, ε_k die Werte $\dfrac{1}{n_i}$ und $\dfrac{1}{n_k}$ zu entnehmen oder bereits berechnete Werte $\dfrac{1}{n}$ nachzuprüfen.

Die Einspanngrade ε_i bzw. ε_k sind als Abszissenwerte in der ersten und letzten Horizontalreihe (Zeile) zu finden; als Werte der Ordinaten stehen sie in der ersten und letzten Vertikalreihe (Spalte).

Zur Bestimmung von $\dfrac{1}{n_i} = \dfrac{\varepsilon_i}{1 - \frac{1}{4}\varepsilon_i\varepsilon_k}$ gehen wir von ε_i aus (letzte Zeile unten von links nach rechts bzw. erste Zeile oben von rechts nach links); das zu $\dfrac{1}{n_i}$ gehörige ε_k steht in der ersten Spalte (von unten nach oben bzw. in der letzten Spalte von oben nach unten).

Suchen wir den Nennerwert $\dfrac{1}{n_k} = \dfrac{\varepsilon_k}{1 - \frac{1}{4}\varepsilon_i\varepsilon_k}$, so müssen wir von ε_k ausgehen (letzte Zeile von rechts nach links bzw. erste Zeile von links nach rechts); ε_i für den Nennerwert $\dfrac{1}{n_k}$ steht in der ersten Spalte (von oben nach unten bzw. in der letzten Spalte von unten nach oben).

Beispiel: $\varepsilon_i = 0{,}52$

$\qquad\quad \varepsilon_k = 0{,}68$

$\dfrac{1}{n_i}$: wir suchen in der letzten Zeile unten $\varepsilon_i = 0{,}52$ und finden in der Spalte senkrecht darüber in der Zeile $\varepsilon_k = 0{,}68$ den Wert $\dfrac{1}{n_i} = 0{,}571$;

$\dfrac{1}{n_k}$: wir suchen in der obersten Zeile $\varepsilon_k = 0{,}68$ und finden in der Spalte senkrecht darunter in der Zeile für $\varepsilon_i = 0{,}52$ den Wert $\dfrac{1}{n_k} = 0{,}746$.

Zwischenwerte findet man durch gewöhnliche Interpolation.

b) Die Zählerwerte y_i und y_k

in Gl. (16), s. S. 83, sind die von der äußeren Belastung bzw. von der Stellung der äußeren Belastung abhängigen Glieder. Wir nennen sie daher *„Belastungsglieder"*. Diese stellen sich dar als Funktion der Abstandsverhältnisse $\dfrac{x}{l}$, wobei x den Abstand der Last P vom rechten Auflager, l die Spannweite des Balkens oder die Öffnungsweite (l_i) bedeutet.

Es gilt für y_i und y_k die Gleichung:

$$y_i = c_1 - \tfrac{1}{2}\,\varepsilon_k\,c_2; \qquad y_k = c_2 - \tfrac{1}{2}\,\varepsilon_i\,c_1.$$

Hierbei ist:

$$c_1 = \frac{x}{l}\left(1 - \frac{x}{l}\right)\left(1 + \frac{x}{l}\right); \qquad c_2 = \frac{x}{l}\left(1 - \frac{x}{l}\right)\left(2 - \frac{x}{l}\right).$$

Somit nimmt Gl. (16) für den Fall der Belastung durch eine Einzellast P (s. Abb. 45a) die nachstehende Form an:

$$M_i = -\frac{P\,l_i}{2}\,\frac{c_1 - \tfrac{1}{2}\,\varepsilon_k\,c_2}{n_i}; \qquad M_k = -\frac{P\,l_i}{2}\,\frac{c_2 - \tfrac{1}{2}\,\varepsilon_i\,c_1}{n_k}.$$

Neben den Werten c_1 und c_2 kommen in den Belastungsgliedern die Einspanngrade ε vor. Man beachte:

$$\text{in } y_i \text{ steht } \varepsilon_k, \quad y_i \text{ beginnt mit } c_1,$$
$$\text{in } y_k \text{ steht } \varepsilon_i; \quad y_k \text{ beginnt mit } c_2.$$

Die Werte c_1 und c_2 sind für eine bestimmte Laststellung, d. h. für ein bestimmtes Abstandsverhältnis $\dfrac{x}{l}$ unschwer zu berechnen. Indessen werden für diese Werte auch *Tabellen* aufgestellt, die sich im folgenden in dem Kapitel über bewegliche Belastung finden (s. Tab. 14).

Aus den Werten c berechnen sich nach vorstehender Gl. (16) die Belastungsglieder y_i und y_k. Auch für diese finden sich im folgenden Tabellen und Kurventafeln (vgl. Abschn. 3, S. 104, 106 u. 107).

In ähnlicher Form stellen sich *die Zählerwerte y_i und y_k für andere Belastungsarten* dar.

Für eine gleichmäßige Belastung p, die auf einer Strecke x vom rechten Auflager aus wirkt (s. Abb. 45b), gilt die Gleichung:

$$y_i = k_1 - \tfrac{1}{2}\,\varepsilon_k\,k_2; \qquad y_k = k_2 - \tfrac{1}{2}\,\varepsilon_i\,k_1.$$

Hierbei ist:

$$k_1 = \left(\frac{x}{l}\right)^2\left[2 - \left(\frac{x}{l}\right)^2\right]; \qquad k_2 = \left(\frac{x}{l}\right)^2\left[2 - \frac{x}{l}\right]^2.$$

Für diesen Fall gilt:

$$M_0 = -\frac{p\,l^2}{8}.$$

Für eine dreieckförmige Lastverteilung gelten Ausdrücke ähnlicher Art.

Somit lassen sich für die in Frage kommenden Belastungsfälle die Werte der Einspannmomente M_i und M_k angeben.

Die entsprechenden Formeln sind bereits am Schluß des ersten Teiles S. 48 u. 49 angegeben.

Anmerkung: Die Einspannmomente M_i und M_k sind die Unbekannten eines n-fach statisch unbestimmten Systems. Als solche sind sie nach dem allgemeinen Rechnungsverfahren aus der Gleichung berechnet:

$$M_i = -\frac{[im \cdot n - 1]}{[ii \cdot n - 1]} \; ; \qquad M_k = -\frac{[km \cdot n - 1]}{[kk \cdot n - 1]} \, .$$

Wir stellen also die gesuchten Unbekannten in gewohnter Weise dar als Quotienten von Verschiebungen des $(n-1)$-fach statisch unbestimmten Hauptsystems.

Hierbei ist, wenn: $M_0 = -\dfrac{P\,l_i}{2}$ gesetzt wird:

$$[im \cdot n - 1] = -M_0 \frac{l_i'}{3}\left(1 \cdot c_1 - \frac{1}{2}\,\varepsilon_k\,c_2\right) = -M_0 \frac{l_i'}{3}\,y_i\,;$$

$$[km \cdot n - 1] = -M_0 \frac{l_i'}{3}\left(1 \cdot c_2 - \frac{1}{2}\,\varepsilon_i\,c_1\right) = -M_0 \frac{l_i'}{3}\,y_k\,;$$

$$[ii \cdot n - 1] = \frac{l_i'}{3}\,\frac{1 - \frac{1}{4}\,\varepsilon_i\,\varepsilon_k}{\varepsilon_i} = \frac{l_i'}{3}\,n_i\,;$$

$$[kk \cdot n - 1] = \frac{l_i'}{3}\,\frac{1 - \frac{1}{4}\,\varepsilon_i\,\varepsilon_k}{\varepsilon_k} = \frac{l_i'}{3}\,n_k\,,$$

damit ergeben sich die Gleichungen:

$$M_i = M_0 \frac{c_1 - \frac{1}{2}\,\varepsilon_k\,c_2}{n_i} = M_0 \frac{y_i}{n_i}\; ; \qquad M_k = M_0 \frac{c_2 - \frac{1}{2}\,\varepsilon_i\,c_1}{n_k} = M_0 \frac{y_k}{n_k}\, .$$

Entsprechende Beziehungen gelten auch für die sonstigen Belastungsarten, wie sie im folgenden behandelt werden.

Im übrigen sei auf die Ableitung der Werte im Teil I, S. 26—40, verwiesen.

2. Ruhende Belastung.

a) Gleichungen für M bei beliebiger Belastung.

Erläuterungen zu Tab. 8. Die Ausdrücke für M_i und M_k haben für alle Belastungsfälle (vgl. Zeile 1 bis 5) die gleiche äußere Form. Lediglich die Koeffizienten c, k, r, t, s sind verschieden; sie entsprechen je einer besonderen Belastungsart.

Zu Zeile 1: Hier wird der Fall einer Einzellast P an beliebiger Stelle des Balkens, d. h. in beliebigem Abstand x vom rechten Auflager, behandelt.

Die Koeffizienten c_1 und c_2 werden für die Abstandsverhältnisse $\dfrac{x}{l}$ von 0 bis 1, und zwar von $^1/_{100}$ bis $^{100}/_{100}$ in der Tab. 14 angegeben (s. S. 98). Wir werden später nach den hier angegebenen Formeln insbesondere die Einflußlinien der Einspannmomente ermitteln (s. Abschnitt 3, S. 103).

Anmerkung: Falls man die Laststellung durch den Abstand x' vom *linken* Auflager kennzeichnen will (s. Abb. 46), so tritt M_i an die

Tabelle 8. *Gleichungen für die Einspannmomente M_i und M_k bei beliebiger Belastung.*

(Die Tabelle stimmt überein mit der am Schluß des I. Teiles angegebenen Tabelle auf S. 48. Sie wird hier als Grundlage für die nachstehenden Erläuterungen nochmals angegeben.)

	Belastung	M_i	M_k	Koeffizienten der Belastungsglieder
1		$M_i = -\dfrac{P l_i}{2} \dfrac{c_1 - \frac{1}{2}\varepsilon_k c_2}{n_i}$	$M_k = -\dfrac{P l_i}{2} \dfrac{c_2 - \frac{1}{2}\varepsilon_i c_1}{n_k}$	$c_1 = \dfrac{x}{l}\left(1 - \dfrac{x}{l}\right)\left(1 + \dfrac{x}{l}\right)$ $c_2 = \dfrac{x}{l}\left(1 - \dfrac{x}{l}\right)\left(2 - \dfrac{x}{l}\right)$
2		$M_i = -\dfrac{p l_i^2}{8} \dfrac{k_1 - \frac{1}{2}\varepsilon_k k_2}{n_i}$	$M_k = -\dfrac{p l_i^2}{8} \dfrac{k_2 - \frac{1}{2}\varepsilon_i k_1}{n_k}$	$k_1 = \left(\dfrac{x}{l}\right)^2\left[2 - \left(\dfrac{x}{l}\right)^2\right]$ $k_2 = \left(\dfrac{x}{l}\right)^2\left[2 - \dfrac{x}{l}\right]^2$
3		$M_i = -\dfrac{p l_i^2}{12} \dfrac{r_1 - \frac{1}{2}\varepsilon_k r_2}{n_i}$	$M_k = -\dfrac{p l_i^2}{12} \dfrac{r_2 - \frac{1}{2}\varepsilon_i r_1}{n_k}$	$r_1 = \left(\dfrac{x}{l}\right)^2\left[1 - \dfrac{3}{10}\left(\dfrac{x}{l}\right)^2\right]$ $r_2 = \left(\dfrac{x}{l}\right)^2\left[2 - \dfrac{3}{2}\dfrac{x}{l} + \dfrac{3}{10}\left(\dfrac{x}{l}\right)^2\right]$
4		$M_i = -\dfrac{p l_i^2}{12} \dfrac{t_1 - \frac{1}{2}\varepsilon_k t_2}{n_i}$	$M_k = -\dfrac{p l_i^2}{12} \dfrac{t_2 - \frac{1}{2}\varepsilon_i t_1}{n_k}$	$t_1 = \left(\dfrac{x}{l}\right)^2\left[2 - \dfrac{6}{5}\left(\dfrac{x}{l}\right)^2\right]$ $t_2 = \left(\dfrac{x}{l}\right)^2\left[4 - \dfrac{9}{2}\dfrac{x}{l} + \dfrac{6}{5}\left(\dfrac{x}{l}\right)^2\right]$
5		$M_i = -\dfrac{M}{2} \dfrac{s_1 + \frac{1}{2}\varepsilon_k s_2}{n_i}$	$M_k = +\dfrac{M}{2} \dfrac{s_2 + \frac{1}{2}\varepsilon_i s_1}{n_k}$	$s_1 = 1 - 3\left(\dfrac{x}{l}\right)^2$ $s_2 = 1 - 3\left(1 - \dfrac{x}{l}\right)^2$
6	Temperaturwirkung Δt	$M_i =$ $-\dfrac{3}{2}\dfrac{EJ}{h}\alpha_t \Delta t \dfrac{1 - \frac{1}{2}\varepsilon_k}{n_i}$	$M_k =$ $-\dfrac{3}{2}\dfrac{EJ}{h}\alpha_t \Delta t \dfrac{1 - \frac{1}{2}\varepsilon_i}{n_k}$	$h =$ Höhe des Querschnitts $\alpha_t =$ Temperatur-Ausdehnungskoeffizient
7	Stützensenkung δ	$M_i =$ $-3\dfrac{EJ}{l_i^2}(\delta_i - \delta_k)\dfrac{1 + \frac{1}{2}\varepsilon_k}{n_i}$	$M_k =$ $-3\dfrac{EJ}{l_i^2}(\delta_k - \delta_i)\dfrac{1 + \frac{1}{2}\varepsilon_i}{n_k}$	δ_i und $\delta_k =$ die angenommenen Stützensenkungen

Stelle von M_k und umgekehrt. Die Gleichungen für die Einspann-momente lauten dann:

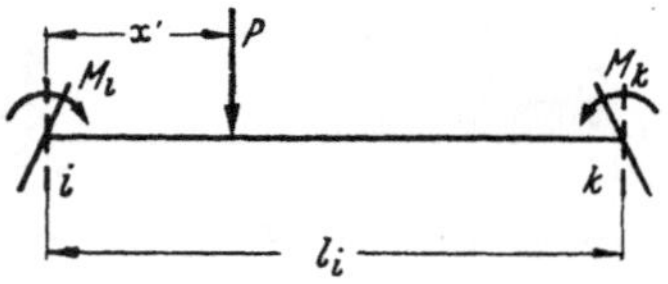

Abb. 46.

$$M_i = -\frac{P\,l_i}{2}\,\frac{c_2' - \tfrac{1}{2}\,\varepsilon_k\,c_1'}{n_i}\,;\qquad M_k = -\frac{P\,l_i}{2}\,\frac{c_1' - \tfrac{1}{2}\,\varepsilon_i\,c_2'}{n_k}\,.$$

Die Werte c_1' und c_2' gelten für das Abstandsverhältnis $\dfrac{x'}{l}$, haben aber im übrigen die oben in der Tabelle angegebene Form.

Eine Reihe von Sonderbelastungen durch Einzellasten sind in Tab. 9 behandelt.

Zu Zeile 2: Es handelt sich hier um den Fall einer gleichmäßig verteilten Belastung p, die bis zu einer Stelle x vom rechten Auflager aus vorgeschoben ist.

Die Koeffizienten k_1 und k_2 sind für die Abstandsverhältnisse von $^1/_{100}$ bis $^{100}/_{100}$ in der Tab. 15 angegeben (s. S. 99).

Diese Belastungsart wird in der Praxis häufig auch als Ersatz für Einzellasten verwandt (Belastungsgleichwerte).

Auch der *Fall einer über eine Teilstrecke* $(x - x')$ *gleichmäßig ver-teilten Belastung* p (s. Abb. 47) wird nach den in der Tab. 8 angegebenen Gleichungen behandelt. Da hier die Strecke x' unbelastet bleibt, ist der für die Belastung der vollen Strecke x geltende Wert M_i bzw. M_k zu vermindern um denjenigen Betrag, welcher der Belastung der Strecke x' entspricht. Die Gleichungen lauten also:

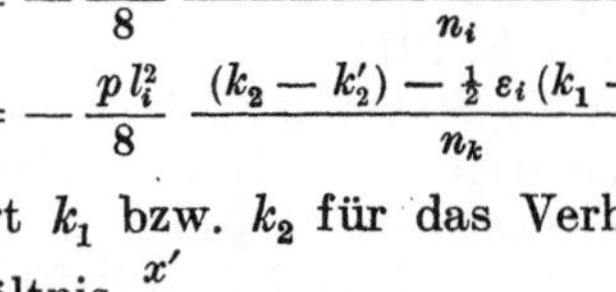

Abb. 47.

$$M_i = -\frac{p\,l_i^2}{8}\,\frac{(k_1 - k_1') - \tfrac{1}{2}\,\varepsilon_k\,(k_2 - k_2')}{n_i}\,;$$

$$M_k = -\frac{p\,l_i^2}{8}\,\frac{(k_2 - k_2') - \tfrac{1}{2}\,\varepsilon_i\,(k_1 - k_1')}{n_k}\,.$$

Hier gilt der Wert k_1 bzw. k_2 für das Verhältnis $\dfrac{x}{l}$, dagegen k_1' bzw. k_2' für das Verhältnis $\dfrac{x'}{l}$.

Die Werte k_1' und k_2' gelten für $\dfrac{x'}{l}$; im übrigen haben sie die in der Tabelle angegebene Form.

Auf die Behandlung verschiedener Fälle von *Sonderbelastungen* in Tab. 10 sei verwiesen.

Anmerkung: Rückt die Last p vom linken Auflager aus um die Strecke x' vor (s. Abb. 48), so gilt sinngemäß das vorhin für Einzellast P im Abstand x' vom linken Auflager Gesagte. Die Gleichungen für M_i und M_k lauten also:

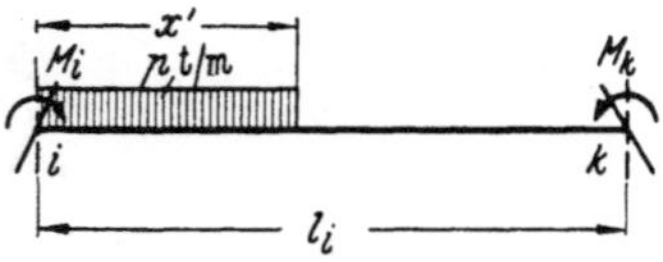

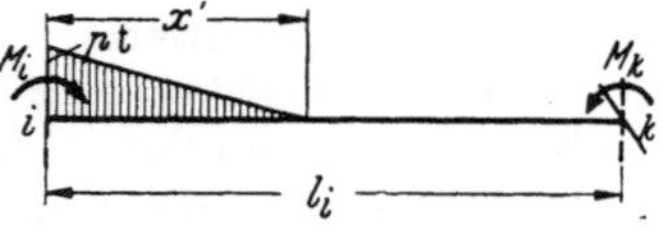

Abb. 48.

$$M_i = -\frac{p\,l_i^2}{8}\frac{k_2' - \tfrac{1}{2}\varepsilon_k\,k_1'}{n_i}\;;\qquad M_k = -\frac{p\,l_i^2}{8}\frac{k_1' - \tfrac{1}{2}\varepsilon_i\,k_2'}{n_k}\,.$$

Zu Zeile 3: Die hier angeschriebenen Formeln geben die Einspannmomente für eine dreieckförmige, gleichmäßig verteilte Belastung, die von dem rechten Auflager aus um die Strecke x vorrückt.

Die Koeffizienten r_1 und r_2 sind für die Abstandsverhältnisse $\dfrac{x}{l}$ von $^1/_{100}$ bis $^{100}/_{100}$ in der Tab. 16 angegeben (s. S. 100).

Anmerkung: Dieser Belastungsfall hat besondere praktische Bedeutung für die Untersuchung des Erd- und Wasserdruckes auf Säulen, die als kontinuierliche Träger ausgebildet sind.

Anmerkung: Wenn die Last vom *linken* Auflager aus um die Strecke x' vorrückt (s. Abb. 49), so gelten die Gleichungen:

Abb. 49.

$$M_i = -\frac{p\,l_i^2}{12}\frac{r_2' - \tfrac{1}{2}\varepsilon_k\,r_1'}{n_i}\;;\qquad M_k = -\frac{p\,l_i^2}{12}\frac{r_1' - \tfrac{1}{2}\varepsilon_i\,r_2'}{n_k}\,.$$

Die Werte r_1' und r_2' gelten für das Abstandsverhältnis $\dfrac{x'}{l}$, haben aber im übrigen die oben in der Tabelle angegebene Form. Man vergleiche die *Sonderbelastungsfälle* in Tab. 11.

Zu Zeile 4: Dieser Belastungsfall mit der Spitze des Belastungsdreiecks im Auflagerpunkt kommt bei praktischen Aufgaben weniger häufig vor. Er ist aber der Vollständigkeit halber gleichfalls hier angegeben worden.

Die Koeffizienten t_1 und t_2 für die Abstandsverhältnisse $^1/_{100}$ bis $^{100}/_{100}$ enthält Tab. 16 (s. S. 101).

Anmerkung: Liegt die Spitze des Belastungsdreiecks im *linken* Auflagerpunkt, so gilt für t_1' und t_2' sinngemäß das vorhin (für r_1' und r_2') Gesagte.

Man vergleiche die *Sonderbelastungsfälle* in Tab. 12.

Zu Zeile 5: Der hier behandelte Fall betrifft die Wirkung eines auf den Balken einwirkenden Momentes bzw. einer am Balken exzentrisch angreifenden Last.

Die Koeffizienten s_1 und s_2 sind für die Abstandsverhältnisse $\dfrac{x}{l}$ von $^1/_{100}$ bis $^{100}/_{100}$ in Tab. 17 angegeben (s. S. 102).

Diese exzentrische Belastung kommt bei Bauaufgaben insbesondere dann vor, wenn Säulen als kontinuierliche Träger ausgebildet sind und exzentrische Lasten aufzunehmen haben.

Anmerkung: Wird der Abstand x' des angreifenden Momentes vom linken Auflager i aus gemessen und wirkt dabei die äußere Last in der in Abb. 50 angegebenen Richtung, so gelten die Gleichungen:

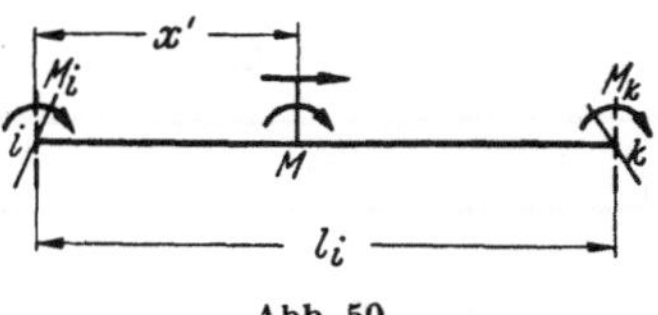

Abb. 50.

$$M_i = + \frac{M}{2} \frac{s_2' + \frac{1}{2} \varepsilon_k s_1'}{n_i} \; ; \qquad M_k = - \frac{M}{2} \frac{s_1' + \frac{1}{2} \varepsilon_i s_2'}{n_k} .$$

Die Werte s_1' und s_2' gelten für $\dfrac{x'}{l}$, haben aber im übrigen die gleiche Form wie oben in der Tab. 8 angegeben.

Man vergleiche die *Sonderbelastungsfälle* in Tab. 13.

Zu Zeile 6: Aus den hier angegebenen Gleichungen findet man die Einspannmomente M_i und M_k infolge einer Temperaturdifferenz Δt, die zwischen oberem und unterem Querschnittsrand besteht. (Einfluß ungleichmäßiger Erwärmung oder Abkühlung des Balkens.) — Es bedeutet h die Höhe des Querschnitts; E ist der Elastizitätsmodul des Materials, z. B. (im Mittel) $2 \cdot 10^6$ kg/cm² für Eisen; $2 \cdot 10^5$ kg/cm² für Beton; $1 \cdot 10^5$ kg/cm² für Holz. J ist das Trägheitsmoment des Querschnitts; α_t der Temperaturausdehnungskoeffizient des Materials, z. B. 1/80000 für Eisen.

Anmerkung: Zu achten ist auf die notwendige Einheitlichkeit der Grundgrößen, d. h. es sind die Werte E, J, h in den gleichen Abmessungen einzusetzen, also etwa in kg und cm oder auch in t und m. Dementsprechend erhält man dann auch die Momente M_i und M_k in eben diesen Dimensionen, d. h. in kg cm bzw. t m.

Zu Zeile 7: Bei der Untersuchung von Stützensenkungen der Endpunkte i und k ist, wie die in Zeile 7 angegebenen Gleichungen zeigen, die Differenz der Senkungen δ_i und δ_k maßgebend.

E und J haben auch hier die vorhin angegebene Bedeutung. l_i ist die Balkenlänge. — Desgleichen gilt bezüglich der Einheitlichkeit der Dimensionen das in der Anmerkung zu Zeile 6 Gesagte.

b) Sonderbelastungsfälle. — Gleichungen für die Einspannmomente M.

In den Tab. 9 bis 13 sind die Momente M_i und M_k für eine Reihe häufiger vorkommender Sonderfälle von Belastungen angegeben.

Die in den Gleichungen vorkommenden Zahlenwerte geben zugleich ein anschauliches Bild über den Wechsel des Einflusses einer veränderlichen Laststellung oder symmetrischer Lastengruppen. Somit bieten die Werte einen Anhalt in jenen Fällen, wo man sich bei ähnlichen Belastungen ein ungefähres Urteil über die Richtigkeit gefundener Zahlenwerte bilden will.

Tabelle 9.

Gleichungen für die Einspannmomente M_i und M_k bei Sonderbelastungsfällen.*

I. Einzellasten P.

$$M_0 = -\frac{P\,l_i}{2}.$$

	Belastung	M_i	M_k
1	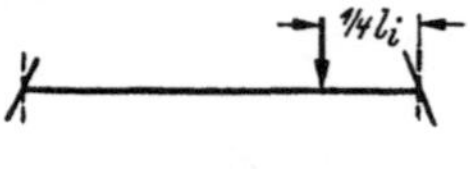 $\tfrac{1}{4}l_i$	$M_i = M_0 \cdot 0{,}234\,\dfrac{1-0{,}70\,\varepsilon_k}{n_i}$	$M_k = M_0 \cdot 0{,}328\,\dfrac{1-0{,}357\,\varepsilon_i}{n_k}$
2	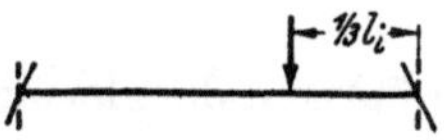 $\tfrac{1}{3}l_i$	$M_0 \cdot 0{,}296\,\dfrac{1-0{,}625\,\varepsilon_k}{n_i}$	$M_0 \cdot 0{,}370\,\dfrac{1-0{,}40\,\varepsilon_i}{n_k}$
3	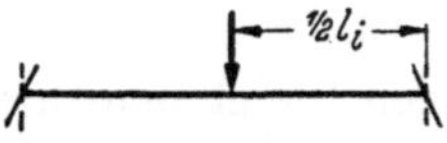 $\tfrac{1}{2}l_i$	$M_0 \cdot 0{,}375\,\dfrac{1-0{,}5\,\varepsilon_k}{n_i}$	$M_0 \cdot 0{,}375\,\dfrac{1-0{,}50\,\varepsilon_i}{n_k}$
4	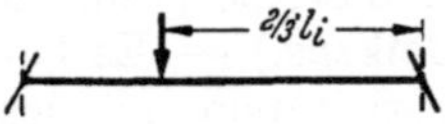 $\tfrac{2}{3}l_i$	$M_0 \cdot 0{,}370\,\dfrac{1-0{,}40\,\varepsilon_k}{n_i}$	$M_0 \cdot 0{,}296\,\dfrac{1-0{,}625\,\varepsilon_i}{n_k}$
5	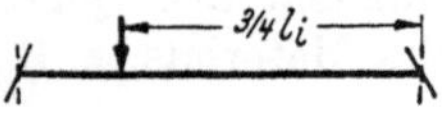 $\tfrac{3}{4}l_i$	$M_0 \cdot 0{,}328\,\dfrac{1-0{,}357\,\varepsilon_k}{n_i}$	$M_0 \cdot 0{,}234\,\dfrac{1-0{,}70\,\varepsilon_i}{n_k}$
6	 $x \quad x$	$M_0(c_1+c_2)\,\dfrac{1-0{,}5\,\varepsilon_k}{n_i}$	$M_0(c_1+c_2)\,\dfrac{1-0{,}5\,\varepsilon_i}{n_k}$
7	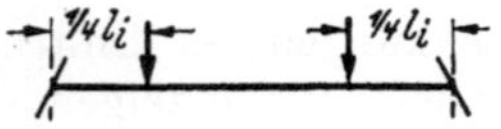 $\tfrac{1}{4}l_i \quad \tfrac{1}{4}l_i$	$M_0 \cdot 0{,}5625\,\dfrac{1-0{,}5\,\varepsilon_k}{n_i}$	$M_0 \cdot 0{,}5625\,\dfrac{1-0{,}5\,\varepsilon_i}{n_k}$
8	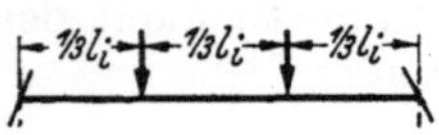 $\tfrac{1}{3}l_i\ \tfrac{1}{3}l_i\ \tfrac{1}{3}l_i$	$M_0 \cdot 0{,}667\,\dfrac{1-0{,}5\,\varepsilon_k}{n_i}$	$M_0 \cdot 0{,}667\,\dfrac{1-0{,}5\,\varepsilon_i}{n_k}$
9	 $\tfrac{1}{4}l_i\ \tfrac{1}{4}l_i\ \tfrac{1}{4}l_i\ \tfrac{1}{4}l_i$	$M_0 \cdot 0{,}9375\,\dfrac{1-0{,}5\,\varepsilon_k}{n_i}$	$M_0 \cdot 0{,}9375\,\dfrac{1-0{,}5\,\varepsilon_i}{n_k}$

Anmerkung: Die Werte M_i und M_k sind hier in folgender Form geschrieben [vgl. Gl. (16), S. 29]:

$$M_i = M_0\,c_1\,\frac{1-\dfrac{1}{2}\dfrac{c_2}{c_1}\,\varepsilon_k}{n_i}\,; \qquad M_k = M_0\,c_2\,\frac{1-\dfrac{1}{2}\dfrac{c_1}{c_2}\,\varepsilon_i}{n_k}\,.$$

---

* Die Berechnung der Zahlenkoeffizienten s. S. 98.

Tabelle 10.

Gleichungen für die Einspannmomente M_i und M_k bei Sonderbelastungsfällen.

II. Gleichmäßig verteilte Belastung p. $M_0 = - \dfrac{p\, l_i^2}{8}$.

	Belastung	M_i	M_k
1		$M_i = M_0 \cdot 0{,}121 \dfrac{1 - 0{,}79\,\varepsilon_k}{n_i}$	$M_k = M_0 \cdot 0{,}191 \dfrac{1 - 0{,}316\,\varepsilon_i}{n_k}$
2		$M_0 \cdot 0{,}210 \dfrac{1 - 0{,}735\,\varepsilon_k}{n_i}$	$M_0 \cdot 0{,}309 \dfrac{1 - 0{,}34\,\varepsilon_i}{n_k}$
3		$M_0 \cdot 0{,}4375 \dfrac{1 - 0{,}643\,\varepsilon_k}{n_i}$	$M_0 \cdot 0{,}5625 \dfrac{1 - 0{,}389\,\varepsilon_i}{n_k}$
4		$M_0 \cdot 0{,}691 \dfrac{1 - 0{,}571\,\varepsilon_k}{n_i}$	$M_0 \cdot 0{,}790 \dfrac{1 - 0{,}44\,\varepsilon_i}{n_k}$
5		$M_0 \cdot 0{,}809 \dfrac{1 - 0{,}543\,\varepsilon_k}{n_i}$	$M_0 \cdot 0{,}879 \dfrac{1 - 0{,}460\,\varepsilon_i}{n_k}$
6		$M_0 \dfrac{1 - 0{,}5\,\varepsilon_k}{n_i}$	$M_0 \dfrac{1 - 0{,}5\,\varepsilon_i}{n_k}$
7		$M_0\,(k_1 + k_2) \dfrac{1 - 0{,}5\,\varepsilon_k}{n_i}$	$M_0\,(k_1 + k_2) \dfrac{1 - 0{,}5\,\varepsilon_i}{n_k}$

Tabelle 10. (Fortsetzung.)

	Belastung	M_i	M_k
8		$M_i = M_0 \cdot 0{,}312 \dfrac{1-0{,}5\,\varepsilon_k}{n_i}$	$M_k = M_0 \cdot 0{,}312 \dfrac{1-0{,}5\,\varepsilon_i}{n_k}$
9	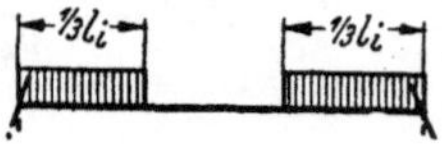	$M_0 \cdot 0{,}519 \dfrac{1-0{,}5\,\varepsilon_k}{n_i}$	$M_0 \cdot 0{,}519 \dfrac{1-0{,}5\,\varepsilon_i}{n_k}$
10	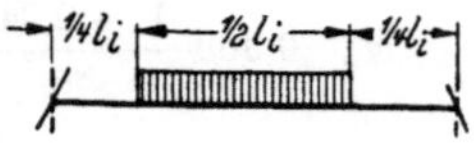	$M_0 \cdot 0{,}688 \dfrac{1-0{,}5\,\varepsilon_k}{n_i}$	$M_0 \cdot 0{,}688 \dfrac{1-0{,}5\,\varepsilon_i}{n_k}$
11	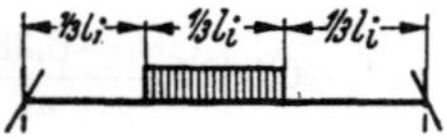	$M_0 \cdot 0{,}481 \dfrac{1-0{,}5\,\varepsilon_k}{n_i}$	$M_0 \cdot 0{,}481 \dfrac{1-0{,}5\,\varepsilon_i}{n_k}$
12	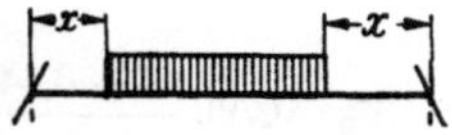	$M_0[1-(k_1+k_2)] \dfrac{1-0{,}5\,\varepsilon_k}{n_i}$	$M_0[1-(k_1+k_2)] \dfrac{1-0{,}5\,\varepsilon_i}{n_k}$
13	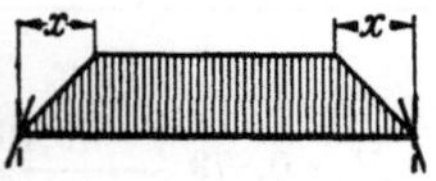	$M_0\, u\, \dfrac{1-0{,}5\,\varepsilon_k}{n_i}$	$M_0\, u\, \dfrac{1-0{,}5\,\varepsilon_i}{n_k}$

Werte k vgl. Tab. 15, S. 99.
Werte u vgl. Tab. 18, S. 102.

Tabelle 11.
Gleichungen für die Einspannmomente M_i und M_k bei Sonderbelastungsfällen.
III. Dreieckförmig verteilte Belastungen.

$$M_0 = -\frac{p\,l_i^2}{12}.$$

	Belastungsfall	M_i	M_k
1	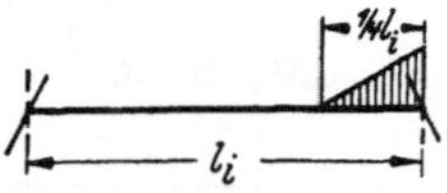 $\tfrac{1}{4}l_i$; l_i	$M_i = M_0 \cdot 0{,}0613\,\dfrac{1 - 0{,}838\,\varepsilon_k}{n_i}$	$M_k = M_0 \cdot 0{,}1027\,\dfrac{1 - 0{,}298\,\varepsilon_i}{n_k}$
2	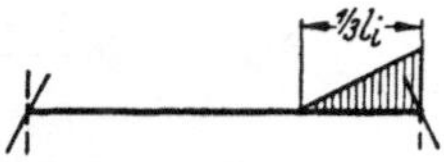 $\tfrac{1}{3}l_i$	$M_0 \cdot 0{,}1074\,\dfrac{1 - 0{,}793\,\varepsilon_k}{n_i}$	$M_0 \cdot 0{,}1704\,\dfrac{1 - 0{,}315\,\varepsilon_i}{n_k}$
3	 $\tfrac{1}{2}l_i$	$M_0 \cdot 0{,}2313\,\dfrac{1 - 0{,}716\,\varepsilon_k}{n_i}$	$M_0 \cdot 0{,}3313\,\dfrac{1 - 0{,}394\,\varepsilon_i}{n_k}$
4	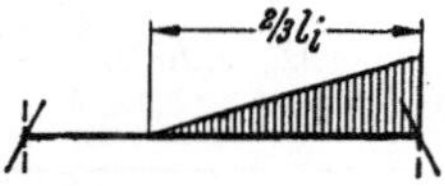 $\tfrac{2}{3}l_i$	$M_0 \cdot 0{,}3852\,\dfrac{1 - 0{,}654\,\varepsilon_k}{n_i}$	$M_0 \cdot 0{,}5037\,\dfrac{1 - 0{,}382\,\varepsilon_i}{n_k}$
5	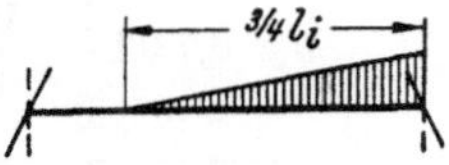 $\tfrac{3}{4}l_i$	$M_0 \cdot 0{,}4676\,\dfrac{1 - 0{,}628\,\varepsilon_k}{n_i}$	$M_0 \cdot 0{,}5871\,\dfrac{1 - 0{,}392\,\varepsilon_i}{n_k}$
6	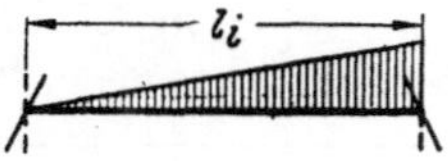 l_i	$M_0 \cdot 0{,}700\,\dfrac{1 - 0{,}571\,\varepsilon_k}{n_i}$	$M_0 \cdot 0{,}800\,\dfrac{1 - 0{,}4375\,\varepsilon_i}{n_k}$
7	 x ; x	$M_0(r_1 + r_2)\,\dfrac{1 - 0{,}5\,\varepsilon_k}{n_i}$	$M_0(r_1 + r_2)\,\dfrac{1 - 0{,}5\,\varepsilon_i}{n_k}$
8	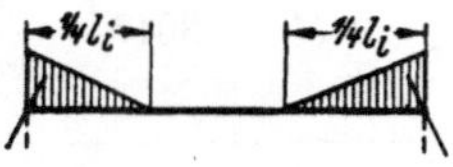 $\tfrac{1}{4}l_i$; $\tfrac{1}{4}l_i$	$M_0 \cdot 0{,}165\,\dfrac{1 - 0{,}5\,\varepsilon_k}{n_i}$	$M_0 \cdot 0{,}165\,\dfrac{1 - 0{,}5\,\varepsilon_i}{n_k}$
9	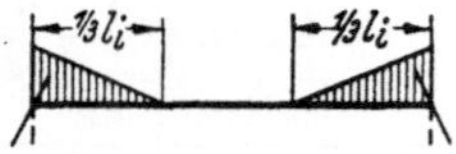 $\tfrac{1}{3}l_i$; $\tfrac{1}{3}l_i$	$M_0 \cdot 0{,}2778\,\dfrac{1 - 0{,}5\,\varepsilon_k}{n_i}$	$M_0 \cdot 0{,}2778\,\dfrac{1 - 0{,}5\,\varepsilon_i}{n_k}$
10	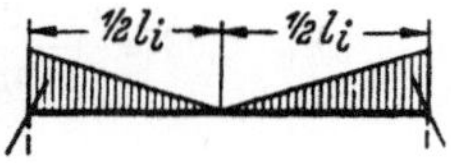 $\tfrac{1}{2}l_i$; $\tfrac{1}{2}l_i$	$M_0 \cdot 0{,}5626\,\dfrac{1 - 0{,}5\,\varepsilon_k}{n_i}$	$M_0 \cdot 0{,}5626\,\dfrac{1 - 0{,}5\,\varepsilon_i}{n_k}$

Werte r vgl. Tab. 16, S. 100.

Tabelle 12.
Gleichungen für die Einspannmomente M_i und M_k bei Sonderbelastungsfällen.
IV. Dreieckförmig verteilte Belastungen.

$$M_0 = - \frac{p\, l_i^2}{12}.$$

	Belastung	M_i	M_k
1		$M_i = M_0 \cdot 0{,}1203\, \dfrac{1 - 0{,}766\,\varepsilon_k}{n_i}$	$M_k = M_0 \cdot 0{,}1844\, \dfrac{1 - 0{,}326\,\varepsilon_i}{n_k}$
2		$M_0 \cdot 0{,}2074\, \dfrac{1 - 0{,}705\,\varepsilon_k}{n_i}$	$M_0 \cdot 0{,}2926\, \dfrac{1 - 0{,}354\,\varepsilon_i}{n_k}$
3		$M_0 \cdot 0{,}4250\, \dfrac{1 - 0{,}603\,\varepsilon_k}{n_i}$	$M_0 \cdot 0{,}5125\, \dfrac{1 - 0{,}415\,\varepsilon_i}{n_k}$
4		$M_0 \cdot 0{,}6520\, \dfrac{1 - 0{,}522\,\varepsilon_k}{n_i}$	$M_0 \cdot 0{,}6815\, \dfrac{1 - 0{,}478\,\varepsilon_i}{n_k}$
5		$M_0 \cdot 0{,}7453\, \dfrac{1 - 0{,}490\,\varepsilon_k}{n_i}$	$M_0 \cdot 0{,}7311\, \dfrac{1 - 0{,}509\,\varepsilon_i}{n_k}$
6		$M_0 \cdot 0{,}800\, \dfrac{1 - 0{,}44\,\varepsilon_k}{n_i}$	$M_0 \cdot 0{,}700\, \dfrac{1 - 0{,}571\,\varepsilon_i}{n_k}$
7		$M_0\,(t_1 + t_2)\, \dfrac{1 - 0{,}5\,\varepsilon_k}{n_i}$	$M_0\,(t_1 + t_2)\, \dfrac{1 - 0{,}5\,\varepsilon_i}{n_k}$
8		$M_0 \cdot 0{,}3047\, \dfrac{1 - 0{,}5\,\varepsilon_k}{n_i}$	$M_0 \cdot 0{,}3047\, \dfrac{1 - 0{,}5\,\varepsilon_i}{n_k}$
9		$M_0 \cdot 0{,}500\, \dfrac{1 - 0{,}5\,\varepsilon_k}{n_i}$	$M_0 \cdot 0{,}500\, \dfrac{1 - 0{,}5\,\varepsilon_i}{n_k}$
10		$M_0 \cdot 0{,}9374\, \dfrac{1 - 0{,}5\,\varepsilon_k}{n_i}$	$M_0 \cdot 0{,}9374\, \dfrac{1 - 0{,}5\,\varepsilon_i}{n_k}$

Werte t vgl. Tab. 17, S. 101.

Tabelle 13.

Gleichungen für die Einspannmomente M_i und M_k bei Sonderbelastungsfällen.

V. Belastung durch ein äußeres Moment M.

	Belastung	M_i	M_k
1		$M_i = -\dfrac{M}{2}\,1{,}0\,\dfrac{1-1\,\varepsilon_k}{n_i}$	$M_k = -\dfrac{M}{2}\,2{,}0\,\dfrac{1-0{,}25\,\varepsilon_i}{n_k}$
2		$-\dfrac{M}{2}\,0{,}813\,\dfrac{1-0{,}423\,\varepsilon_k}{n_i}$	$-\dfrac{M}{2}\,0{,}688\,\dfrac{1-0{,}591\,\varepsilon_i}{n_k}$
3		$-\dfrac{M}{2}\,0{,}667\,\dfrac{1-0{,}25\,\varepsilon_k}{n_i}$	$-\dfrac{M}{2}\,0{,}333\,\dfrac{1-1{,}0\,\varepsilon_i}{n_k}$
4		$-\dfrac{M}{2}\,0{,}250\,\dfrac{1+0{,}5\,\varepsilon_k}{n_i}$	$+\dfrac{M}{2}\,0{,}250\,\dfrac{1+0{,}5\,\varepsilon_i}{n_k}$
5	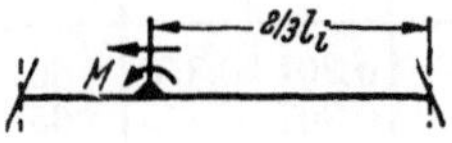	$+\dfrac{M}{2}\,0{,}333\,\dfrac{1-1{,}0\,\varepsilon_k}{n_i}$	$+\dfrac{M}{2}\,0{,}667\,\dfrac{1-0{,}25\,\varepsilon_i}{n_k}$
6	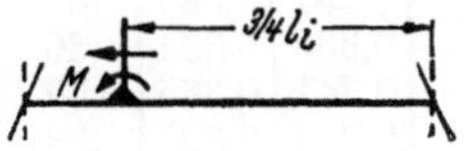	$+\dfrac{M}{2}\,0{,}688\,\dfrac{1-0{,}591\,\varepsilon_k}{n_i}$	$+\dfrac{M}{2}\,0{,}813\,\dfrac{1-0{,}423\,\varepsilon_i}{n_k}$
7		$+\dfrac{M}{2}\,2{,}0\,\dfrac{1-0{,}25\,\varepsilon_k}{n_i}$	$+\dfrac{M}{2}\,1{,}0\,\dfrac{1-1{,}0\,\varepsilon_i}{n_k}$

c) Tabellen der Koeffizienten c, k, r, t, u, s.

Auf den folgenden Seiten sind die Zahlenwerte der Koeffizienten c, k, r, t, u, s angegeben, und zwar für die Abstandsverhältnisse $^1/_{100}$ bis $^{100}/_{100}$.

Die Werte c_1 und c_2 sind spiegelbildlich gleich, d. h. z. B. c_1 für $^{32}/_{100}$ ist gleich c_2 für $^{68}/_{100}$ und umgekehrt. Dasselbe gilt für die Werte s_1 und s_2 in der letzten Tabelle. — Deshalb genügt in diesen beiden Tabellen die Angabe der Werte c_1 und c_2 bzw. s_1 und s_2 für Werte von $^1/_{100}$ bis $^{50}/_{100}$ bzw. $^{50}/_{100}$ bis $^{100}/_{100}$.

Es erscheint für unsere Aufgaben der Statik der Baukonstruktionen ausreichend, die Zahlenwerte auf drei Dezimalen zu beschränken. Die Genauigkeit weiterzutreiben, wäre im Hinblick auf die Zahlenverhältnisse unserer Rechnungen zwecklos.

Tabelle 14.

Belastungsfall

$$c_1 = \frac{x}{l}\left[1 - \left(\frac{x}{l}\right)^2\right],$$

$$c_2 = \frac{x}{l}\left(1 - \frac{x}{l}\right)\left(2 - \frac{x}{l}\right).$$

$100\frac{x}{l}$	c_1	c_2		$100\frac{x}{l}$	c_1	c_2		$100\frac{x}{l}$	c_1	c_2	
0	0	0	100	17	0,165	0,258	83	34	0,301	0,373	66
1	0,01	0,02	99	18	0,174	0,269	82	35	0,307	0,375	65
2	0,02	0,039	98	19	0,183	0,279	81	36	0,313	0,378	64
3	0,03	0,057	97	20	0,192	0,288	80	37	0,319	0,380	63
4	0,04	0,075	96	21	0,201	0,297	79	38	0,325	0,382	62
5	0,05	0,093	95	22	0,209	0,305	78	39	0,331	0,383	61
6	0,06	0,109	94	23	0,218	0,313	77	40	0,336	0,384	60
7	0,07	0,126	93	24	0,226	0,321	76	41	0,341	0,385	59
8	0,079	0,141	92	25	0,234	0,328	75	42	0,346	0,385	58
9	0,089	0,156	91	26	0,242	0,335	74	43	0,350	0,385	57
10	0,099	0,171	90	27	0,250	0,341	73	44	0,355	0,385	56
11	0,109	0,185	89	28	0,258	0,347	72	45	0,359	0,384	55
12	0,118	0,199	88	29	0,266	0,352	71	46	0,363	0,383	54
13	0,128	0,211	87	30	0,273	0,357	70	47	0,366	0,381	53
14	0,137	0,224	86	31	0,280	0,361	69	48	0,369	0,379	52
15	0,147	0,236	85	32	0,287	0,366	68	49	0,372	0,377	51
16	0,156	0,247	84	33	0,294	0,369	67	50	0,375	0,375	50
	c_2	c_1	$100\frac{x}{l}$		c_2	c_1	$100\frac{x}{l}$		c_2	c_1	$100\frac{x}{l}$

Tabelle 15.

Belastungsfall

$$k_1 = \left(\frac{x}{l}\right)^2 \left[2 - \left(\frac{x}{l}\right)^2\right],$$

$$k_2 = \left(\frac{x}{l}\right)^2 \left[2 - \frac{x}{l}\right]^2.$$

$100\frac{x}{l}$	k_1	k_2	$100\frac{x}{l}$	k_1	k_2	$100\frac{x}{l}$	k_1	k_2
0	0	0	34	0,218	0,319	68	0,711	0,806
1	0,0002	0,0004	35	0,230	0,334	69	0,726	0,817
2	0,001	0,002	36	0,242	0,349	70	0,740	0,828
3	0,002	0,003	37	0,255	0,364	71	0,754	0,839
4	0,003	0,006	38	0,268	0,379	72	0,768	0,849
5	0,005	0,010	39	0,281	0,394	73	0,782	0,860
6	0,007	0,014	40	0,294	0,410	74	0,795	0,869
7	0,010	0,018	41	0,308	0,425	75	0,809	0,879
8	0,013	0,024	42	0,322	0,440	76	0,822	0,888
9	0,016	0,030	43	0,336	0,456	77	0,834	0,897
10	0,020	0,036	44	0,350	0,471	78	0,847	0,906
11	0,024	0,043	45	0,364	0,487	79	0,859	0,914
12	0,029	0,050	46	0,378	0,502	80	0,870	0,922
13	0,034	0,059	47	0,393	0,517	81	0,882	0,929
14	0,039	0,068	48	0,408	0,532	82	0,893	0,936
15	0,044	0,077	49	0,423	0,547	83	0,903	0,943
16	0,051	0,087	50	0,438	0,563	84	0,913	0,949
17	0,057	0,097	51	0,453	0,577	85	0,923	0,956
18	0,064	0,107	52	0,468	0,592	86	0,932	0,961
19	0,071	0,118	53	0,483	0,607	87	0,941	0,966
20	0,078	0,130	54	0,498	0,622	88	0,949	0,971
21	0,086	0,141	55	0,513	0,636	89	0,957	0,976
22	0,094	0,153	56	0,529	0,650	90	0,964	0,980
23	0,103	0,166	57	0,544	0,664	91	0,971	0,984
24	0,112	0,178	58	0,560	0,678	92	0,976	0,987
25	0,121	0,191	59	0,575	0,692	93	0,902	0,990
26	0,131	0,205	60	0,590	0,706	94	0,986	0,993
27	0,140	0,218	61	0,606	0,719	95	0,990	0,995
28	0,151	0,232	62	0,621	0,732	96	0,994	0,997
29	0,161	0,246	63	0,636	0,745	97	0,997	0,998
30	0,172	0,260	64	0,651	0,758	98	0,998	0,999
31	0,183	0,274	65	0,666	0,770	99	0,999	0,999
32	0,194	0,289	66	0,681	0,782	100	1,000	1,000
33	0,206	0,304	67	0,696	0,794			

Tabelle 16.

Belastungsfall

$$r_1 = \left(\frac{x}{l}\right)^2 \left[1 - \frac{3}{10}\left(\frac{x}{l}\right)^2\right],$$

$$r_2 = \left(\frac{x}{l}\right)^2 \left[2 - \frac{3}{2}\frac{x}{l} + \frac{3}{10}\left(\frac{x}{l}\right)^2\right].$$

$100\frac{x}{l}$	r_1	r_2	$100\frac{x}{l}$	r_1	r_2	$100\frac{x}{l}$	r_1	r_2
1	0,0001	0,0002	35	0,1180	0,1852	69	0,4081	0,5274
2	0,0004	0,0008	36	0,1246	0,1943	70	0,4180	0,5375
3	0,0009	0,0018	37	0,1313	0,2034	71	0,4279	0,5476
4	0,0016	0,0031	38	0,1381	0,2127	72	0,4378	0,5575
5	0,0025	0,0048	39	0,1452	0,2222	73	0,4477	0,5675
6	0,0036	0,0069	40	0,1523	0,2317	74	0,4576	0,5773
7	0,0049	0,0093	41	0,1596	0,2413	75	0,4676	0,5871
8	0,0064	0,0120	42	0,1671	0,2510	76	0,4775	0,5968
9	0,0081	0,0151	43	0,1746	0,2608	77	0,4874	0,6065
10	0,0100	0,0185	44	0,1824	0,2707	78	0,4974	0,6160
11	0,0121	0,0223	45	0,1902	0,2806	79	0,5072	0,6255
12	0,0143	0,0263	46	0,1982	0,2906	80	0,5171	0,6349
13	0,0168	0,0306	47	0,2063	0,3007	81	0,5270	0,6442
14	0,0195	0,0352	48	0,2145	0,3108	82	0,5368	0,6534
15	0,0223	0,0401	49	0,2228	0,3210	83	0,5465	0,6625
16	0,0254	0,0453	50	0,2313	0,3313	84	0,5562	0,6715
17	0,0286	0,0507	51	0,2398	0,3415	85	0,5659	0,6804
18	0,0321	0,0564	52	0,2485	0,3518	86	0,5755	0,6892
19	0,0357	0,0623	53	0,2572	0,3622	87	0,5850	0,6979
20	0,0395	0,0685	54	0,2661	0,3725	88	0,5945	0,7065
21	0,0435	0,0749	55	0,2750	0,3829	89	0,6039	0,7150
22	0,0477	0,0815	56	0,2841	0,3933	90	0,6132	0,7233
23	0,0521	0,0884	57	0,2932	0,4037	91	0,6224	0,7316
24	0,0566	0,0955	58	0,3025	0,4141	92	0,6315	0,7397
25	0,0613	0,1027	59	0,3117	0,4245	93	0,6405	0,7477
26	0,0662	0,1102	60	0,3211	0,4349	94	0,6494	0,7555
27	0,0713	0,1179	61	0,3306	0,4453	95	0,6581	0,7633
28	0,0766	0,1257	62	0,3401	0,4556	96	0,6668	0,7709
29	0,0820	0,1337	63	0,3496	0,4660	97	0,6753	0,7784
30	0,0876	0,1419	64	0,3593	0,4763	98	0,6837	0,7857
31	0,0933	0,1503	65	0,3689	0,4866	99	0,6919	0,7929
32	0,0993	0,1588	66	0,3787	0,4969	100	0,7000	0,8000
33	0,1053	0,1675	67	0,3884	0,5071			
34	0,1116	0,1763	68	0,3983	0,5173			

Tabelle 17.

Belastungsfall

$$t_1 = \left(\frac{x}{l}\right)^2 \left[2 - \frac{6}{5}\left(\frac{x}{l}\right)^2\right],$$

$$t_2 = \left(\frac{x}{l}\right)^2 \left[4 - \frac{9}{2}\frac{x}{l} + \frac{6}{5}\left(\frac{x}{l}\right)^2\right].$$

$100\,\frac{x}{l}$	t_1	t_2	$100\,\frac{x}{l}$	t_1	t_2	$100\,\frac{x}{l}$	t_1	t_2
1	0,0002	0,0004	35	0,2270	0,3151	69	0,6802	0,6981
2	0,0008	0,0016	36	0,2390	0,3286	70	0,6919	0,7046
3	0,0018	0,0035	37	0,2513	0,3422	71	0,7033	0,7107
4	0,0032	0,0061	38	0,2638	0,3557	72	0,7143	0,7165
5	0,0050	0,0094	39	0,2764	0,3692	73	0,7250	0,7218
6	0,0072	0,0134	40	0,2893	0,3827	74	0,7354	0,7267
7	0,0098	0,0181	41	0,3023	0,3962	75	0,7453	0,7313
8	0,0128	0,0233	42	0,3155	0,4095	76	0,7549	0,7354
9	0,0161	0,0292	43	0,3288	0,4228	77	0,7640	0,7390
10	0,0199	0,0356	44	0,3422	0,4360	78	0,7726	0,7423
11	0,0240	0,0426	45	0,3558	0,4492	79	0,7808	0,7451
12	0,0286	0,0501	46	0,3695	0,4621	80	0,7885	0,7475
13	0,0335	0,0581	47	0,3832	0,4750	81	0,7956	0,7495
14	0,0387	0,0665	48	0,3971	0,4876	82	0,8023	0,7510
15	0,0444	0,0754	49	0,4110	0,5002	83	0,8083	0,7521
16	0,0504	0,0848	50	0,4250	0,5125	84	0,8138	0,7527
17	0,0568	0,0945	51	0,4390	0,5247	85	0,8186	0,7528
18	0,0635	0,1046	52	0,4531	0,5366	86	0,8228	0,7526
19	0,0706	0,1151	53	0,4671	0,5483	87	0,8263	0,7518
20	0,0781	0,1259	54	0,4812	0,5598	89	0,8292	0,7506
21	0,0859	0,1371	55	0,4952	0,5711	84	0,8313	0,7489
22	0,0940	0,1485	56	0,5092	0,5821	90	0,8327	0,7468
23	0,1024	0,1602	57	0,5231	0,5929	91	0,8333	0,7442
24	0,1112	0,1722	58	0,5370	0,6034	92	0,8331	0,7412
25	0,1203	0,1844	59	0,5508	0,6136	93	0,8321	0,7377
26	0,1297	0,1968	60	0,5645	0,6235	94	0,8303	0,7337
27	0,1394	0,2094	61	0,5780	0,6331	95	0,8276	0,7292
28	0,1494	0,2222	62	0,5915	0,6424	96	0,8240	0,7243
29	0,1597	0,2351	63	0,6048	0,6514	97	0,8194	0,7189
30	0,1703	0,2482	64	0,6179	0,6601	98	0,8140	0,7131
31	0,1811	0,2614	65	0,6308	0,6684	99	0,8075	0,7068
32	0,1922	0,2747	66	0,6435	0,6764	100	0,8000	0,7000
33	0,2036	0,2881	67	0,6560	0,6840			
34	0,2152	0,3016	68	0,6682	0,6912			

Tabelle 18.

Belastungsfall 

$$u = \left[1 - \left(\frac{x}{l}\right)^2 \left(2 - \frac{x}{l}\right)\right].$$

$100\frac{x}{l}$	u	$100\frac{x}{l}$	u	$100\frac{x}{l}$	u	$100\frac{x}{l}$	u
0	1,000	13	0,968	26	0,882	39	0,755
1	0,9998	14	0,964	27	0,874	40	0,744
2	0,999	15	0,958	28	0,865	41	0,733
3	0,998	16	0,953	29	0,856	42	0,721
4	0,997	17	0,947	30	0,847	43	0,710
5	0,995	18	0,941	31	0,838	44	0,698
6	0,993	19	0,935	32	0,828	45	0,686
7	0,991	20	0,928	33	0,818	46	0,674
8	0,988	21	0,921	34	0,808	47	0,662
9	0,985	22	0,914	35	0,798	48	0,650
10	0,981	23	0,906	36	0,788	49	0,637
11	0,977	24	0,899	37	0,777	50	0,625
12	0,973	25	0,891	38	0,766		

Tabelle 19.

Belastungsfall

$$s_1 = 1 - 3\left(\frac{x}{l}\right)^2$$

$$s_2 = 1 - 3\left(1 - \frac{x}{l}\right)^2.$$

$100\frac{x}{l}$	s_1	s_2		$100\frac{x}{l}$	s_1	s_2		$100\frac{x}{l}$	s_1	s_2	
0	1,0	−2,0	100	17	0,913	−1,067	83	34	0,653	−0,307	66
1	0,9997	−1,940	99	18	0,903	−1,017	82	35	0,633	−0,268	65
2	0,9988	−1,881	98	19	0,892	−0,968	81	36	0,611	−0,229	64
3	0,997	−1,823	97	20	0,880	−0,920	80	37	0,589	−0,191	63
4	0,995	−1,765	96	21	0,868	−0,872	79	38	0,567	−0,153	62
5	0,993	−1,708	95	22	0,855	−0,825	78	39	0,544	−0,116	61
6	0,989	−1,651	94	23	0,841	−0,779	77	40	0,520	−0,080	60
7	0,986	−1,595	93	24	0,827	−0,733	76	41	0,496	−0,044	59
8	0,981	−1,539	92	25	0,813	−0,688	75	42	0,471	−0,009	58
9	0,976	−1,484	91	26	0,797	−0,643	74	43	0,445	+0,025	57
10	0,970	−1,430	90	27	0,781	−0,599	73	44	0,419	+0,059	56
11	0,964	−1,376	89	28	0,765	−0,555	72	45	0,393	+0,093	55
12	0,957	−1,323	88	29	0,748	−0,512	71	46	0,365	+0,125	54
13	0,949	−1,271	87	30	0,730	−0,470	70	47	0,337	+0,157	53
14	0,941	−1,219	86	31	0,712	−0,428	69	48	0,309	+0,189	52
15	0,933	−1,168	85	32	0,693	−0,387	68	49	0,280	+0,220	51
16	0,923	−1,117	84	33	0,673	−0,347	67	50	0,250	+0,250	50
	s_1	s_2	$100\frac{x}{l}$		s_1	s_2	$100\frac{x}{l}$		s_1	s_2	$100\frac{x}{l}$

3. Bewegliche Belastung.

Einflußlinien der Einspannmomente M_i und M_k des beiderseits elastisch eingespannten Balkens.

a) Tabellen der Zählerwerte y. — Werte y für Einspanngrade $\varepsilon = 0$ bis 1.

Die Einspannmomente infolge einer im Abstande x vom rechten Auflager stehenden Last P (s. Abb. 45 a) berechnen sich nach der bereits angegebenen Gl. (16) (vgl. S. 29)

$$M_i = -\frac{P\,l_i}{2}\,\frac{y_i}{n_i} = -\frac{P\,l_i}{2}\,\frac{c_1 - \frac{1}{2}\varepsilon_k c_2}{n_i}\,;$$

$$M_k = -\frac{P\,l_i}{2}\,\frac{y_k}{n_k} = -\frac{P\,l_i}{2}\,\frac{c_2 - \frac{1}{2}\varepsilon_i c_1}{n_k}\,.$$

$$(16)$$

Die Nennerwerte n_i und n_k sind Konstante und durch die Einspanngrade ε_i und ε_k bestimmt.

Lediglich die „Belastungsglieder", d. h. die Werte y_i und y_k, sind von der Laststellung abhängig.

Es ist (vgl. S. 29)

$$y_i = c_1 - \tfrac{1}{2}\varepsilon_k c_2;$$

$$y_k = c_2 - \tfrac{1}{2}\varepsilon_i c_1;$$

$$c_1 = \frac{x}{l}\left[1 - \frac{x}{l}\right]\left[1 + \frac{x}{l}\right];$$

$$c_2 = \frac{x}{l}\left[1 - \frac{x}{l}\right]\left[2 - \frac{x}{l}\right].$$

Nach diesen Gleichungen sind die Werte y_i und y_k und damit die Einspannmomente M_i und M_k für eine beliebige Laststellung zu berechnen. Durch die Werte y_i und y_k ist also der Verlauf der Einflußlinien der Momente M_i und M_k gegeben, allerdings vorerst nur für die Öffnung l_i.

Tabelle 20.

Allgemeine Darstellung der Werte y_i und y_k als Funktion der Einspanngrade ε_i und ε_k.

$\dfrac{x}{l}$	$y_i = c_1 - \tfrac{1}{2}\varepsilon_k c_2$	$y_k = c_2 - \tfrac{1}{2}\varepsilon_i c_1$
$\tfrac{1}{10}$	$y_i = 0{,}099 - \varepsilon_k\,0{,}0855$	$y_k = 0{,}171 - \varepsilon_i\,0{,}0495$
$\tfrac{2}{10}$	$y_i = 0{,}192 - \varepsilon_k\,0{,}144$	$y_k = 0{,}288 - \varepsilon_i\,0{,}096$
$\tfrac{3}{10}$	$y_i = 0{,}273 - \varepsilon_k\,0{,}1775$	$y_k = 0{,}357 - \varepsilon_i\,0{,}1365$
$\tfrac{4}{10}$	$y_i = 0{,}336 - \varepsilon_k\,0{,}192$	$y_k = 0{,}384 - \varepsilon_i\,0{,}168$
$\tfrac{5}{10}$	$y_i = 0{,}375 - \varepsilon_k\,0{,}1875$	$y_k = 0{,}375 - \varepsilon_i\,0{,}1875$
$\tfrac{6}{10}$	$y_i = 0{,}384 - \varepsilon_k\,0{,}168$	$y_k = 0{,}336 - \varepsilon_i\,0{,}192$
$\tfrac{7}{10}$	$y_i = 0{,}357 - \varepsilon_k\,0{,}1365$	$y_k = 0{,}273 - \varepsilon_i\,0{,}1775$
$\tfrac{8}{10}$	$y_i = 0{,}288 - \varepsilon_k\,0{,}096$	$y_k = 0{,}192 - \varepsilon_i\,0{,}144$
$\tfrac{9}{10}$	$y_i = 0{,}171 - \varepsilon_k\,0{,}0495$	$y_k = 0{,}099 - \varepsilon_i\,0{,}0855$

Um den *Verlauf der Einflußlinien* darzustellen, geben wir die Ordinaten in den Punkten $\dfrac{x}{l} = \dfrac{1}{10},\ \dfrac{2}{10},\ \dots,\dfrac{9}{10}$ an. Die für diese Punkte geltenden Werte c_1 und c_2 sind aus der Tab. 14, S. 98, zu entnehmen. Damit berechnen sich für einen bestimmten Wert ε_k bzw. ε_i die entsprechenden Werte y_i und y_k nach vorstehender Gleichung (16) gemäß Tab. 20.

Tabelle 21a. *Einflußlinien des Einspannmomentes* M_i.
Tabelle der Ordinaten y_i *für Einspanngrade* ε_k *von 0 bis 1.*

$$M_i = M_0 \frac{y_i}{n_i}, \qquad y_i = c_1 - \frac{1}{2}\varepsilon_k c_2.$$

ε_k	y_9 $\frac{9}{10}$	y_8 $\frac{8}{10}$	y_7 $\frac{7}{10}$	y_6 $\frac{6}{10}$	y_5 $\frac{5}{10}$	y_4 $\frac{4}{10}$	y_3 $\frac{3}{10}$	y_2 $\frac{2}{10}$	y_1 $\frac{1}{10}$	$-\frac{x}{l}$
1	0,1215	0,1920	0,2205	0,2160	0,1875	0,1440	0,0945	0,0480	0,0135	1
0,90	0,1265	0,2016	0,2342	0,2328	0,2063	0,1632	0,1124	0,0624	0,0221	0,90
0,80	0,1315	0,2110	0,2478	0,2495	0,2250	0,1825	0,1300	0,0770	0,0305	0,80
0,70	0,1365	0,2210	0,2615	0,2665	0,2438	0,2015	0,1480	0,0910	0,0390	0,70
0,60	0,1413	0,2304	0,2751	0,2832	0,2625	0,2208	0,1659	0,1056	0,0477	0,60
0,50	0,1463	0,2400	0,2888	0,3000	0,2813	0,2400	0,1838	0,1200	0,0563	0,50
0,40	0,1512	0,2496	0,3024	0,3168	0,3000	0,2592	0,2016	0,1344	0,0648	0,40
0,30	0,1562	0,2593	0,3161	0,3336	0,3188	0,2784	0,2195	0,1488	0,0734	0,30
0,20	0,1611	0,2688	0,3297	0,3504	0,3375	0,2976	0,2373	0,1632	0,0819	0,20
0,10	0,1661	0,2784	0,3434	0,3672	0,3563	0,3168	0,2552	0,1776	0,0905	0,10
0	0,1710	0,2880	0,3570	0,3840	0,3750	0,3360	0,2730	0,1920	0,0990	0

ε_k

Tabelle 21b. *Einflußlinien des Einspannmomentes* M_k.
Tabelle der Ordinaten y_k *für Einspanngrade* ε_i *von 0 bis 1.*

$$M_k = M_0 \frac{y_k}{n_k}, \qquad y_k = c_2 - \frac{1}{2}\varepsilon_i c_1.$$

ε_i	y_9 $\frac{9}{10}$	y_8 $\frac{8}{10}$	y_7 $\frac{7}{10}$	y_6 $\frac{6}{10}$	y_5 $\frac{5}{10}$	y_4 $\frac{4}{10}$	y_3 $\frac{3}{10}$	y_2 $\frac{2}{10}$	y_1 $\frac{1}{10}$	$-\frac{x}{l}$
1	0,0135	0,0480	0,0945	0,1440	0,1875	0,2160	0,2205	0,1920	0,1215	1
0,90	0,0221	0,0624	0,1124	0,1632	0,2063	0,2338	0,2342	0,2016	0,1265	0,90
0,80	0,0305	0,0770	0,1300	0,1825	0,2250	0,2495	0,2478	0,2110	0,1315	0,80
0,70	0,0390	0,0910	0,1480	0,2015	0,2438	0,2665	0,2615	0,2210	0,1365	0,70
0,60	0,0477	0,1056	0,1659	0,2208	0,2625	0,2832	0,2751	0,2304	0,1413	0,60
0,50	0,0563	0,1200	0,1838	0,2400	0,2813	0,3000	0,2888	0,2400	0,1463	0,50
0,40	0,0648	0,1344	0,2016	0,2592	0,3000	0,3168	0,3024	0,2496	0,1512	0,40
0,30	0,0734	0,1488	0,2195	0,2784	0,3188	0,3336	0,3161	0,2593	0,1562	0,30
0,20	0,0819	0,1632	0,2373	0,2976	0,3375	0,3504	0,3297	0,2688	0,1611	0,20
0,10	0,0905	0,1776	0,2552	0,3168	0,3563	0,3672	0,3434	0,2784	0,1661	0,10
0	0,0990	0,1920	0,2730	0,3360	0,3750	0,3840	0,3570	0,2880	0,1710	0

ε_i

Zahlenmäßige Darstellung der Werte y_i und y_k für die Werte der Einspanngrade $\varepsilon = 0$ bis 1.

a) **Zahlentafel**: In vorstehender Tab. 20 sind die Werte y_i und y_k in ihrer Abhängigkeit von den Einspanngraden ε_i und ε_k dargestellt. Einem bestimmten Wert ε_i bzw. ε_k entspricht eine bestimmte y_k- bzw. y_i-Linie.

Die Einspanngrade ε liegen zwischen 0 und 1. Es liegt daher nahe, für die einzelnen Werte $\varepsilon = 0$, $^1/_{10}$, $^2/_{10}$, ..., $^9/_{10}$, 1 die Werte y_i und y_k zusammenzustellen. Das ist in den vorstehenden Tab. 21a u. 21b geschehen.

Jede Horizontalreihe der Tab. 21a für y_i enthält die Ordinaten für einen bestimmten Einspanngrad ε_k zwischen 0 und 1. Für die 11 Werte 0, 1/10, 2/10, ..., 10/10 sind die jeweils geltenden Werte y_i angegeben.

Entsprechendes gilt für die Tab. 21b der y_k-Werte. Diese ist das Spiegelbild der Tabelle für y_i. Die y_k-Tabelle ist jedoch nochmals eigens angegeben, und zwar lediglich der besseren Übersicht halber.

b) Graphische Darstellung.

Anschließend sind die Zahlenwerte der Tabellen in den „Kurventafeln" 22a u. 22b graphisch aufgetragen. Die Endpunkte der Ordinaten ergeben je ein Polygon, das durch Einziehen der entsprechenden Kurve die y_i-Linie bzw. y_k-Linie ergibt.

Ergebnis: Die Werte y_i bzw. y_k, mit $M_0 = \dfrac{P l_i}{2}$ multipliziert und durch die Konstante n_i bzw. n_k dividiert, ergeben die Werte M_i und M_k, *d. h. die M_i- bzw. M_k-Linien sind gegeben durch die y_i- bzw. y_k-Linien. Multiplikator ist* $-\dfrac{P l_i}{2} \dfrac{1}{n_i}$ *bzw.* $-\dfrac{P l_i}{2} \dfrac{1}{n_k}$.

Erläuterungen zum Gebrauch der Tabellen und Kurventafeln für y_i und y_k.

Der Gebrauch der Tabellen ergibt sich aus ihrer Anordnung und den Bezeichnungen ohne weiteres.

Es sei z. B. eine Laststellung mit dem Abstandsverhältnis $\dfrac{x}{l} = 0{,}60$ gegeben.

Dann kommen für y_i die Zahlenwerte der Vertikalkolonne y_k in Frage. Ihr Wert schwankt zwischen 0,216 (für $\varepsilon_k = 1$, d. h. bei starrer Einspannung in k) und 0,384 (für $\varepsilon_k = 0$, d. h. bei gelenkiger Lagerung in k). Ist der Einspanngrad in k z. B. $\varepsilon_k = 0{,}50$ (halbstarre Einspannung), so liest man für y_i den Wert 0,30 ab.

Entsprechend gilt für den Wert y_k die Vertikalkolonne y_6 der y_k-Tabelle: die Werte schwanken, je nach der Größe der Einspannung ε_i im Punkte i, zwischen 0,144 (für $\varepsilon_i = 1$) und 0,336 (für $\varepsilon_i = 0$). Ist z. B. der Einspanngrad $\varepsilon_i = 0{,}80$, so ergibt sich $y_k = 0{,}1825$.

Zwischenwerte erhält man durch *Interpolation.* — Es sei beispielsweise im vorstehenden Beispiel $\left(\dfrac{x}{l} = 0{,}60\right)$ der Einspanngrad $\varepsilon_k = \frac{3}{4} = 0{,}75$; dann liegt der Zahlenwert von y_i in der Mitte zwischen 0,2495 und 0,2665, d. h. bei 0,258.

In entsprechender Weise wäre zu interpolieren, wenn $\frac{x}{l}$ zwischen zwei Zehntelteilen, also z. B. bei $\frac{x}{l} = 0{,}65$, liegen würde.

Die *Kurventafeln* 22a u. 22b für y_i und y_k geben zugleich auch die Möglichkeit, die Werte y direkt abzugreifen, wenigstens mit ausreichender Annäherung.

Tabelle 22a. *y_i-Kurven für Einspanngrade ε_k von 0 bis 1.*

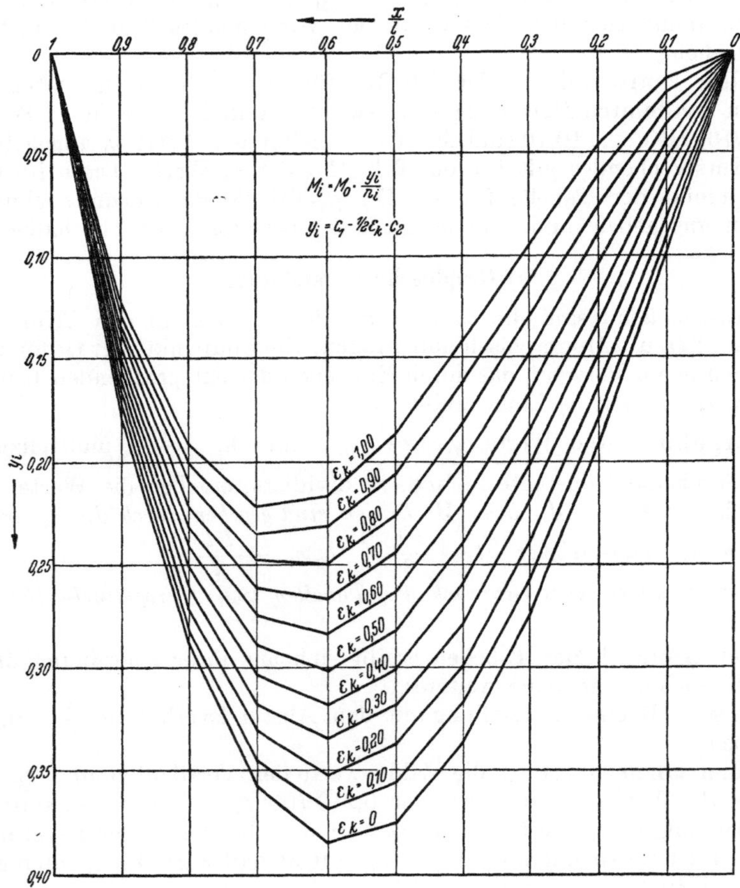

Für jeden Einspanngrad zwischen 0 und 1 (d. h. für die Werte 0, $^1/_{10}$, $^2/_{10}$ bis $^{10}/_{10}$) ist je eine y_i-Linie (bzw. y_k-Linie) aufgetragen. Die Abszissenachse $\frac{x}{l}$ ist in 10 gleiche Teile aufgeteilt. Der Maßstab der Werte y ist auf den Koordinatenachsen rechts eingetragen.

Die in obigem Zahlenbeispiel aus der Tabelle entnommenen Werte findet man in gleicher Weise in der Kurventafel; für $\frac{x}{l} = 0{,}60$ ist bei

$\varepsilon_k = 0{,}50$ der Wert y_i auf der für 0,50 geltenden Kurve (Polygon) mit 0,30 abzulesen.

In der Kurventafel y_k ist ein weiteres Zahlenbeispiel eingetragen. Für ein Abstandsverhältnis $\dfrac{x}{l} = 0{,}65$ findet man bei einem Einspanngrad $\varepsilon_i = 0{,}70$ den Wert $y_k = 0{,}175$ (s. Punkt a bzw. a'). Wäre $\varepsilon_i = 40$, so ergibt sich $y_k = \sim 0{,}23$ (s. Punkt b bzw. b').

Tabelle 22 b. *y_k-Kurven für Einspanngrade ε_i von 0 bis 1.*

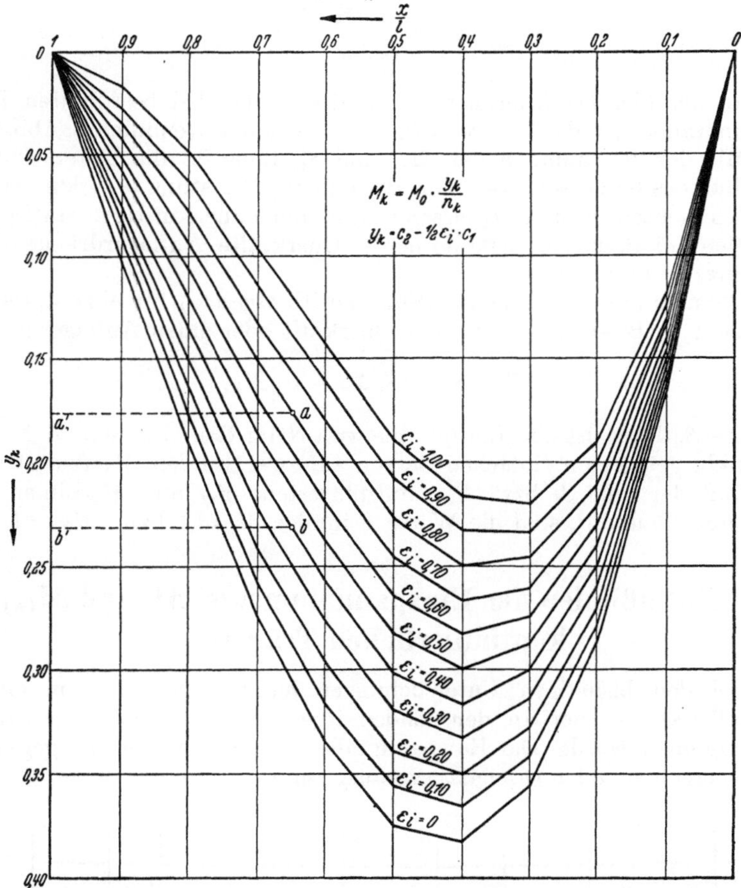

Die Zeichnung ermöglicht naturgemäß keine absolute Genauigkeit. So ergibt sich z. B. für das zuletzt erwähnte Zahlenbeispiel ($\varepsilon_i = 0{,}40$) nach der Tabelle der Wert $y_k = \tfrac{1}{2}\,(0{,}2016 + 0{,}2592) = 0{,}2309$ (statt 0,23).

Auf dem vorhin beschriebenen Wege sind die Einflußlinien der beiden Einspannmomente M_i und M_k einer Öffnung l_i zu bestimmen.

Die Einspanngrade ε_i und ε_k müssen vorher berechnet sein. Sie sind die notwendigen, aber auch ausreichenden Grundwerte zur Ermittlung der Einflußlinien der Einspannmomente M_i und M_k.

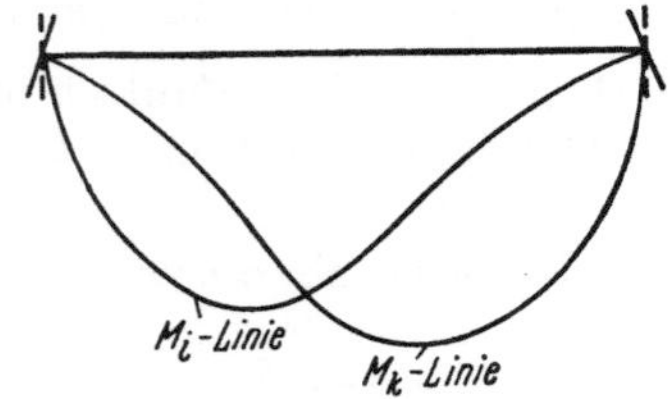

Abb. 51.

In der hier beschriebenen Weise findet man bei bestimmten Einspanngraden ε_i und ε_k für eine Öffnung l_i zwei Momentenlinien (s. Abb. 51).

Mit der Bestimmung der M_i- und M_k-Linie ist die Untersuchung des Balkens l_i abgeschlossen. Aus der äußeren Belastung und den beiden Endmomenten M_i und M_k lassen sich nämlich alle sonstigen statischen Größen am Balken l_i, z. B. Momente, Querkräfte, Auflagerdrücke ohne weiteres bestimmen.

Denn es gilt die Gleichung (Superpositionsgesetz) für eine statische Größe S, z. B. ein Moment, eine Querkraft oder einen Auflagerdruck:

$$S = S_0 + S_i\, M_i + S_k\, M_k.$$

Die S_0-Linie ist die Einflußlinie von S im Grundsystem, d. h. im gelenkig gelagerten einfachen Balken auf zwei Stützen. Hierzu ist der Einfluß der (mit S_i bzw. S_k multiplizierten) M_i- und M_k-Linien zu addieren. S_i und S_k sind die Werte S infolge $M_i = 1$ bzw. $M_k = 1$.

III. Einflußlinien der Einspannmomente M_i und $M_{(k)}$ in kontinuierlichen Trägern.

Bei den bisherigen Untersuchungen handelte es sich um einen Einzelbalken l_i, der an den Enden irgendwie elastisch eingespannt angenommen wurde. Die Einspanngrade ε_i und ε_k waren als gegeben bzw. berechnet oder geschätzt vorausgesetzt.

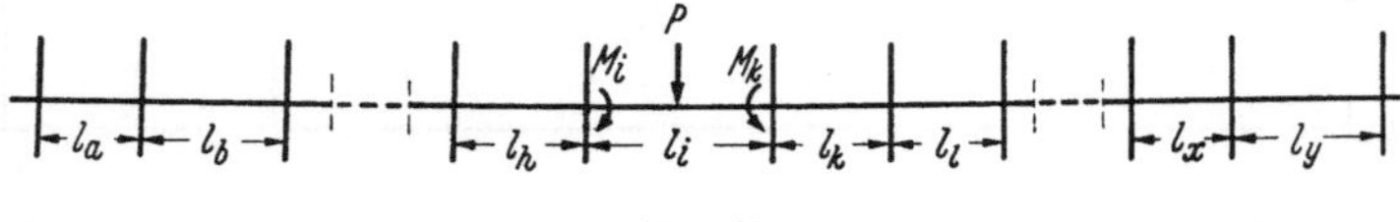

Abb. 52.

Nunmehr untersuchen wir das in Abb. 52 dargestellte System: eine Folge von Einzelbalken, die an den Stützpunkten untereinander in Knoten starr verbunden sind, d. h. den kontinuierlichen Träger allgemeinster Form. — *Belastet ist nur eine einzige (beliebige) Öffnung l_i,* und zwar mit einer Last P in beliebiger Stellung.

Im Interesse der Übersichtlichkeit des Rechnungsganges seien hier die wesentlichen Ergebnisse der früheren Untersuchungen nochmals zusammengestellt.

Die Einspanngrade ε einer jeden Öffnung seien wiederum als vorberechnet, also bekannt, angenommen. Die hierfür in Frage kommenden Verfahren sind in den vorstehenden Kapiteln behandelt. — Durch die Einspanngrade ε_i und ε_k der Öffnung l_i sind die durch die Belastung P hervorgerufenen Einspannmomente M_i und $M_{(k)}$ dieser Öffnung bestimmt. Die hierfür geltenden Gleichungen und Berechnungsverfahren wurden gleichfalls im vorigen angegeben. Mit der Bestimmung der Momente M_i und M_k waren die bisherigen Untersuchungen für den Einzelbalken l_i abgeschlossen.

In dem in Abb. 52 dargestellten Tragwerk pflanzt sich nun aber der Einfluß der Last P bzw. der von P hervorgerufenen Einspannmomente M_i und M_k auf die links und rechts von l_i liegenden Öffnungen fort, und zwar infolge der festen Verbindung der einzelnen Felder untereinander durch die Knoten. Deshalb müssen letzten Endes alle Teile des Systems, Riegel wie Ständer, irgendwie durch die in der Öffnung l_i wirkende Last P beeinflußt werden. — *Die Bestimmung der Gesetze, nach denen sich der Einfluß von P, bzw. der von P in den Punkten i und (k) erzeugten Einspannmomente M_i und $M_{(k)}$, auf sämtliche übrigen Teile des Systems ergibt, ist das Ziel der nachstehenden Untersuchungen.*

Wir können das Tragwerk (Abb. 52) in drei Teile zerlegt denken: erstens den Balken l_i, der durch die Last P und die Einspannmomente M_i und M_k beansprucht ist; zweitens die links von l_i liegende Balkenreihe l_h, l_g, ..., l_a, auf die ausschließlich das Moment M_i wirkt; drittens den rechts von l_i liegenden Systemteil, bestehend aus den Öffnungen l_k, l_l, ..., l_y, die nur durch das Moment $M_{(k)}$ beansprucht werden.

Der erste Teil, d. h. der Balken l_i, ist auf Grund der früheren Untersuchungen zu behandeln, und zwar findet man hiernach die Einspannmomente M_i und $M_{(k)}$ an den Enden i und (k) der Öffnung l_i. Für die Belastung durch diese Momente M_i und $M_{(k)}$ sind die beiden links und rechts von l_i gelegenen Systemteile zu untersuchen.

Jedes dieser beiden Momente M_i und $M_{(k)}$ wirkt auf einen Knotenpunkt i bzw. (k) und erzeugt Biegungsmomente in den zugehörigen (drei) Knotenstäben; wie in diesen Knotenstäben die Momentenverteilung sich gestaltet, ist zunächst klarzustellen. Insbesondere benötigen wir für die weiteren Rechnungen die Größe der Momente am Anfangspunkt h bzw. (l) der nächsten Öffnungen l_h bzw. $l_{(l)}$. Sind nämlich diese Momente M_h und $M_{(l)}$ gefunden, so wiederholt sich der gleiche Rechnungsgang für jedes nächstvorangehende bzw. nächstfolgende Feld.

1. Einfluß eines äußeren Momentes M_i bzw. $M_{(k)}$ auf die Knotenstäbe eines Knotens i bzw. (k) (Abb. 53).

a) Rechnungsgrößen.

Vorab sind einige *Bezeichnungen* zu erläutern und die im folgenden benötigten *Rechnungsgrößen* zu entwickeln (vgl. die entsprechenden Angaben auf S. 9 des ersten Teiles).

α) „**Reduzierte Stablänge**". In nachstehender Abb. 53 sind die beiden Knoten i und (k) mit den zugehörigen (je drei) Knotenstäben l, h, v dargestellt. Als äußere Belastung wirken die vorberechneten, als bekannt angenommenen Momente M_i und $M_{(k)}$. Die Einspanngrade an den Enden der Knotenstäbe, also die Werte ε_h, ε_{i_1}, ε_{i_2} bzw. $\varepsilon_{(l)}$, ε_{k_1}, ε_{k_2} werden gleichfalls als bekannt, d. h. vorberechnet, angenommen.

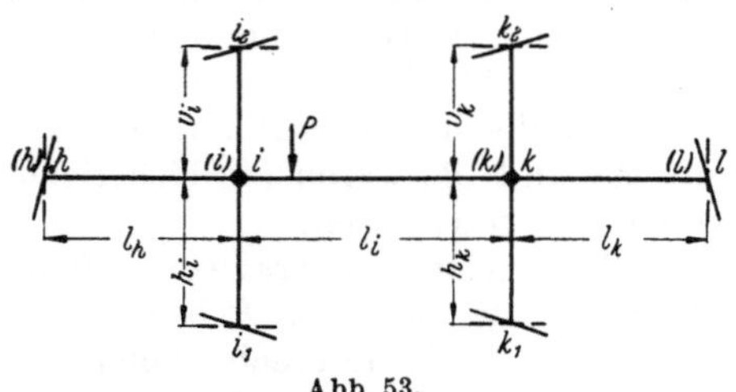

Abb. 53.

Mit h, i, k sind die (linken) Anfangspunkte, mit (i), (k), (l) die (rechts gelegenen) Endpunkte der Öffnungen l_h, l_i, l_k bezeichnet. Letztere können auch als $l_{(i)}$, $l_{(k)}$, $l_{(l)}$ von rechts nach links gelesen und bezeichnet werden, d. h. es ist:

$$l_h = l_{(i)}; \quad l_i = l_{(k)}; \quad l_k = l_{(l)}.$$

Im Knoten i ist der Kopfpunkt der unteren Stütze h_i mit i', der Fußpunkt der oberen Stütze v_i mit i'' bezeichnet. Entsprechendes gilt für k' und k'' im Knoten k (s. Abb. 53). Die Fußpunkte der unteren und die Kopfpunkte der oberen Stützen bezeichnen wir, wie früher, mit i_1 und i_2 bzw. mit k_1 und k_2.

Jeder der drei Knotenstäbe in i bzw. in (k) nimmt einen Bruchteil des Momentes M_i bzw. $M_{(k)}$ auf. Das am Ende (i) des Riegels l_h wirkende Moment nennen wir $M_{(i)}$, das am Anfangspunkt k im Riegel l_k $(= l_{(l)})$ wirkende Moment ist M_k. In den Punkten i' und i'' bzw. k' und k'' treten am Kopf bzw. Fuß der Ständer die Momente $M_{i'}$ und $M_{i''}$ bzw. $M_{k'}$ und $M_{k''}$ auf (s. Abb. 53).

Bekannt ist aus den früheren Untersuchungen (s. Teil I, S. 9) der Begriff und die Bezeichnung der „*reduzierten Stablänge*" l'' des an einem Ende elastisch eingespannten Balkens $l_i = l_{(k)}$ (s. Abb. 54).

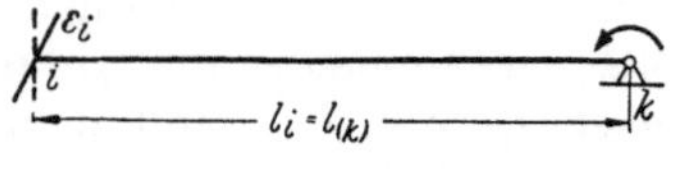

Abb. 54a. 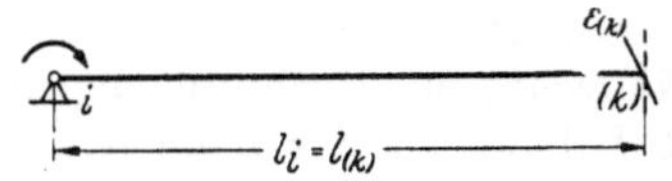   Abb. 54b.

$l_i = l_{(k)}$ bedeutet die Länge des Stabes, J das Trägheitsmoment des Stabquerschnittes, J' irgendein frei gewähltes (mittleres) Trägheitsmoment. Es ist zu unterscheiden, ob der Stab im Anfangspunkt i oder im Endpunkt (k) eingespannt ist. Die Einspanngrade sind dementsprechend ε_i und $\varepsilon_{(k)}$. Es gilt die Gleichung:

$$l_i'' = l_i' \left(1 - \tfrac{1}{4}\,\varepsilon_i\right) \quad \text{(s. Abb. 54a)};$$
$$l_{(k)}'' = l_{(k)}' \left(1 - \tfrac{1}{4}\,\varepsilon_{(k)}\right) \quad \text{(s. Abb. 54b)}. \qquad (8)\ [\text{s. S. 9}]$$

Wir kennzeichnen also die „reduzierte Stablänge" durch denjenigen Index, welcher der Einspannstelle i bzw. (k) entspricht. Die Länge l' des Stabes dagegen kann sowohl nach dem Anfangspunkt i als auch nach dem Endpunkt (k) mit l'_i oder $l'_{(k)}$ bezeichnet werden. Es ist:

$$l'_i = l'_{(k)} \,.$$

In dem Sonderfall des beiderseits gelenkig gelagerten Stabes $(\varepsilon_i = \varepsilon_{(k)} = 0)$ wird:

$$l'' = l' = l \frac{J'}{J} \,.$$

Für die an den Enden h, i_1, i_2 bzw. (l), k_1, k_2 elastisch eingespannten Knotenstäbe (die Einspanngrade sind: ε_h, ε_{i_1}, ε_{i_2} bzw. $\varepsilon_{(l)}$, ε_{k_1}, ε_{k_2}) ergeben sich folgende Werte:

<table>
<tr><td>im Knoten i:</td><td>im Knoten (k):</td></tr>
<tr><td>$l''_h = l'_h \left(1 - \tfrac{1}{4}\,\varepsilon_h\right);$</td><td>$l''_{(l)} = l'_{(l)} \left(1 - \tfrac{1}{4}\,\varepsilon_{(l)}\right);$</td></tr>
<tr><td>$h''_i = h'_i \left(1 - \tfrac{1}{4}\,\varepsilon_{i_1}\right);$</td><td>$h''_k = h'_k \left(1 - \tfrac{1}{4}\,\varepsilon_{k_1}\right);$</td></tr>
<tr><td>$v''_i = v'_i \left(1 - \tfrac{1}{4}\,\varepsilon_{i_2}\right);$</td><td>$v''_k = v'_k \left(1 - \tfrac{1}{4}\,\varepsilon_{k_2}\right) .$</td></tr>
</table>

β) Stabsteifigkeit s. *Als „Stabsteifigkeit" s_i eines am Endpunkte i elastisch eingespannten Stabes l_i bezeichnen wir den reziproken Wert der reduzierten Stablänge l''_i* (vgl. Erster Teil, S. 10).

$$s_i = \frac{1}{l''_i} \,. \tag{9} \;[\text{s. S.10}]$$

Für die späteren Rechnungen benötigen wir nun die Stabsteifigkeiten aller in einem Knoten zusammentreffenden Stäbe, d. h. aller Knotenstäbe etwa der Knoten i und (k).

Für die Knoten i und (k) (s. Abb. 53) gelten also folgende Werte der Stabsteifigkeiten der Knotenstäbe in den Knoten i und (k):

<table>
<tr><td>im Knoten i:</td><td>im Knoten (k):</td><td></td></tr>
<tr><td>$s_h = \dfrac{1}{l''_h} \;;$</td><td>$s_{(l)} = \dfrac{1}{l''_{(l)}} \;;$</td><td></td></tr>
<tr><td>$s_{i_1} = \dfrac{1}{h''_i} \;;$</td><td>$s_{k_1} = \dfrac{1}{h''_k} \;;$</td><td>$(9\,\text{a}) \;[\text{s. S.18}]$</td></tr>
<tr><td>$s_{i_2} = \dfrac{1}{v''_i} \;;$</td><td>$s_{k_2} = \dfrac{1}{v''_k} \,.$</td><td></td></tr>
</table>

Beachtet man die vorhin (Abschn. α) angegebenen Werte für die Nennergrößen l''_h, h''_i, v''_i bzw. $l''_{(l)}$, h''_k, v''_k, so ist ersichtlich, daß bei dieser Rechnungsweise die Stäbe in den Endpunkten h, i_1, i_2 bzw. (l), k_1, k_2 als elastisch eingespannt und in den Knotenpunkten i bzw. (k) gelenkig angeschlossen zu betrachten sind.

Wir setzen nun die Stabsteifigkeit des Einzelstabes in Beziehung zu der „Knotensteifigkeit".

γ) Knotensteifigkeit k. *Als „Knotensteifigkeit" k_i eines Knotens i bezeichnen wir die Summe der Stabsteifigkeiten der Knotenstäbe.*

$$k_i = s_h + s_{i_1} + s_{i_2} = \frac{1}{l''_h} + \frac{1}{h''_i} + \frac{1}{v''_i} \,. \tag{11} \;[\text{s. S.18}]$$

Es ist also:

<table>
<tr><td align="center">für den Knoten i:</td><td align="center">für den Knoten (k):</td></tr>
</table>

$$k_i = s_h + s_{i_1} + s_{i_2}; \qquad k_{(k)} = s_{(l)} + s_{k_1} + s_{k_2};$$

$$k_i = \frac{1}{l_h''} + \frac{1}{h_i''} + \frac{1}{v_i''}; \qquad k_{(k)} = \frac{1}{l_{(l)}''} + \frac{1}{h_k''} + \frac{1}{v_k''}.$$

δ) Relative Stabsteifigkeit. *Die „relative Stabsteifigkeit" r_i eines Stabes l_i ist das Verhältnis der Stabsteifigkeit s_i zur Knotensteifigkeit k.*

$$r_i = \frac{s_i}{k}. \qquad\qquad (12)\ [\text{s. S. 19}]$$

Für die einzelnen Knotenstäbe der Knoten i bzw. (k) gelten also in unserem Falle folgende Gleichungen:

<table>
<tr><td align="center">im Knoten i:</td><td align="center">im Knoten (k):</td></tr>
</table>

$$r_h = \frac{s_h}{k_i} = \frac{\dfrac{1}{l_h''}}{\dfrac{1}{l_h''} + \dfrac{1}{h_i''} + \dfrac{1}{v_i''}}; \qquad r_{(l)} = \frac{s_{(l)}}{k_{(k)}} = \frac{\dfrac{1}{l_{(l)}''}}{\dfrac{1}{l_{(l)}''} + \dfrac{1}{h_k''} + \dfrac{1}{v_k''}};$$

$$r_{i_1} = \frac{s_{i_1}}{k_i} = \frac{\dfrac{1}{h_i''}}{\dfrac{1}{l_h''} + \dfrac{1}{h_i''} + \dfrac{1}{v_i''}}; \qquad r_{k_1} = \frac{s_{k_1}}{k_{(l)}} = \frac{\dfrac{1}{h_k''}}{\dfrac{1}{l_{(l)}''} + \dfrac{1}{h_k''} + \dfrac{1}{v_k''}}; \qquad (12\,\text{a})$$

$$r_{i_2} = \frac{s_{i_2}}{k_i} = \frac{\dfrac{1}{v_i''}}{\dfrac{1}{l_h''} + \dfrac{1}{h_i''} + \dfrac{1}{v_i''}}; \qquad r_{k_2} = \frac{s_{k_2}}{k_{(l)}} = \frac{\dfrac{1}{v_k''}}{\dfrac{1}{l_{(l)}''} + \dfrac{1}{h_k''} + \dfrac{1}{v_k''}}.$$

Erweitert man die Brüche mit dem Nenner des im Zähler stehenden Bruches, also mit l'', h'', v'', so erhält man dafür die nachstehenden Werte. In dieser Form verwenden wir r in den folgenden Gleichungen:

<table>
<tr><td align="center">im Knoten i:</td><td align="center">im Knoten (k):</td></tr>
</table>

$$r_h = \frac{1}{1 + \dfrac{l_h''}{h_i''} + \dfrac{l_h''}{v_i''}}; \qquad r_{(l)} = \frac{1}{1 + \dfrac{l_{(l)}''}{h_k''} + \dfrac{l_{(l)}''}{v_k''}};$$

$$r_{i_1} = \frac{1}{1 + \dfrac{h_i''}{l_h''} + \dfrac{h_i''}{v_i''}}; \qquad r_{k_1} = \frac{1}{1 + \dfrac{h_k''}{l_{(l)}''} + \dfrac{h_k''}{v_k''}}; \qquad (12\,\text{b})$$

$$r_{i_2} = \frac{1}{1 + \dfrac{v_i''}{l_h''} + \dfrac{v_i''}{h_i''}}; \qquad r_{k_2} = \frac{1}{1 + \dfrac{v_k''}{l_{(l)}''} + \dfrac{v_k''}{h_k''}}.$$

Setzt man in den vorstehenden Gleichungen für die Größen l'', h'', v'' die oben angegebenen Werte ein, so erhält man die relativen Stabsteifigkeiten in folgender Form:

im Knoten i:

$$r_h = \cfrac{1}{1 + \dfrac{l_h'}{h_i'}\cdot\dfrac{1-\frac14\varepsilon_h}{1-\frac14\varepsilon_{i_1}} + \dfrac{l_h'}{v_i'}\cdot\dfrac{1-\frac14\varepsilon_h}{1-\frac14\varepsilon_{i_2}}};$$

$$r_{i_1} = \cfrac{1}{1 + \dfrac{h_i'}{l_h'}\cdot\dfrac{1-\frac14\varepsilon_{i_1}}{1-\frac14\varepsilon_h} + \dfrac{h_i'}{v_i'}\cdot\dfrac{1-\frac14\varepsilon_{i_1}}{1-\frac14\varepsilon_{i_2}}};$$

$$r_{i_2} = \cfrac{1}{1 + \dfrac{v_i'}{l_h'}\cdot\dfrac{1-\frac14\varepsilon_{i_2}}{1-\frac14\varepsilon_h} + \dfrac{v_i'}{h_i'}\cdot\dfrac{1-\frac14\varepsilon_{i_2}}{1-\frac14\varepsilon_{i_1}}};$$

im Knoten (k):

$$r_{(l)} = \cfrac{1}{1 + \dfrac{l_{(l)}'}{h_k'}\cdot\dfrac{1-\frac14\varepsilon_{(l)}}{1-\frac14\varepsilon_{k_1}} + \dfrac{l_{(l)}'}{v_k'}\cdot\dfrac{1-\frac14\varepsilon_{(l)}}{1-\frac14\varepsilon_{k_2}}};$$

$$r_{k_1} = \cfrac{1}{1 + \dfrac{h_k'}{l_{(l)}'}\cdot\dfrac{1-\frac14\varepsilon_{k_1}}{1-\frac14\varepsilon_{(l)}} + \dfrac{h_k'}{v_k'}\cdot\dfrac{1-\frac14\varepsilon_{k_1}}{1-\frac14\varepsilon_{k_2}}};$$

$$r_{k_2} = \cfrac{1}{1 + \dfrac{v_k'}{l_{(l)}'}\cdot\dfrac{1-\frac14\varepsilon_{k_2}}{1-\frac14\varepsilon_{(l)}} + \dfrac{v_k'}{h_k'}\cdot\dfrac{1-\frac14\varepsilon_{k_2}}{1-\frac14\varepsilon_{k_1}}}.$$

$$(12\,\mathrm{c})$$

Anmerkung: In vorstehenden Ausdrücken sind die Stablängenverhältnisse $\dfrac{l'}{h'}$, $\dfrac{l'}{v'}$ usw. multipliziert mit den Quotienten der Reduktionsfaktoren $(1 - \frac14\,\varepsilon)$. Nun sind die Einspanngrade ε der Riegel und der Ständer in vielen Fällen, besonders in Stockwerkrahmen, wenig voneinander verschieden. Jedenfalls beeinflussen die Unterschiede der Werte ε jene *Quotienten der Reduktionsfaktoren* nur unwesentlich, und wir können letztere *näherungsweise gleich* 1 setzen. Dann erhalten wir folgende

Näherungswerte für die relative Stabsteifigkeit r:

<table>
<tr><td>im Knoten i:</td><td>im Knoten (k):</td></tr>
</table>

$$r_h = \cfrac{1}{1+\dfrac{l_h'}{h_i'}+\dfrac{l_h'}{v_i'}};\qquad r_{(l)} = \cfrac{1}{1+\dfrac{l_{(l)}'}{h_k'}+\dfrac{l_{(l)}'}{v_k'}};$$

$$r_{i_1} = \cfrac{1}{1+\dfrac{h_i'}{l_h'}+\dfrac{h_i'}{v_i'}};\qquad r_{k_1} = \cfrac{1}{1+\dfrac{h_k'}{l_{(l)}'}+\dfrac{h_k'}{v_k'}};$$

$$r_{i_2} = \cfrac{1}{1+\dfrac{v_i'}{l_h'}+\dfrac{v_i'}{h_i'}};\qquad r_{k_2} = \cfrac{1}{1+\dfrac{v_k'}{l_{(l)}'}+\dfrac{v_k'}{h_k'}}.$$

$$(12\,\mathrm{d})$$

Tabellarische Berechnung der relativen Stabsteifigkeit r_i und $r_{(k)}$:

Die Werte r_i und $r_{(k)}$ sind für jeden Stab l_i eines kontinuierlichen Trägers nach den vorstehenden Gleichungen zu berechnen. Diese Be-

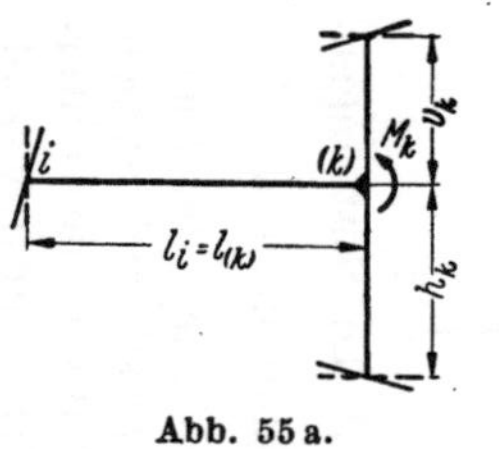

Abb. 55 a.

Tabelle 23 a. *Relative Stabsteifigkeiten r_i* (s. Abb. 55a).

		l_a	l_b	…	l_x	l_y
1	l_i''	l_a''	l_b''		l_x''	l_y''
2	h_k''	h_b''	h_c''		h_y''	h_z''
3	v_k''	v_b''	v_c''	…	v_y''	v_z''
4	$\dfrac{l_i''}{h_k''}$	$\dfrac{l_a''}{h_b''}$	$\dfrac{l_b''}{h_c''}$		$\dfrac{l_x''}{h_y''}$	$\dfrac{l_y''}{h_z''}$
5	$\dfrac{l_i''}{v_k''}$	$\dfrac{l_a''}{v_b''}$	$\dfrac{l_b''}{v_c''}$	…	$\dfrac{l_x''}{v_y''}$	$\dfrac{l_y''}{v_z''}$
6	$1+\dfrac{l_i''}{h_k''}+\dfrac{l_i''}{v_k''}$	$1+\dfrac{l_a''}{h_b''}+\dfrac{l_a''}{v_b''}$	$1+\dfrac{l_b''}{h_c''}+\dfrac{l_b''}{v_c''}$	…	$1+\dfrac{l_x''}{h_y''}+\dfrac{l_x''}{v_y''}$	$1+\dfrac{l_y''}{h_z''}+\dfrac{l_y''}{v_z''}$
7	$r_i=\dfrac{1}{1+\dfrac{l_i''}{h_k''}+\dfrac{l_i''}{v_k''}}$	$r_a=\dfrac{1}{1+\dfrac{l_a''}{h_b''}+\dfrac{l_a''}{v_b''}}$	$r_b=\dfrac{1}{1+\dfrac{l_b''}{h_c''}+\dfrac{l_b''}{v_c''}}$		$r_x=\dfrac{1}{1+\dfrac{l_x''}{h_y''}+\dfrac{l_x''}{v_y''}}$	$r_y=\dfrac{1}{1+\dfrac{l_y''}{h_z''}+\dfrac{l_y''}{v_z''}}$

Merke: $r_i=\dfrac{\text{Steifigkeit des Stabes } l_i}{\text{Steifigkeit des Knotens } (k)}$

Abb. 55 b.

Tabelle 23 b. *Relative Stabsteifigkeiten* $r_{(k)}$ (s. Abb. 55b).

	$l_{(k)}$	$l_{(b)}$	$l_{(c)}$	$\ldots$	$l_{(y)}$	$l_{(z)}$
1	$l''_{(k)}$	$l''_{(b)}$	$l''_{(c)}$		$l''_{(y)}$	$l''_{(z)}$
2	h''_i	h''_a	h''_b		h''_x	h''_y
3	v''_i	v''_a	v''_b	$\ldots$	v''_x	v''_y
4	$\dfrac{l''_{(k)}}{h''_i}$	$\dfrac{l''_{(b)}}{h''_a}$	$\dfrac{l''_{(c)}}{h''_b}$		$\dfrac{l''_{(y)}}{h''_x}$	$\dfrac{l''_{(z)}}{h''_y}$
5	$\dfrac{l''_{(k)}}{v''_i}$	$\dfrac{l''_{(b)}}{v''_a}$	$\dfrac{l''_{(c)}}{v''_b}$		$\dfrac{l''_{(y)}}{v''_x}$	$\dfrac{l''_{(z)}}{v''_y}$
6	$1 + \dfrac{l''_{(k)}}{h''_i} + \dfrac{l''_{(k)}}{v''_i}$	$1 + \dfrac{l''_{(b)}}{h''_a} + \dfrac{l''_{(b)}}{v''_a}$	$1 + \dfrac{l''_{(c)}}{h''_b} + \dfrac{l''_{(c)}}{v''_b}$	$\ldots$	$1 + \dfrac{l''_{(y)}}{h''_x} + \dfrac{l''_{(y)}}{v''_x}$	$1 + \dfrac{l''_{(z)}}{h''_y} + \dfrac{l''_{(z)}}{r''_y}$
7	$r_{(k)} = \dfrac{1}{1 + \dfrac{l''_{(k)}}{h''_i} + \dfrac{l''_{(k)}}{v''_i}}$	$r_{(b)} = \dfrac{1}{1 + \dfrac{l''_{(b)}}{h''_a} + \dfrac{l''_{(b)}}{v''_a}}$	$r_{c)} = \dfrac{1}{1 + \dfrac{l''_{(c)}}{h''_b} + \dfrac{l''_{(c)}}{v''_b}}$		$r_{(y)} = \dfrac{1}{1 + \dfrac{l''_{(y)}}{h''_x} + \dfrac{l''_{(y)}}{v''_x}}$	$r_{(z)} = \dfrac{1}{1 + \dfrac{l''_{(z)}}{h''_y} + \dfrac{l''_{(z)}}{v''_y}}$

Merke: $r_{(k)} = \dfrac{\text{Steifigkeit des Stabes } l_{(k)}}{\text{Steifigkeit des Knotens } i}$

rechnung wird zweckmäßig tabellarisch durchgeführt. Sie ist in den vorstehenden Tab. 23a u. 23b angegeben.

Wir benötigen für die weiteren Berechnungen insbesondere die relativen Stabsteifigkeiten der einzelnen Stäbe l des belasteten Stabzuges, also der Felder $l_a, l_b, \ldots, l_y$ bzw. $l_{(z)}, l_{(y)}, \ldots, l_{(b)}$ des belasteten (horizontalen) Riegels des rahmenartigen Tragwerkes. Nur für diese ist daher der Rechnungsgang in den Tabellen angegeben, d. h. die Tabellen sind lediglich für die Berechnung der relativen Stabsteifigkeiten r_i und $r_{(k)}$ der Stäbe des Stabzuges aufgestellt.

Die relativen Stabsteifigkeiten der Ständer h oder v, d. h. die Werte r_{i_1} und r_{i_2} bzw. r_{k_1} und r_{k_2} kommen nur in jenen Fällen in Frage, wo nach dem Einfluß der über den Träger wandernden Last P auf die Momente in den Ständern gefragt wird. Die dann geltenden Werte r_{i_1} und r_{i_2} bzw. r_{k_1} und r_{k_2} wurden gleichfalls vorhin angegeben. Nach diesen Formeln sind dann die Tabellen in gleicher Weise zu entwickeln wie für r_i und $r_{(k)}$.

Die Tab. 23a beginnt mit r_a und ist von links nach rechts von r_a bis r_y fortentwickelt. Für die Bestimmung von r_a ist der Knoten b mit seinen drei Knotenstäben $l_a = l_{(b)}$, h_b und v_b ins Auge zu fassen, auf den ein äußeres Moment (M_b) einwirkt. Entsprechend gilt für r_b der Knoten c mit den drei Knotenstäben $l_b = l_{(c)}$, h_c und v_c usw.

Allgemein kommt für den Wert r_i der Knoten k in Frage, dem die drei Knotenstäbe $l_i (= l_{(k)})$, h_k und v_k zugehören und auf den ein äußeres Moment M_k einwirkt. Dem entspricht die Darstellung in Abb. 55a.

Umgekehrt ist die Tab. 23b für die Werte $r_{(k)}$, von rechts nach links, $r_{(z)}, r_{(y)}, \ldots, r_{(k)}, r_{(i)}, \ldots, r_{(b)}$ entwickelt. Dabei gilt allgemein für $r_{(k)}$ der Knoten i mit seinen drei Stäben $l_{(k)} = l_i$, h_i und v_i; als Belastung ist ein Moment M_i anzunehmen, das auf den Anfangsknoten i der rechts von i gelegenen Öffnung $l_i = l_{(k)}$ wirkt. Dem entspricht die Darstellung in Abb. 55b.

b) Verteilung eines äußeren Momentes M auf die Stäbe eines Knotens (s. Abb. 53):

Es gilt der Satz: *„Greift an einem Knoten i ein äußeres Moment M_i an, so nimmt jeder Knotenstab (an seinem Ende bei i) einen Bruchteil dieses Momentes M_i auf, der sich ergibt durch Multiplikation von M_i mit der relativen Stabsteifigkeit des betreffenden Knotenstabes.“* (Vgl. S. 19.)

$$\underline{M_{(i)} = r_h\, M_i.} \qquad\qquad (10\mathrm{b})\ [\text{s. S. 19}]$$

Es gelten also für die Knoten i und (k) in Abb. 53 die folgenden

„Gleichungen der Knotenstabmomente“:

im Knoten i (infolge M_i):

$$M_{(i)} = r_h\, M_i;$$
$$M_{i'} = r_{i_1}\, M_i;$$
$$M_{i''} = r_{i_2}\, M_i;$$

im Knoten (k) (infolge $M_{(k)}$):

$$M_k = r_{(l)}\, M_{(k)};$$
$$M_{k'} = r_{k_1}\, M_{(k)};$$
$$M_{k''} = r_{k_2}\, M_{(k)}.$$

Damit sind die Grundlagen für die Berechnung der Momente in kontinuierlichen, elastisch eingespannten Trägern gegeben. An Hand der vorstehenden Entwicklungen, insbesondere unter Verwendung der Gl. (11) u. (12), s. S. 18 u. 19, kann nunmehr der Einfluß eines Momentes M_i bzw. $M_{(k)}$ auf die übrigen Felder untersucht werden.

Anmerkung: Die Summe der Knotenstabmomente in i bzw. (k) muß gleich dem äußeren Moment M_i bzw. $M_{(k)}$ sein.

Es ist also:

im Knoten i:

im Knoten (k):

$$M_{(i)} + M_{i'} + M_{i''} = M_i; \qquad M_k + M_{k'} + M_{k''} = M_{(k)}.$$

2. Einfluß des Momentes M_i bzw. $M_{(k)}$ auf die links von i bzw. rechts von (k) gelegenen Felder (vgl. Abb. 52).

a) Einfluß eines Momentes M auf das nächst benachbarte Feld.

Aus der vorstehenden Gl. (10b) ergibt sich:

$$M_{(i)} = r_h \, M_i,$$

d. i. der Wert des Momentes am *rechten* Ende (i) der vorangehenden Öffnung $l_h = l_{(i)}$ infolge des äußeren Momentes M_i, das im Anfangspunkt i von l_i wirkt (s. Abb. 53).

Damit ist aber auch das Moment M_h am *linken* Ende der Öffnung l_h gegeben. Denn nach unseren früheren Angaben hat das Einspannmoment eines Balkens, der am freien Ende durch ein Moment 1 belastet ist, den Wert $(-\tfrac{1}{2})\,\varepsilon$, wenn ε der Einspanngrad ist (s. Abschn. I, S. 9). Somit ergibt sich infolge $M_{(i)}$ das Einspannmoment in h zu

$$M_h = (-\tfrac{1}{2})\, \varepsilon_h \, M_{(i)}.$$

Setzen wir hierin den obigen Wert für $M_{(i)}$ ein, so ist

$$M_h = (-\tfrac{1}{2})\, \varepsilon_h \, r_h \, M_i.$$

Wir setzen

$$(-\tfrac{1}{2})\, \varepsilon_h \, r_h = \alpha_h$$

und nennen α_h den „Abminderungsfaktor" oder den „Abminderungskoeffizienten" der Öffnung l_h.

Allgemein gilt für eine beliebige Öffnung l_i bei Einwirkung eines äußeren Momentes M_k am Knoten k (d. h. am Anfang der nächstfolgenden Öffnung);

$$M_i = \alpha_i \, M_k. \tag{24a}$$

Hierbei ist:

$$\alpha_i = (-\tfrac{1}{2})\, \varepsilon_i \, r_i. \tag{25a}$$

Der Abminderungsfaktor α_i ist jener Koeffizient (echter Bruch), der angibt, auf welchen Bruchteil sich das äußere Moment M_k bis zum Anfangspunkt i der vorangehenden Öffnung „abmindert", d. h. verkleinert (s. Abb. 56a).

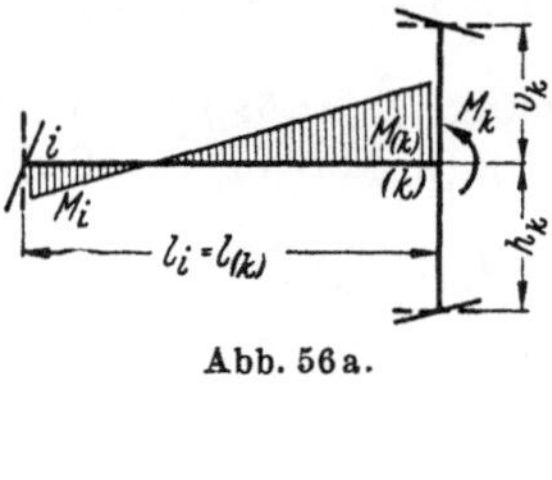

Abb. 56a.

Entsprechend gilt für den Einfluß des Momentes $M_{(k)}$ auf die nächste, rechts gelegene Öffnung $l_{(l)}$ die Gleichung:

$$M_{(l)} = \alpha_{(l)}\, M_{(k)},$$

wo

$$\alpha_{(l)} = (-\tfrac{1}{2})\, \varepsilon_{(l)}\, r_{(l)}.$$

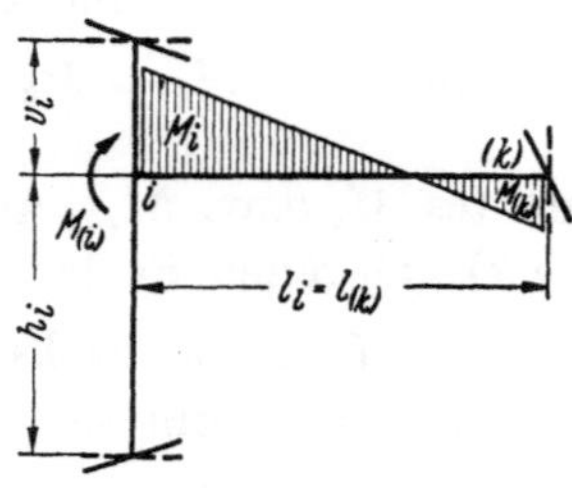

Abb. 56 b.

Allgemein gilt für eine Öffnung l_i, wo am linken Knotenpunkt (i) ein äußeres Moment $M_{(i)}$ wirkt und das Moment $M_{(k)}$ am rechten Ende des Stabes l_i gesucht wird, die Gleichung (s. Abb. 56 b):

$$M_{(k)} = \alpha_{(k)}\, M_{(i)}; \tag{24 b}$$

$$\alpha_{(k)} = (-\tfrac{1}{2})\, \varepsilon_{(k)}\, r_{(k)}. \tag{25 b}$$

Ergebnis:

1. Wirkt auf eine Öffnung l_i $(= l_{(k)})$ ein äußeres Moment M_k am rechten Knoten, d. h. in k (s. Abb. 53 u. 56 a), so ist

$$M_{(k)} = r_i\, M_k;$$
$$M_i = \alpha_i\, M_k.$$

Hier ist

$$\alpha_i = (-\tfrac{1}{2})\, \varepsilon_i\, r_i;$$

$$r_i = \cfrac{1}{1 + \dfrac{l'_i}{h'_k}\,\dfrac{1-\frac14\varepsilon_i}{1-\frac14\varepsilon_{k_1}} + \dfrac{l'_i}{v'_k}\,\dfrac{1-\frac14\varepsilon_i}{1-\frac14\varepsilon_{k_2}}} = \sim \cfrac{1}{1 + \dfrac{l'_i}{h'_k} + \dfrac{l'_i}{v'_k}} ;$$

$$\varepsilon_i = \frac{\lambda_i}{\lambda_i + 1};$$

$$\lambda_i = \frac{l'_i}{l'_h}\,\frac{1}{1-\frac14\varepsilon_h} + \frac{l'_i}{h'_i}\,\frac{1}{1-\frac14\varepsilon_{i_1}} + \frac{l'_i}{v'_i}\,\frac{1}{1-\frac14\varepsilon_{i_2}} = \sim \frac{l'_i}{l'_h} + \frac{l'_i}{h'_i} + \frac{l'_i}{v'_i}.$$

2. Wirkt auf die Öffnung l_i $(= l_{(k)})$ ein äußeres Moment $M_{(i)}$ am linken Knoten, d. h. in (i) (s. Abb. 53 u. 56 b), so ist

$$M_i = r_{(k)}\, M_{(i)};$$
$$M_{(k)} = \alpha_{(k)}\, M_{(i)}.$$

Hier ist.

$$\alpha_{(k)} = \left(-\tfrac{1}{2}\right)\varepsilon_{(k)}\, r_{(k)};$$

$$r_{(k)} = \frac{1}{1 + \dfrac{l'_{(k)}}{h'_i}\dfrac{1-\tfrac{1}{4}\varepsilon_{(\lambda)}}{1-\tfrac{1}{4}\varepsilon_{i_1}} + \dfrac{l'_{(k)}}{v'_i}\dfrac{1-\tfrac{1}{4}\varepsilon_{(k)}}{1-\tfrac{1}{4}\varepsilon_{i_2}}} = \sim \frac{1}{1 + \dfrac{l'_{(k)}}{h'_i} + \dfrac{l'_{(k)}}{v'_i}};$$

$$\varepsilon_{(k)} = \frac{\lambda_{(k)}}{\lambda_{(k)}+1};$$

$$\lambda_{(k)} = \frac{l'_{(k)}}{l'_{(l)}}\frac{1}{1-\tfrac{1}{4}\varepsilon_{(l)}} + \frac{l'_{(k)}}{h'_k}\frac{1}{1-\tfrac{1}{4}\varepsilon_{k_1}} + \frac{l'_{(k)}}{v'_k}\frac{1}{1-\tfrac{1}{4}\varepsilon_{k_2}} = \sim \frac{l'_{(k)}}{l'_{(l)}} + \frac{l'_{(k)}}{h'_k} + \frac{l'_{(k)}}{v'_k}.$$

Durch vorstehende Gleichungen ist der gesamte Rechnungsgang für einen beliebigen kontinuierlichen Träger gegeben.

Die Rechnung beginnt mit der Bestimmung der Einspanngrade ε_i und $\varepsilon_{(k)}$. In den hierzu benötigten Werten λ_i bzw. $\lambda_{(k)}$ kommen nur die Stablängenverhältnisse vor, bestehend aus den Werten l', h', v' und die als gegeben oder geschätzt vorausgesetzten Einspanngrade der Stützen.

Sind hiernach die Werte ε_i und $\varepsilon_{(k)}$ auch für die Riegel l_i gefunden, so lassen sich die relativen Stabsteifigkeiten r_i und $r_{(k)}$ dieser Stäbe l_i nach den vorstehenden Gleichungen bestimmen. — Aus den Größen ε und r erhält man die Abminderungsfaktoren α_i und $\alpha_{(k)}$, ebenfalls für jede einzelne Öffnung l_i.

Mit Hilfe der Werte r_i bzw. $r_{(k)}$ und α_i bzw. $\alpha_{(k)}$ lassen sich die Knotenstabmomente M_i und $M_{(k)}$ angeben, wenn auf die Knoten i und (k) von außen ein Moment einwirkt.

b) Fortpflanzung der Momente M_i bzw. $M_{(k)}$ auf die übrigen Felder (s. Abb. 52).

Nach vorstehenden Gleichungen können wir nun die Momente für die einzelnen Öffnungen der Abb. 52 an jedem Anfangs- und Endpunkt anschreiben, wenn als Belastung das äußere Moment M_i bzw. $M_{(k)}$ einer Öffnung l_i angenommen wird.

Die beiden nachstehenden Tabellen lassen folgendes erkennen: Wenn in einer (beliebigen) Öffnung l_i an den Stabenden die Momente M_i und $M_{(k)}$ wirken, so sind die Momente in den rechts und links abschließenden Öffnungen in einfacher Weise durch Multiplikationen von M_i bzw. $M_{(k)}$ mit einem Proportionalitätsfaktor zu bestimmen, und zwar ist der Proportionalitätsfaktor jeweils ein Produkt der Abminderungsfaktoren α (bzw. α und r).

Es müssen für jede Öffnung bekannt sein: die relativen Stabsteifigkeiten r und die Abminderungsfaktoren α. Letztere ergeben sich aus r und den Einspanngraden ε gemäß Gl. (25).

Anmerkung: *Alle Werte α und r sind echte Brüche. Die Produkte aus diesen Werten, die Koeffizienten von M_i bzw. $M_{(k)}$, werden also sehr schnell abnehmen. Schon für die zweit- und drittfolgende Öffnung werden sie durchweg so klein, daß sie als praktisch unwesentlich vernachlässigt, d. h. gleich Null, gesetzt werden können. Dadurch ergibt sich eine wesentliche Vereinfachung der Rechnung.*

Tabelle 24a. *Für den linken Teil des Systems: Momente in den Öffnungen links von i bei Belastung durch ein äußeres Moment M_i.*

l_h	$M_{(i)} = \qquad\qquad M_i\, r_h$ $M_h = \qquad\qquad M_i\, \alpha_h$
l_g	$M_{(h)} = M_h\, r_g = M_i\, r_g\, \alpha_h$ $M_g = M_h\, \alpha_g = M_i\, \alpha_g\, \alpha_h$
l_f	$M_{(g)} = M_g\, r_f = M_i\, r_f\, \alpha_g\, \alpha_h$ $M_f = M_g\, \alpha_f = M_i\, \alpha_f\, \alpha_g\, \alpha_h$
l_e	$M_{(f)} = M_f\, r_e = M_i\, r_e\, \alpha_f\, \alpha_g\, \alpha_h$ $M_e = M_f\, \alpha_e = M_i\, \alpha_e\, \alpha_f\, \alpha_g\, \alpha_h$
$\vdots$	$\vdots \qquad\qquad \vdots$

Tabelle 24b. *Für den rechten Teil des Systems: Momente in den Öffnungen rechts von (k) bei Belastung durch ein äußeres Moment $M_{(k)}$*

$l_k = l_{(l)}$	$M_k = \qquad\qquad M_{(k)}\, r_{(l)}$ $M_{(l)} = \qquad\qquad M_{(k)}\, \alpha_{(l)}$
$l_l = l_{(m)}$	$M_l = M_{(l)}\, r_{(m)} = M_{(k)}\, r_{(m)}\, \alpha_{(l)}$ $M_{(m)} = M_{(l)}\, \alpha_{(m)} = M_{(k)}\, \alpha_{(m)}\, \alpha_{(l)}$
$l_m = l_{(n)}$	$M_m = M_{(m)}\, r_{(n)} = M_{(k)}\, r_{(n)}\, \alpha_{(m)}\, \alpha_{(l)}$ $M_{(n)} = M_{(m)}\, \alpha_{(n)} = M_{(k)}\, \alpha_{(n)}\, \alpha_{(m)}\, \alpha_{(l)}$
$l_n = l_{(o)}$	$M_n = M_{(n)}\, r_{(o)} = M_{(k)}\, r_{(o)}\, \alpha_{(n)}\, \alpha_{(m)}\, \alpha_{(l)}$ $M_{(o)} = M_{(n)}\, \alpha_{(o)} = M_{(k)}\, \alpha_{(o)}\, \alpha_{(n)}\, \alpha_{(m)}\, \alpha_{(l)}$
$\vdots$	$\vdots \qquad\qquad \vdots$

Folgerungen: Bei den vorstehenden Untersuchungen wurde lediglich die (beliebig gewählte) Öffnung l_i belastet angenommen, und zwar durch eine Last P in beliebiger Stellung (wandernde Last). Hierfür ergeben sich die Einspannmomente M_i und $M_{(k)}$ im Anfangs- bzw. Endpunkt der Öffnung l_i nach den früher angegebenen Gleichungen [s. Gl.(16), S. 103], und zwar in der durch Abb. 51 dargestellten Form (s. S. 108).

Nun sind nach den vorstehenden Ergebnissen (s. Tab. 24) die Momente für alle links von i gelegenen Stützpunkte proportional dem Moment M_i, ebenso die Momente für alle rechts von k gelegenen Stützpunkte proportional dem Moment $M_{(k)}$. Hieraus folgt:

Man kann z. B. für den Wert des Momentes M_c schreiben (für Knotenpunkte links von i):

$$M_c = M_i\, \mu_{ci};$$

wo

$$\mu_{ci} = \alpha_c\, \alpha_d \cdots \alpha_f\, \alpha_g\, \alpha_h$$

oder für das Moment im Punkte (c)

$$M_{(c)} = M_i\, \mu_{(c)i};$$

wo

$$\mu_{(c)i} = r_b\, \alpha_c\, \alpha_d \cdots \alpha_f\, \alpha_g\, \alpha_h = r_b\, u_{ci}.$$

Entsprechend gilt (für Knotenpunkte rechts von k):

z. B. für das Moment $M_{(p)}$

$$M_{(p)} = M_{(k)}\, \mu_{(p)}'i;$$

wo

$$\mu_{(p)i} = \alpha_{(l)}\, \alpha_{(m)}\, \alpha_{(n)}\, \alpha_{(o)}\, \alpha_{(p)};$$

oder

$$M_p = M_{(k)}\, \mu_{p}i;$$

wo

$$\mu_{p i} = r_{(q)}\, \alpha_{(l)}\, \alpha_{(m)}\, \alpha_{(n)}\, \alpha_{(o)}\, \alpha_{(p)} = r_{(q)}\, \mu_{(p)}i.$$

Es sind also alle Stützenmomente M links und rechts von l_i infolge einer Belastung in der Öffnung l_i proportional den Momenten M_i und $M_{(k)}$, d. h. proportional den Momenten in den Endpunkten eben dieser als belastet angenommenen Öffnung l_i. — Oder mit anderen Worten:

Im Bereich der Öffnung l_i stimmen die Einflußlinien aller Stützenmomente, also z. B. des Momentes M_c oder $M_{(c)}$ bzw. M_p oder $M_{(p)}$ — wenigstens dem Verlauf nach — überein mit der M_i- bzw. der $M_{(k)}$-Linie. Nur der *Größe* der Ordinaten nach besteht ein Unterschied, und zwar ist dieser Unterschied gegeben durch den Proportionalitätsfaktor μ, d. h. durch das Produkt der Abminderungsfaktoren α und r. Im obigen Beispiel des Momentes M_c gilt also: Die M_c-Linie ist, da $M_c = M_i\, \mu_{c\,i}$, im Bereich der Öffnung l_i der Form nach identisch mit der M_i-Linie; nur sind deren Ordinaten mit dem Faktor $\mu_{c\,i}$ zu multiplizieren, d. h. dementsprechend abzumindern.

Die M_i-Linie stellt also für die Öffnung l_i zugleich auch — wenigstens dem Verlauf nach — die M_c-Linie und ebenso auch die M_a-, M_b-, M_d-, M_e-, M_f-, M_g- und M_h-Linie dar. Nur entspricht jeder M-Linie ein besonderer Proportionalitätsfaktor μ. *Das besagt aber, daß für eine Öffnung l_i mit den beiden Kurven der Stützenmomente M_i und $M_{(k)}$* (s. Abb. 57) *der Verlauf aller Einflußlinien der übrigen Stützenmomente gegeben ist.* Mit der M_i-Linie sind alle Momentenlinien der links von i gelegenen Momentenpunkte a bis h gegeben, d. h. für die Öffnung l_i. Ebenso gibt die $M_{(k)}$-Linie im Bereich der Öffnung l_i den Verlauf aller Momentenlinien der rechts von k gelegenen Knotenpunkte l bis z, immer natürlich nur für den Bereich der Öffnung l_i.

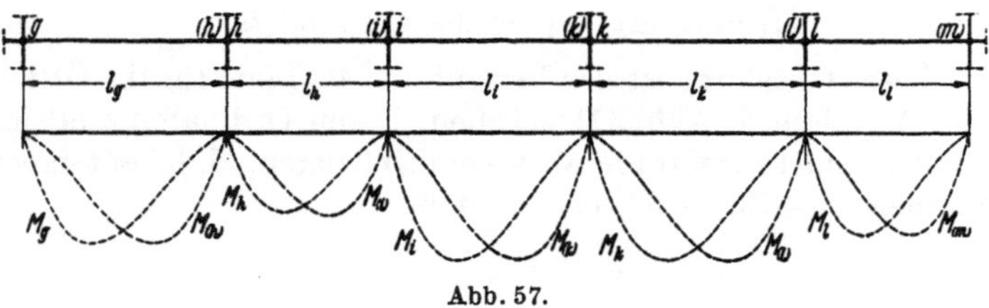

Abb. 57.

Wir stellen deshalb für jede Öffnung $l_a, l_b, l_c, \ldots, l_z$ die Einflußlinien der Stützenmomente für den Anfangs- und Endpunkt dar (siehe Abb. 57). Mit dieser Kurvenschar sind dann für jede einzelne Öffnung die Einflußlinien aller Stützenmomente bestimmt. Für ein beliebiges

Stützenmoment, z. B. für M_c, ist also in einer beliebigen Öffnung, z. B. l_i, die Einflußlinie ($\overline{M_c}$-Linie) durch die in Abb. 57 dargestellte M_i-Linie dem Verlauf nach gegeben.

c) Einflußlinien der Einspannmomente M_i und $M_{(k)}$ in sämtlichen Öffnungen.

Bisher handelte es sich immer nur um die Belastung einer einzigen (beliebigen) Öffnung l_i. Hierfür fragten wir nach der Größe der Einspannmomente in den übrigen Stützpunkten $a, b, c, \ldots, y, z$. Die Ergebnisse sind in den Tab. 24a u. 24b angegeben.

Nunmehr fassen wir ein bestimmtes Einspannmoment M_i ins Auge, fragen aber nach dem *Einfluß einer über alle Öffnungen wandernden Last P auf dieses Moment M_i*. Wir bestimmen also den Verlauf der Einflußlinie von M_i für sämtliche Öffnungen.

Die hierfür erforderlichen Unterlagen sind durch die Ergebnisse der vorangehenden Untersuchungen gegeben. Insbesondere sei verwiesen auf Abb. 57.

Steht die Last P im Felde l_i, so ist der für dieses Feld in Frage kommende Zweig der M_i-Linie aus Abb. 57 zu entnehmen.

Wandert die Last P in das linke Nachbarfeld l_h, so treten in diesem Feld die Einspannmomente M_h und $M_{(i)}$ auf. Von diesen beiden Momenten ist das am rechten Balkenende auftretende Moment $M_{(i)}$ bestimmend für das gesuchte Moment M_i in der Öffnung l_i. M_i ergibt sich nach Tab. 24b mit dem Wert

$$M_i = r_{(k)}\, M_{(i)} \qquad \text{(für Öffnung } l_h\text{)}.$$

Damit ist der Verlauf der M_i-Linie für eine Belastung der Öffnung l_h gegeben: er stimmt überein mit dem Verlauf der $M_{(i)}$-Linie; nur sind deren Ordinaten y mit der relativen Stabsteifigkeit $r_{(k)}$ zu multiplizieren, d. h. auf den Teilwert $r_{(k)} \cdot y$ zu verkleinern ($r_{(k)}$ ist ein echter Bruch).

Wirkt die Last P im rechten Nachbarfeld von l_i, d. h. in der Öffnung l_k, so ist von den beiden dort auftretenden Momenten M_k und $M_{(l)}$ das am linken Balkenende wirkende Moment M_k für das gesuchte Moment M_i (in l_i) bestimmend. Es ist gemäß Tab. 24a

$$M_i = \alpha_i\, M_k \qquad \text{(für die Öffnung } l_k\text{)}.$$

Nach dieser Gleichung ist der Verlauf der M_i-Linie für die Öffnung l_k durch die M_k-Linie (s. Abb. 57) gegeben. Deren Ordinaten sind jedoch mit dem Abminderungsfaktor α_i zu multiplizieren, d. h. entsprechend zu verkleinern. — Zu beachten ist, daß

$$\alpha_i = (-\tfrac{1}{2})\, \varepsilon_i\, r_i$$

ein negativer Wert ist; somit liegt dieser Zweig der M_i-Linie im Bereich l_k oberhalb der Horizontalen, im Gegensatz zu dem Zweig in der Öffnung l_i.

Für die Laststellung in der zweitfolgenden Öffnung l_g links von l_i ist das gesuchte Moment M_i durch das Moment $M_{(h)}$ bestimmt.

Es gilt die Gleichung (s. Tab. 24 b)

$$M_i = M_{(h)}\,\alpha_{(i)}\,r_{(k)},$$

wo
$$\alpha_{(i)} = -\tfrac{1}{2}\,\varepsilon_{(i)}\,r_{(i)}.$$

Für die Belastung der zweitnächsten Öffnung rechts von l_i, d. h. für die Öffnung l_l, ergibt sich M_i aus dem Moment M_l nach der Gleichung

$$M_i = M_l\,\alpha_k\,\alpha_i,$$

wo
$$\alpha_k = -\tfrac{1}{2}\,\varepsilon_k\,r_k,$$
$$\alpha_i = -\tfrac{1}{2}\,\varepsilon_i\,r_i.$$

Entsprechend ist die Entwicklung der Ausdrücke von M_i für die weiteren Öffnungen fortzusetzen.

Es ergibt sich somit folgendes

Schema der Werte M_i (M_i-Linie):

l_f	l_g	l_h	l_i	l_k	l_l	l_m
$M_{(g)}\,\alpha_h\,\alpha_{(i)}\,r_{(\lambda)}$	$M_{(h)}\,\alpha_{(i)}\,r_{(k)}$	$M_{(i)}\,r_{(k)}$	$\underline{M_i}$	$M_k\,\alpha_i$	$M_l\,\alpha_k\,\alpha_i$	$M_m\,\alpha_l\,\alpha_k\,\alpha_i$

Entsprechend gestaltet sich das

Schema der Werte $M_{(k)}$ ($M_{(k)}$-Linie):

l_f	l_g	l_h	l_i	l_k	l_l	l_m
$M_{(g)}\,\alpha_{(h)}\,\alpha_{(i)}\,\alpha_{(k)}$	$M_{(h)}\,\alpha_{(i)}\,\alpha_{(\lambda)}$	$M_{(i)}\,\alpha_{(k)}$	$\underline{M_{(k)}}$	$M_k\,r_i$	$M_l\,\alpha_k\,r_i$	$M_m\,\alpha_l\,\alpha_k\,r_i$

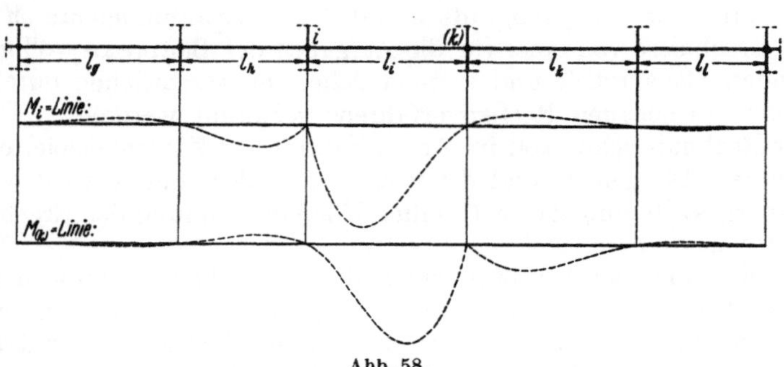

Abb. 58.

Nach diesem Schema ist die Einflußlinie eines beliebigen Einspannmomentes M_i bzw. $M_{(k)}$ aufzutragen (s. Abb. 58). — Die Grundlage bildet die Kurvenschar Abb. 57. Der für jede einzelne Öffnung in Frage kommende Zweig der M_i- bzw. $M_{(k)}$-Linie ist gemäß vorstehendem Schema aus Tabelle 22 zu entnehmen. Die einzelnen Koeffizienten, womit die Ordinaten dieser Teile der M_i- bzw. $M_{(k)}$-Linie zu multiplizieren sind, finden sich in vorstehendem Schema angegeben.

Anmerkung: Die Multiplikatoren der M-Linien für die einzelnen Öffnungen, d. h. die Produkte der Abminderungsfaktoren α (bzw. r) nehmen sehr schnell ab. Sie sind im allgemeinen, speziell bei Stockwerkrahmen, höchstens noch für zwei seitlich von l_i liegende Öffnungen von praktischer Bedeutung. — Die Einflußlinien der Einspannmomente erstrecken sich praktisch also nur über fünf, vielleicht sogar nur über drei Öffnungen (vgl. Abb. 58). Die weiter abseits liegenden Zweige der Einflußlinien können wegen der Geringfügigkeit ihrer Ordinaten vernachlässigt werden. Belastungen in diesen Öffnungen sind also praktisch ohne Einfluß auf das gesuchte Einspannmoment M_i bzw. $M_{(k)}$.

In den nachstehenden Tab. 25a u. 25b sind für sämtliche Einspannmomente, vom Knoten a angefangen bis zum Endknoten z, die Zweige der Einflußlinien in den einzelnen Öffnungen angegeben.

Entsprechend den zuletzt gemachten Angaben über das rasche Abfallen der Ordinaten in den seitlich der Öffnung l_i gelegenen Feldern sind für jede Einflußlinie nur je zwei Werte seitlich der Diagonale angegeben. — Im übrigen ist ohne weiteres zu ersehen, wie die einzelnen Reihen fortzusetzen wären.

Ergebnis: Die vorstehenden Untersuchungen lassen erkennen, daß die Berechnung rahmenartiger Tragwerke bzw. kontinuierlicher Träger mit elastischer Einspannung an den Stützpunkten in einfacher tabellarischer Rechenweise durchgeführt werden kann. Das gilt sowohl für die maßgeblichen Größen der Rechnung, die Einspanngrade ε, als auch für die Unbekannten der Aufgabe, die Einspannmomente M an den Knoten.

Für ruhende wie für bewegliche Belastung lassen sich einfache geschlossene Ausdrücke für die Einspannmomente M angeben. Infolgedessen sind auch die Einflußlinien dieser Unbekannten M unschwer zu bestimmen.

Besondere Beachtung verdienen die vereinfachten Verfahren zur Bestimmung der Einspanngrade ε und der Einspannmomente M. Sie liefern Ergebnisse von einer für die Aufgaben der Baupraxis völlig ausreichenden Genauigkeit und können daher im wesentlichen durchweg an Stelle des genauen Rechenverfahrens verwandt werden.

Der Rechnungsgang soll im Anhang durch ein Zahlenbeispiel erläutert werden. Die genaue und die vereinfachte Berechnung wird jeweils gegenübergestellt und die fast völlige Übereinstimmung der Ergebnisse ausgewiesen.

Es sei schon hier hervorgehoben, daß die Zahlenrechnungen auch erkennen lassen, welch beträchtliche Unterschiede bestehen zwischen dem gebräuchlichen Verfahren zur Berechnung durchlaufender Träger, d. h. bei Annahme gelenkiger Lagerung über den Stützen, und dem hier behandelten Rechnungsgang, der die Einspannung in den Knoten an den Stützpunkten berücksichtigt.

Zur Erläuterung sei bereits vorab ein Ergebnis der Berechnung eines 8feldrigen Trägers beispielsweise angeführt (s. Abb. 59). Dargestellt ist die Einflußlinie für ein Stützenmoment M_f im Punkte f am linken Ende der Öffnung f—g, und zwar einmal für den Fall einer gelenkigen Lagerung über den Stützen (strichpunktierte Linie) und das andere Mal für den Fall der elastischen Einspannung an den Stützpunkten (gestrichelte Linie). — Die Abweichungen betragen an den Punkten der größten Ordinaten $(0,900 - 0,626 = 0,294)$ d. h. $\dfrac{0,294}{0,626} = 47\,\%$ und $(0,638 - 0,230 = 0,408)$ d. h. $\dfrac{0,408}{0,230} = 177,5\,\%$ der kleineren Ordinaten

Tabelle 25a. *Einflußlinien der Einspannmomente M_a, M_b, ..., M_y an den Anfangspunkten der einzelnen Öffnungen l_a, l_b, ..., l_y.*

	l_a	l_b	l_c	l_d	l_e	l_f	
M_a	$\underline{M_a}$	$M_b \alpha_a$	$M_c \alpha_b \alpha_a$	—	—	—	M_a
M_b	$M_{(b)} r_{(c)}$	$\underline{M_b}$	$M_c \alpha_b$	$M_d \alpha_c \alpha_b$	—	—	M_b
M_c	$M_{(b)} \alpha_{(c)} r_{(d)}$	$M_{(c)} r_{(d)}$	$\underline{M_c}$	$M_d \alpha_c$	$M_e \alpha_d \alpha_c$	—	M_c
M_d	—	$M_{(c)} \alpha_{(d)} r_{(e)}$	$M_{(d)} r_{(e)}$	$\underline{M_d}$	$M_e \alpha_d$	$M_f \alpha_e \alpha_d$	M_d

	l_g	l_h	l_i	l_k	l_l	l_m	
M_i	$M_{(h)} \alpha_{(i)} r_{(k)}$	$M_{(i)} r_{(\cdot)}$	$\underline{M_i}$	$M_k \alpha_i$	$M_l \alpha_k \alpha_i$	—	M_i
M_k	—	$M_{(i)} \alpha_{(k)} r_{(l)}$	$M_{(k)} r_{(l)}$	$\underline{M_k}$	$M_l \alpha_k$	$M_m \alpha_l \alpha_k$	M_k

	l_t	l_u	l_v	l_w	l_x	l_y	
M_v	$M_{(u)} \alpha_{(v)} r_{(w)}$	$M_{(v)} r_{(w)}$	$\underline{M_v}$	$M_w \alpha_v$	$M_x \alpha_w \alpha_v$	—	M_v
M_w	—	$M_{(v)} \alpha_{(w)} r_{(x)}$	$M_w r_{(x)}$	$\underline{M_w}$	$M_x \alpha_w$	$M_y \alpha_x \alpha_w$	M_w
M_x	—	—	$M_{(w)} \alpha_{(x)} r_{(y)}$	$M_{(x)} r_{(y)}$	$\underline{M_x}$	$M_y \alpha_x$	M_x
M_y	—	—	—	$M_{(x)} \alpha_{(y)} r_{(z)}$	$M_{(y)} r_{(z)}$	$\underline{M_y}$	M_y

Tabelle 25b. *Einflußlinien der Einspannmomente* $M_{(a)}$, $M_{(b)}$, ..., $M_{(z)}$ *an den Endpunkten der einzelnen Öffnungen* $l_{(b)}$, $l_{(c)}$, ..., $l_{(z)}$.

		$l_{(y)}$	$l_{(w)}$	$l_{(x)}$	$l_{(y)}=l_x$	$l_{(z)}=l_y$	
$M_{(z)}$		—	—	$M_{(x)}\,\alpha_{(y)}\,\alpha_{(z)}$	$M_{(y)}\,\alpha_{(z)}$	$\underline{M_{(z)}}$	$M_{(z)}$
$M_{(y)}$		—	$M_{(w)}\,\alpha_{(x)}\,\alpha_{(y)}$	$M_{(x)}\,\alpha_{(y)}$	$\underline{M_{(y)}}$	$M_y\,r_x$	$M_{(y)}$
$M_{(x)}$		$M_{(v)}\,\alpha_{(w)}\,\alpha_{(x)}$	$M_{(w)}\,\alpha_{(x)}$	$\underline{M_{(x)}}$	$M_x\,r_w$	$M_y\,\alpha_x\,r_w$	$M_{(x)}$
$M_{(w)}$		$M_{(v)}\,\alpha_{(w)}$	$\underline{M_{(w)}}$	$M_w\,r_v$	$M_x\,\alpha_w\,r_z$	$M_y\,\alpha_x\,\alpha_w\,r_v$	$M_{(w)}$

		$l_{(g)}$	$l_{(h)}$	$l_{(i)}$	$l_{(k)}$	$l_{(l)}$	
$M_{(i)}$		$M_{(g)}\,\alpha_{(h)}\,\alpha_i$	$M_{(h)}\,\alpha_{(i)}$	$\underline{M_{(i)}}$	$M_i\,r_h$	$M_k\,\alpha_i\,r_h$	$M_{(i)}$
$M_{(k)}$		$M_{(g)}\,\alpha_h$	$\underline{M_{(h)}}$	$M_h\,r_g$	$M_i\,\alpha_h\,r_g$	—	$M_{(h)}$

	$l_{(b)}$	$l_{(c)}$	$l_{(d)}$	$l_{(e)}$	$l_{(f)}$	
$M_{(d)}$	$M_{(b)}\,\alpha_{(c)}\,\alpha_{(d)}$	$M_{(c)}\,\alpha_{(d)}$	$\underline{M_{(d)}}$	$M_d\,r_c$	$M_e\,\alpha_d\,r_c$	$M_{(d)}$
$M_{(c)}$	$M_{(b)}\,\alpha_{(c)}$	$\underline{M_{(c)}}$	$M_c\,r_b$	$M_d\,\alpha_c\,r_b$	—	$M_{(c)}$
$M_{(b)}$	$\underline{M_{(b)}}$	$M_b\,r_a$	$M_c\,\alpha_b\,r_a$	—	—	$M_{(b)}$

bzw. $+\dfrac{0,294}{0,626} = +47\,\%$ und $-\dfrac{0,408}{0,638} = -64\,\%$ der für den gelenkig gelagerten Träger gültigen Werte.

Wir haben also allen Anlaß, uns darüber Rechenschaft zu geben, ob wir dann, wenn elastische Einspannungen in Knoten vorliegen, was meist der Fall ist, auf deren Berücksichtigung in der Rechnung verzichten und die Näherungsberechnung unter Annahme gelenkiger Lagerung als ausreichend genau gelten lassen wollen. Das ist in zahlreichen Fällen für die Materialverteilung, namentlich im Stahlbetonbau, keineswegs gleichgültig.

Auch hieraus ergibt sich, daß dem im vorigen entwickelten Berechnungsverfahren eine weitgehende praktische Bedeutung zukommt.

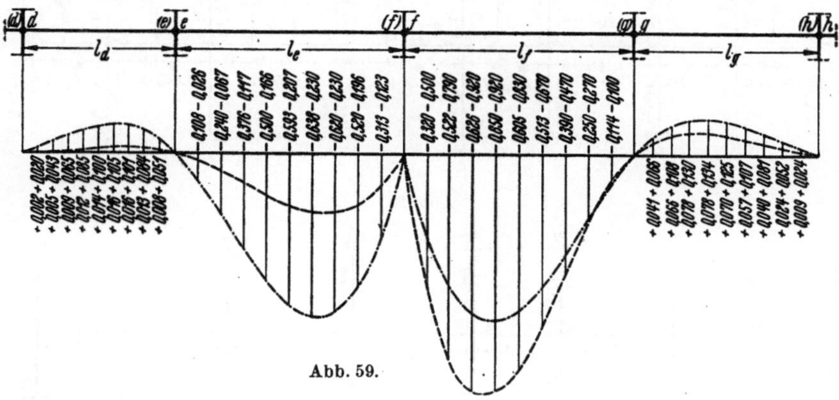

Zahlenbeispiel:
Träger mit 8 Öffnungen. Einflußlinien der Einspannmomente. M_f-Linie.

Abb. 59.

Dritter Teil

Zahlenbeispiel.

A. Von der Belastung unabhängige Werte.

Unterlagen der Berechnung. Es soll das in Abb. 1 dargestellte Tragwerk berechnet werden. Wir untersuchen zunächst den Einfluß der in Abb. 1 angegebenen Belastung; es handelt sich dabei teils um Einzel-

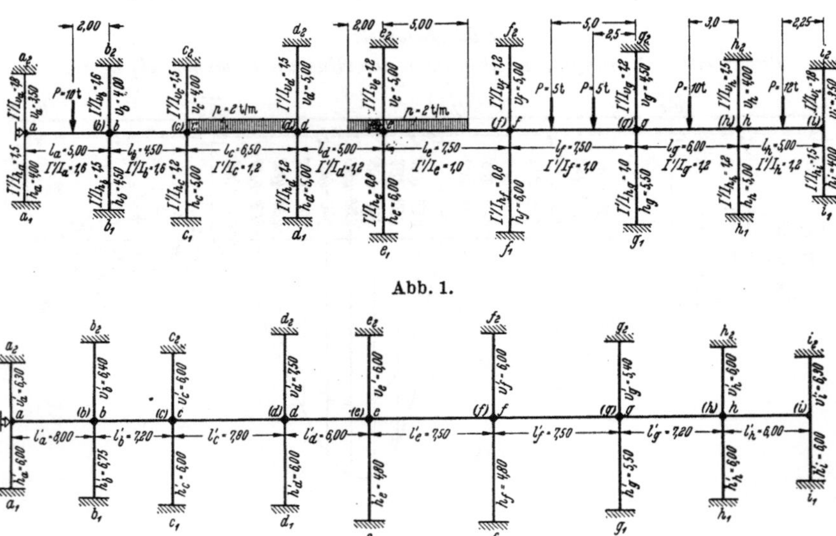

Abb. 1.

Abb. 2.

lasten P, teils um Streckenlasten p. — Anschließend soll uns der Fall beweglicher, d. h. wandernder, Einzellasten beschäftigen. Als Beispiel bestimmen wir die Einflußlinie eines Stützenmomentes.

Es kommen für die Berechnung des Stützenmomentes M die beiden ersten Gleichungen der Tab. 8, S. 88, in Frage:

$$\left. \begin{aligned} M_i &= M_0\, v_i = M_0\, \frac{y_i}{n_i} = -\frac{P\, l_i}{2}\, \frac{c_1 - \tfrac{1}{2}\,\varepsilon_k\, c_2}{n_i}; \\ M_k &= M_0\, v_k = M_0\, \frac{y_k}{n_k} = -\frac{P\, l_i}{2}\, \frac{c_2 - \tfrac{1}{2}\,\varepsilon_i\, c_1}{n_k}. \end{aligned} \right\} \quad (1)$$

$$\left. \begin{aligned} M_i &= M_0\, v_i = M_0\, \frac{y_i}{n_i} = -\frac{p\, l_i^2}{8}\, \frac{k_1 - \tfrac{1}{2}\,\varepsilon_k\, k_2}{n_i}; \\ M_k &= M_0\, v_k = M_0\, \frac{y_k}{n_k} = -\frac{p\, l_i^2}{8}\, \frac{k_2 - \tfrac{1}{2}\,\varepsilon_i\, k_1}{n_k}. \end{aligned} \right\} \quad (2)$$

Nach diesen Gleichungen berechnen sich die Stützenmomente einer jeweils belasteten einzelnen Öffnung l_i. M_i wirkt am Anfang i und M_k am Ende (k) einer jeder einzelnen Öffnung l_i. Aus den Momenten M_i und $M_{(k)}$ läßt sich dann auch die Gesamtmomentenfläche des Systems bestimmen, allerdings nur für die jeweilige Belastung der einen Öffnung l_i.

Nachdem dieser Rechnungsgang für jede Öffnung und die in ihr wirkende Belastung durchgeführt ist, bleibt schließlich die Summe aller Einzeleinflüsse zu bilden. Diese ergibt die gesuchten Werte der Stützenmomente M.

Tabelle 1. *Reduzierte Stablängen l' und Belastungsglieder.*

	l in m	J	$\dfrac{J'}{J}$	$l'=l\dfrac{J'}{J}$	Belastung	$\dfrac{x}{l}$	$\dfrac{x'}{l}$	Belastungsglieder					
								c_1	c_2	k_1	k_2	k'_1	k'_2
l_a	5,00	45	1,6	8,00	$P_a = 10\,t$	0,4	—	0,336	0,384				
l_b	4,50	45	1,6	7,20	—	—	—						
l_c	6,50	60	1,2	7,80	$p_c = 2\,t/m$	1,0				1,00	1,00		
l_d	5,00	60	1,2	6,00	$p_d = 2\,t/m$	0,4				0,294	0,410		
l_e	7,50	72	1,00	7,50	$p_e = 2\,t/m$		0,66					0,691	0,790
l_f	7,50	72	1,00	7,50	$P_{f_1} = 5\,t$	0,66		0,370	0,296				
					$P_{f_2} = 5\,t$	0,33		0,296	0,370				
l_g	6,00	60	1,2	7,20	$P_g = 10\,t$	0,50		0,375	0,375				
l_h	5,00	60	1,2	6,00	$P_h = 12\,t$	0,45		0,359	0,384				

Anmerkung: Die Werte der reduzierten Stablängen l' sind in die Tabelle der Einspanngrade ε_i und $\varepsilon_{(k)}$ zu übertragen.

Tabelle 2a. *Reduzierte Stablängen (h') der Stiele h.*

	a_1	b_1	c_1	d_1	e_1	f_1	g_1	h_1	i_1
h	$h_a = 4,00$	$h_b = 4,50$	$h_c = 5,00$	$h_d = 5,00$	$h_e = 6,00$	$h_f = 6,00$	$h_g = 5,50$	$h_h = 5,00$	$h_i = 4,00$
J	48	48	60	60	90	90	72	72	48
$\dfrac{J'}{J}$	1,5	1,5	1,2	1,2	0,8	0,8	1,0	1,0	1,5
$h' = h\dfrac{J'}{J}$	$h'_a = 6,00$	$h'_b = 6,75$	$h'_c = 6,00$	$h'_d = 6,00$	$h'_e = 4,80$	$h'_f = 4,80$	$h'_g = 5,50$	$h'_h = 5,00$	$h'_i = 6,00$

Tabelle 2b. *Reduzierte Stablängen (v') der Stiele v.*

	a_2	b_2	c_2	d_2	e_2	f_2	g_2	h_2	i_2
v	$v_a = 3,50$	$v_b = 4,00$	$v_c = 4,00$	$v_d = 5,00$	$v_e = 5,00$	$v_f = 5,00$	$v_g = 4,50$	$v_h = 4,00$	$v_i = 3,50$
J	40	45	48	48	60	60	60	48	40
$\dfrac{J'}{J}$	1,8	1,6	1,5	1,5	1,2	1,2	1,2	1,5	1,8
$v' = v\dfrac{J'}{J}$	$v'_a = 6,30$	$v'_b = 6,40$	$v'_c = 6,00$	$v'_d = 7,50$	$v'_e = 6,00$	$v'_f = 6,00$	$v'_g = 5,40$	$v'_h = 6,00$	$v'_i = 6,30$

Die reduzierten Stablängen h' und v' sind in die nachfolgende Tabelle der Einspanngrade ε_i und $\varepsilon_{(k)}$ zu übernehmen.

Tabelle 3a. ε_i-*Werte.*

		a (1)	b (2)	c (3)	d (4)	e (5)	f (6)	g (7)	h (8)
l_i'	(1)	$l_a'=8{,}00$	$l_b'=7{,}20$	$l_c'=7{,}80$	$l_d'=6{,}00$	$l_e'=7{,}50$	$l_f'=7{,}50$	$l_g'=7{,}20$	$l_h'=6{,}00$
l_h'	(2)		$l_a'=8{,}00$	$l_b'=7{,}20$	$l_c'=7{,}80$	$l_d'=6{,}00$	$l_e'=7{,}50$	$l_f'=7{,}50$	$l_g'=7{,}20$
h_i'	(3)	$h_a'=6{,}00$	$h_b'=6{,}75$	$h_c'=6{,}00$	$h_d'=6{,}00$	$h_e'=4{,}80$	$h_f'=4{,}80$	$h_g'=5{,}50$	$h_h'=5{,}00$
v_i'	(4)	$v_a'=6{,}30$	$v_b'=6{,}40$	$v_c'=6{,}00$	$v_d'=7{,}50$	$v_e'=6{,}00$	$v_f'=6{,}00$	$v_g'=5{,}40$	$v_h'=6{,}00$
$\dfrac{l_i'}{l_h'}$	(5)		$\dfrac{l_b'}{l_a'}=0{,}900$	$\dfrac{l_c'}{l_b'}=1{,}083$	$\dfrac{l_d'}{l_c'}=0{,}769$	$\dfrac{l_e'}{l_d'}=1{,}250$	$\dfrac{l_f'}{l_e'}=1{,}000$	$\dfrac{l_g'}{l_f'}=0{,}960$	$\dfrac{l_h'}{l_g'}=0{,}833$
$\dfrac{l_i'}{h_i'}$	(6)	$\dfrac{l_a'}{h_a'}=1{,}333$	$\dfrac{l_b'}{h_b'}=1{,}067$	$\dfrac{l_c'}{h_c'}=1{,}300$	$\dfrac{l_d'}{h_d'}=1{,}00$	$\dfrac{l_e'}{h_e'}=1{,}563$	$\dfrac{l_f'}{h_f'}=1{,}563$	$\dfrac{l_g'}{h_g'}=1{,}309$	$\dfrac{l_h'}{h_h'}=1{,}20$
$\dfrac{l_i'}{v_i'}$	(7)	$\dfrac{l_a'}{v_a'}=1{,}270$	$\dfrac{l_b'}{v_b'}=1{,}125$	$\dfrac{l_c'}{v_c'}=1{,}300$	$\dfrac{l_d'}{v_d'}=0{,}800$	$\dfrac{l_e'}{v_e'}=1{,}250$	$\dfrac{l_f'}{v_f'}=1{,}250$	$\dfrac{l_g'}{v_g'}=1{,}333$	$\dfrac{l_h'}{v_h'}=1{,}00$
ε_h	(8)	—	0,7763	0,8015	0,8282	0,7712	0,8420	0,8347	0,8240
ε_{i_1}	(9)	1	1	1	1	1	1	1	1
ε_{i_2}	(10)	1	1	1	1	1	1	1	1
$\tfrac{1}{4}\varepsilon_h$	(11)	—	0,1941	0,2004	0,2070	0,1928	0,2105	0,2087	0,2060
$\tfrac{1}{4}\varepsilon_{i_1}$	(12)	0,25	0,25	0,25	0,25	0,25	0,25	0,25	0,25
$\tfrac{1}{4}\varepsilon_{i_2}$	(13)	0,25	0,25	0,25	0,25	0,25	0,25	0,25	0,25

$1-\frac{1}{4}\varepsilon_h$	(14)		0,8059	0,7996	0,7930	0,8072	0,7895	0,7913	0,7940
$1-\frac{1}{4}\varepsilon_{i_1}$	(15)	0,75	0,75	0,75	0,75	0,75	0,75	0,75	0,75
$1-\frac{1}{4}\varepsilon_{i_2}$	(16)	0,75	0,75	0,75	0,75	0,75	0,75	0,75	0,75
$\dfrac{1}{1-\frac{1}{4}\varepsilon_h}$	(17)	—	1,241	1,251	1,261	1,239	1,267	1,264	1,259
$\dfrac{1}{1-\frac{1}{4}\varepsilon_{i_1}}$	(18)	1,333	1,333	1,333	1,333	1,333	1,333	1,333	1,333
$\dfrac{1}{1-\frac{1}{4}\varepsilon_{i_2}}$	(19)	1,333	1,333	1,333	1,333	1,333	1,333	1,333	1,333
$\dfrac{1}{1-\frac{1}{4}\varepsilon_h}\dfrac{l'_i}{l'_h}$	(20)	—	1,117	1,354	0,970	1,549	1,267	1,158	1,049
$\dfrac{1}{1-\frac{1}{4}\varepsilon_{i_1}}\dfrac{l'_i}{h'_i}$	(21)	1,778	1,423	1,733	1,333	2,084	2,084	1,745	1,600
$\dfrac{1}{1-\frac{1}{4}\varepsilon_{i_2}}\dfrac{l'_i}{v'_i}$	(22)	1,693	1,500	1,733	1,067	1,700	1,700	1,778	1,333
λ_i	(23)	3,471	4,040	4,820	3,370	5,333	5,051	4,681	3,982
$\varepsilon_i=\dfrac{\lambda_i}{1+\lambda_i}$	(24)	$\varepsilon_a=\dfrac{3,471}{4,471}$	$\varepsilon_b=\dfrac{4,040}{5,040}$	$\varepsilon_c=\dfrac{4,820}{5,820}$	$\varepsilon_d=\dfrac{3,370}{4,370}$	$\varepsilon_e=\dfrac{5,333}{6,333}$	$\varepsilon_f=\dfrac{5,051}{6,051}$	$\varepsilon_g=\dfrac{4,681}{5,681}$	$\varepsilon_h=\dfrac{3,982}{4,982}$
		$\varepsilon_a=0{,}7763$	$\varepsilon_b=0{,}8015$	$\varepsilon_c=0{,}8282$	$\varepsilon_d=0{,}7712$	$\varepsilon_e=0{,}8420$	$\varepsilon_f=0{,}8347$	$\varepsilon_g=0{,}8240$	$\varepsilon_h=0{,}7992$

Tabelle 3b. $\varepsilon_{(k)}$-*Werte.*

Zahlenbeispiel.

		(b) (1)	(c) (2)	(d) (3)	(e) (4)	(f) (5)	(g) (6)	(h) (7)	(i) (8)
$l'_{(k)} = l'_i$	(1)	$l'_{(b)} = 8{,}00$	$l'_{(c)} = 7{,}20$	$l'_{(d)} = 7{,}80$	$l'_{(e)} = 6{,}00$	$l'_{(f)} = 7{,}50$	$l'_{(g)} = 7{,}50$	$l'_{(h)} = 7{,}20$	$l'_{(i)} = 6{,}00$
$l'_{(l)} = l'_k$	(2)	$l'_{(c)} = 7{,}20$	$l'_{(d)} = 7{,}80$	$l'_{(e)} = 6{,}00$	$l'_{(f)} = 7{,}50$	$l'_{(g)} = 7{,}50$	$l'_{(h)} = 7{,}20$	$l'_{(i)} = 6{,}00$	—
h'_k	(3)	$h'_b = 6{,}75$	$h'_c = 6{,}00$	$h'_d = 6{,}00$	$h'_e = 4{,}80$	$h'_f = 4{,}80$	$h'_g = 5{,}50$	$h'_h = 5{,}00$	$h'_i = 6{,}00$
v'_k	(4)	$v'_b = 6{,}40$	$v'_c = 6{,}00$	$v'_d = 7{,}50$	$v'_e = 6{,}00$	$v'_f = 6{,}00$	$v'_g = 5{,}40$	$v'_h = 6{,}00$	$v'_i = 6{,}30$
$\dfrac{l'_{(k)}}{l'_{(l)}}$	(5)	$\dfrac{l'_{(b)}}{l'_{(c)}} = 1{,}111$	$\dfrac{l'_{(c)}}{l'_{(d)}} = 0{,}923$	$\dfrac{l'_{(d)}}{l'_{(e)}} = 1{,}300$	$\dfrac{l'_{(e)}}{l'_{(f)}} = 0{,}800$	$\dfrac{l'_{(f)}}{l'_{(g)}} = 1{,}000$	$\dfrac{l'_{(g)}}{l'_{(h)}} = 1{,}042$	$\dfrac{l'_{(h)}}{l'_{(i)}} = 1{,}20$	—
$\dfrac{l'_{(k)}}{h'_k}$	(6)	$\dfrac{l'_{(b)}}{h'_b} = 1{,}185$	$\dfrac{l'_{(c)}}{h'_c} = 1{,}200$	$\dfrac{l'_{(d)}}{h'_d} = 1{,}300$	$\dfrac{l'_{(e)}}{h'_e} = 1{,}250$	$\dfrac{l'_{(f)}}{h'_f} = 1{,}563$	$\dfrac{l'_{(g)}}{h'_g} = 1{,}364$	$\dfrac{l'_{(h)}}{h'_h} = 1{,}44$	$\dfrac{l'_{(i)}}{h'_i} = 1{,}00$
$\dfrac{l'_{(k)}}{v'_k}$	(7)	$\dfrac{l'_{(b)}}{v'_b} = 1{,}250$	$\dfrac{l'_{(c)}}{v'_c} = 1{,}200$	$\dfrac{l'_{(d)}}{v'_d} = 1{,}040$	$\dfrac{l'_{(e)}}{v'_e} = 1{,}000$	$\dfrac{l'_{(f)}}{v'_f} = 1{,}250$	$\dfrac{l'_{(g)}}{v'_g} = 1{,}389$	$\dfrac{l'_{(h)}}{v'_h} = 1{,}20$	$\dfrac{l'_{(i)}}{v'_i} = 0{,}952$
$\varepsilon_{(l)}$	(8)	0,8135	0,8260	0,8004	0,8337	0,8330	0,8328	0,7224	—
ε_{k_1}	(9)	1	1	1	1	1	1	1	1
ε_{k_2}	(10)	1	1	1	1	1	1	1	1
$\tfrac{1}{4}\,\varepsilon_{(l)}$	(11)	0,2034	0,2065	0,2001	0,2084	0,2083	0,2082	0,1806	
$\tfrac{1}{4}\,\varepsilon_{k_1}$	(12)	0,25	0,25	0,25	0,25	0,25	0,25	0,25	0,25
$\tfrac{1}{4}\,\varepsilon_{k_2}$	(13)	0,25	0,25	0,25	0,25	0,25	0,25	0,25	0,25

	(b)	(c)	(d)	(e)	(f)	(g)	(h)	(i)
$1-\frac{1}{4}\varepsilon_{(l)}$ (14)	0,7966	0,7935	0,7999	0,7916	0,7917	0,7918	0,8194	—
$1-\frac{1}{4}\varepsilon_{k_1}$ (15)	0,75	0,75	0,75	0,75	0,75	0,75	0,75	0,75
$1-\frac{1}{4}\varepsilon_{k_2}$ (16)	0,75	0,75	0,75	0,75	0,75	0,75	0,75	0,75
$\dfrac{1}{1-\frac{1}{4}\varepsilon_{(l)}}$ (17)	1,255	1,260	1,250	1,263	1,263	1,263	1,220	—
$\dfrac{1}{1-\frac{1}{4}\varepsilon_{k_1}}$ (18)	1,333	1,333	1,333	1,333	1,333	1,333	1,333	1,333
$\dfrac{1}{1-\frac{1}{4}\varepsilon_{k_2}}$ (19)	1,333	1,333	1,333	1,333	1,333	1,333	1,333	1,333
$\dfrac{1}{1-\frac{1}{4}\varepsilon_{(l)}}\dfrac{l'_{(k)}}{l'_{(l)}}$ (20)	1,394	1,163	1,625	1,010	1,263	1,316	1,464	—
$\dfrac{1}{1-\frac{1}{4}\varepsilon_{k_1}}\dfrac{l'_{(k)}}{h'_k}$ (21)	1,580	1,600	1,733	1,667	2,084	1,819	1,920	1,333
$\dfrac{1}{1-\frac{1}{4}\varepsilon_{k_2}}\dfrac{l'_{(k)}}{v'_k}$ (22)	1,667	1,600	1,387	1,333	1,667	1,852	1,600	1,269
$\lambda_{(k)}$ (23)	$\lambda_{(b)}=4,641$	$\lambda_{(c)}=4,363$	$\lambda_{(d)}=4,745$	$\lambda_{(e)}=4,010$	$\lambda_{(f)}=5,014$	$\lambda_{(g)}=4,987$	$\lambda_{(h)}=4,984$	$\lambda_{(i)}=2,602$
$\varepsilon_{(k)}=\dfrac{\lambda_{(k)}}{1+\lambda_{(k)}}$ (24)	$\varepsilon_{(b)}=\dfrac{4,641}{5,641}$	$\varepsilon_{(c)}=\dfrac{4,363}{5,363}$	$\varepsilon_{(d)}=\dfrac{4,745}{5,745}$	$\varepsilon_{(e)}=\dfrac{4,010}{5,010}$	$\varepsilon_{(f)}=\dfrac{5,014}{6,014}$	$\varepsilon_{(g)}=\dfrac{4,987}{5,987}$	$\varepsilon_{(h)}=\dfrac{4,984}{5,984}$	$\varepsilon_{(i)}=\dfrac{2,602}{3,602}$
	$\varepsilon_{(b)}=0,8227$	$\varepsilon_{(c)}=0,8135$	$\varepsilon_{(d)}=0,8260$	$\varepsilon_{(e)}=0,8004$	$\varepsilon_{(f)}=0,8337$	$\varepsilon_{(g)}=0,8330$	$\varepsilon_{(h)}=0,8328$	$\varepsilon_{(i)}=0,7224$

Die maßgeblichen Größen der Rechnung sind die *Einspanngrade* ε_i und $\varepsilon_{(k)}$. Es gelten die in Tab. 3 angegebenen Werte. Durch die Größen ε_i und $\varepsilon_{(k)}$ sind auch die Nennerwerte n_i und $n_{(k)}$ bestimmt.

Die in Gl. (1) u. (2) vorkommenden Belastungsglieder c und k sind in Tab. 1 angegeben bzw. aus den Tabellen S. 98 u. 99 zu entnehmen. Die Abstände x der Lasten sind durchweg vom rechten Ende der einzelnen Öffnungen aus gemessen. Nur in der Öffnung l_e ist die Belastung p_e vom linken Auflager aus um das Maß x' vorgeschoben. Deshalb ist hierbei die Angabe im Text S. 31 zu beachten.

1. Einspanngrade ε.

Nach Tab. 1, S. 59, u. 1a, S. 62, bestimmen wir die Einspanngrade ε_a, ε_b, ε_c usw. bis ε_h; Tab. 1b, S. 63, dient zur Berechnung der Einspanngrade $\varepsilon_{(i)}$, $\varepsilon_{(h)}$, $\varepsilon_{(g)}$ usw. bis $\varepsilon_{(b)}$.

Die Zeilen 1 bis 4, d. h. die reduzierten Längen der Riegel (l') und der Stiele (h') und (v'), sind aus den Tabellen S. 129 zu übernehmen. Aus den Zeilen 1 bis 4 lassen sich die Zeilen 5 bis 7 errechnen. Die Zeile 9 enthält die Einspanngrade der Fußpunkte der Stiele h, die Zeile 10 die der Kopfpunkte der Stiele v. Aus diesen sind die Zeilen 12, 13, 15, 16, 18, 19, 21 und 22 zu entwickeln.

Nun geht die Rechnung spaltenweise vor sich. In der Spalte 1 errechnet man den Einspanngrad ε_a. Den Wert ε_a trägt man in Zeile 8 der Spalte 2 ein; damit läßt sich ε_b in Spalte 2 ausrechnen. ε_b trägt man in Zeile 8 der Spalte 3 ein und findet nunmehr ε_c. So fährt man fort bis zur Spalte 8, in welcher der letzte Einspanngrad ε_h errechnet wird.

Die Berechnung der $\varepsilon_{(k)}$-Werte erfolgt nach Tab. 3b. Die Rechnung beginnt mit der letzten Spalte, der Spalte 8 der Tab. 3b. Ist $\varepsilon_{(i)}$ gefunden, dann wird in Spalte 7 $\varepsilon_{(h)}$ errechnet, danach in Spalte 6 $\varepsilon_{(g)}$ usw. bis zur Spalte 1, die $\varepsilon_{(b)}$ ergibt. Im übrigen gestaltet sich der Rechnungsgang genau so wie die Berechnung der ε_i-Werte, nur in umgekehrter Reihenfolge, d. h. von rechts nach links.

2. Nennerwerte n bzw. Werte $\dfrac{1}{n}$.

Nachdem die Einspanngrade gefunden sind, werden die Momente der Riegel an den Enden jeder belasteten Öffnung nach der allgemeinen Formel (5) berechnet.

$$M_i = M_0\,\frac{y_i}{n_i}; \quad M_{(k)} = M_0\,\frac{y_{(k)}}{n_{(k)}}. \tag{5}$$

Die Werte $\dfrac{1}{n_i}$ und $\dfrac{1}{n_{(k)}}$ sind von der Belastung unabhängig und durch die Einspanngrade ε bestimmt. Sie ergeben sich nach Gl. (23) (s. S. 84) und sind hier zusammengestellt.

Tabelle 4. *Nennerwerte* $\dfrac{1}{n_i}$ *und* $\dfrac{1}{n_{(k)}}$.

Öffnung l_a:
$$\frac{1}{n_a} = \frac{\varepsilon_a}{1 - \frac{1}{4}\varepsilon_a\,\varepsilon_{(b)}} = \frac{0{,}7763}{1 - \frac{1}{4}\cdot 0{,}7763\cdot 0{,}8227} = \frac{0{,}7763}{0{,}8403} = 0{,}9238$$
$$\frac{1}{n_{(b)}} = \frac{\varepsilon_{(b)}}{1 - \frac{1}{4}\varepsilon_a\,\varepsilon_{(b)}} = \frac{0{,}8227}{1 - \frac{1}{4}\cdot 0{,}7763\cdot 0{,}8227} = \frac{0{,}8227}{0{,}8403} = 0{,}9790$$

Öffnung l_b:
$$\frac{1}{n_b} = \frac{\varepsilon_b}{1 - \frac{1}{4}\varepsilon_b\,\varepsilon_{(c)}} = \frac{0{,}8015}{1 - \frac{1}{4}\cdot 0{,}8015\cdot 0{,}8135} = \frac{0{,}8015}{0{,}8370} = 0{,}9576$$
$$\frac{1}{n_{(c)}} = \frac{\varepsilon_{(c)}}{1 - \frac{1}{4}\varepsilon_b\,\varepsilon_{(c)}} = \frac{0{,}8135}{1 - \frac{1}{4}\cdot 0{,}8015\cdot 0{,}8135} = \frac{0{,}8135}{0{,}8370} = 0{,}9719$$

Öffnung l_c:
$$\frac{1}{n_c} = \frac{\varepsilon_c}{1 - \frac{1}{4}\varepsilon_c\,\varepsilon_{(d)}} = \frac{0{,}8282}{1 - \frac{1}{4}\cdot 0{,}8282\cdot 0{,}8260} = \frac{0{,}8282}{0{,}8290} = 0{,}9990$$
$$\frac{1}{n_{(d)}} = \frac{\varepsilon_{(d)}}{1 - \frac{1}{4}\varepsilon_c\,\varepsilon_{(d)}} = \frac{0{,}8260}{1 - \frac{1}{4}\cdot 0{,}8282\cdot 0{,}8260} = \frac{0{,}8260}{0{,}8290} = 0{,}9964$$

Öffnung l_d:
$$\frac{1}{n_d} = \frac{\varepsilon_d}{1 - \frac{1}{4}\varepsilon_d\,\varepsilon_{(e)}} = \frac{0{,}7712}{1 - \frac{1}{4}\cdot 0{,}7712\cdot 0{,}8004} = \frac{0{,}7712}{0{,}8457} = 0{,}9119$$
$$\frac{1}{n_{(e)}} = \frac{\varepsilon_{(e)}}{1 - \frac{1}{4}\varepsilon_d\,\varepsilon_{(e)}} = \frac{0{,}8004}{1 - \frac{1}{4}\cdot 0{,}7712\cdot 0{,}8004} = \frac{0{,}8004}{0{,}8457} = 0{,}9464$$

Öffnung l_e:
$$\frac{1}{n_e} = \frac{\varepsilon_e}{1 - \frac{1}{4}\varepsilon_e\,\varepsilon_{(f)}} = \frac{0{,}8420}{1 - \frac{1}{4}\cdot 0{,}8420\cdot 0{,}8337} = \frac{0{,}8420}{0{,}8245} = 1{,}0212$$
$$\frac{1}{n_{(f)}} = \frac{\varepsilon_{(f)}}{1 - \frac{1}{4}\varepsilon_e\,\varepsilon_{(f)}} = \frac{0{,}8337}{1 - \frac{1}{4}\cdot 0{,}8420\cdot 0{,}8337} = \frac{0{,}8337}{0{,}8245} = 1{,}0111$$

Öffnung l_f:
$$\frac{1}{n_f} = \frac{\varepsilon_f}{1 - \frac{1}{4}\varepsilon_f\,\varepsilon_{(g)}} = \frac{0{,}8347}{1 - \frac{1}{4}\cdot 0{,}8347\cdot 0{,}8330} = \frac{0{,}8347}{0{,}8262} = 1{,}0103$$
$$\frac{1}{n_{(g)}} = \frac{\varepsilon_{(g)}}{1 - \frac{1}{4}\varepsilon_f\,\varepsilon_{(g)}} = \frac{0{,}8330}{1 - \frac{1}{4}\cdot 0{,}8347\cdot 0{,}8330} = \frac{0{,}8330}{0{,}8262} = 1{,}0082$$

Öffnung l_g:
$$\frac{1}{n_g} = \frac{\varepsilon_g}{1 - \frac{1}{4}\varepsilon_g\,\varepsilon_{(h)}} = \frac{0{,}8240}{1 - \frac{1}{4}\cdot 0{,}8240\cdot 0{,}8328} = \frac{0{,}8240}{0{,}8284} = 0{,}9947$$
$$\frac{1}{n_{(h)}} = \frac{\varepsilon_{(h)}}{1 - \frac{1}{4}\varepsilon_g\,\varepsilon_{(h)}} = \frac{0{,}8328}{1 - \frac{1}{4}\cdot 0{,}8240\cdot 0{,}8328} = \frac{0{,}8328}{0{,}8284} = 1{,}0053$$

Öffnung l_h:
$$\frac{1}{n_h} = \frac{\varepsilon_h}{1 - \frac{1}{4}\varepsilon_h\,\varepsilon_{(i)}} = \frac{0{,}7992}{1 - \frac{1}{4}\cdot 0{,}7992\cdot 0{,}7224} = \frac{0{,}7992}{0{,}8557} = 0{,}9340$$
$$\frac{1}{n_{(i)}} = \frac{\varepsilon_{(i)}}{1 - \frac{1}{4}\varepsilon_h\,\varepsilon_{(i)}} = \frac{0{,}7224}{1 - \frac{1}{4}\cdot 0{,}7992\cdot 0{,}7224} = \frac{0{,}7224}{0{,}8557} = 0{,}8442$$

B. Von der Belastung abhängige Werte.

I. Ruhende Belastung.

Die Berechnung ist gesondert für jede einzelne Öffnung und jede Einzelbelastung durchzuführen. Vgl. die Formeln für die Werte M_0 und für die Werte y.

1. Riegelmomente M_i und $M_{(k)}$

bei ausschließlicher Belastung des Feldes l_i.

a) Feld l_a: Stützenmomente M_a und $M_{(b)}$ (vgl. Abb. 3).

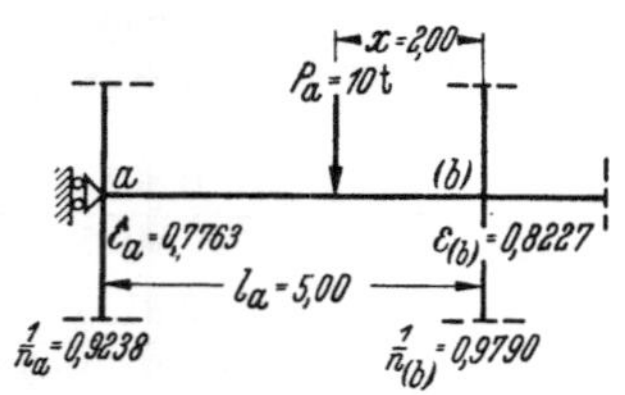

Abb. 3.

$$P = 10 \text{ t}: \quad M_0 = -\frac{10 \cdot 5}{2} = -25 \text{ tm};$$

$$\frac{x}{l} = \frac{2,0}{5,0} = 0,4; \quad c_1 = 0,336; \quad c_2 = 0,384.$$

$$y_a = c_1 - \tfrac{1}{2}\,\varepsilon_{(b)}\, c_2 = 0,336 - \tfrac{1}{2}\,0,8227 \cdot 0,384 = 0,1780;$$

$$M_a = M_0\,\frac{y_a}{n_a} = -25 \cdot 0,1780 \cdot 0,9238 = \underline{-4,111 \text{ tm}.}$$

$$y_{(b)} = c_2 - \tfrac{1}{2}\,\varepsilon_a\, c_1 = 0,384 - \tfrac{1}{2}\,0,7763 \cdot 0,336 = 0,2536;$$

$$M_{(b)} = M_0\,\frac{y_{(b)}}{n_{(b)}} = -25 \cdot 0,2536 \cdot 0,9790 = \underline{-6,207 \text{ tm}.}$$

b) Feld l_b: Stützenmomente M_b und $M_{(c)}$.
Feld l_b ist ohne Belastung.

c) Feld l_c: Stützenmomente M_c und $M_{(d)}$ (vgl. Abb. 4).

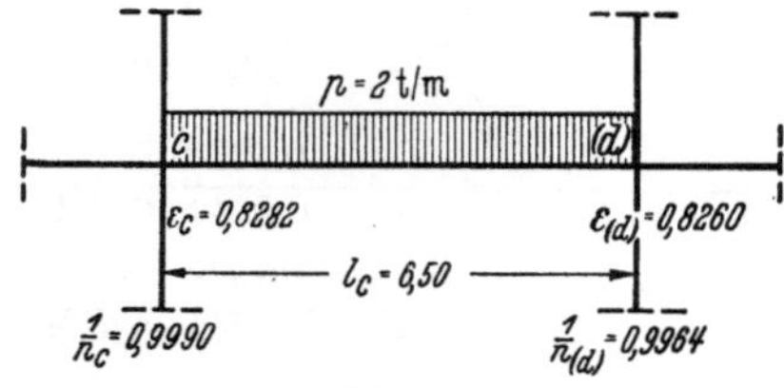

Abb. 4.

$$p = 2 \text{ t/m}: \quad M_0 = -\frac{2 \cdot 6,5^2}{8} = -10,563 \text{ tm};$$

$$\frac{x}{l} = 1; \quad k_1 = 1; \quad k_2 = 1;$$

$$y_c = 1 - \tfrac{1}{2}\,\varepsilon_{(d)} = 1 - \tfrac{1}{2}\,0,8260 = 0,587;$$

$$M_c = M_0\,\frac{y_c}{n_c} = -10,563 \cdot 0,587 \cdot 0,9990 = \underline{-6,194 \text{ tm};}$$

$$y_{(d)} = 1 - \tfrac{1}{2}\,\varepsilon_c = 1 - \tfrac{1}{2}\,0,8282 = 0,5859;$$

$$M_{(d)} = M_0\,\frac{y_{(d)}}{n_{(d)}} = -10,563 \cdot 0,5859 \cdot 0,9964 = \underline{-6,167 \text{ tm}.}$$

d) Feld l_d: Stützenmomente M_d und $M_{(e)}$ (vgl. Abb. 5).

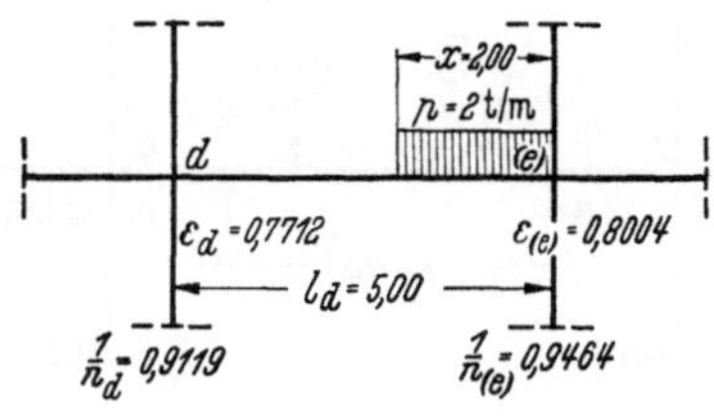

Abb. 5.

$$p = 2\ \text{t/m}: \quad M_0 = -\frac{2 \cdot 5{,}0^2}{8} = -6{,}25\ \text{tm};$$

$$\frac{x}{l} = \tfrac{2}{5} = 0{,}4; \quad k_1 = 0{,}294; \quad k_2 = 0{,}410;$$

$$y_d = k_1 - \tfrac{1}{2}\,\varepsilon_{(e)}\,k_2 = 0{,}294 - \tfrac{1}{2}\,0{,}8004 \cdot 0{,}410 = 0{,}1299;$$

$$M_d = M_0\frac{y_d}{n_d} = -6{,}25 \cdot 0{,}1299 \cdot 0{,}9119 = \underline{-0{,}740\ \text{tm}};$$

$$y_{(e)} = k_2 - \tfrac{1}{2}\,\varepsilon_d\,k_1 = 0{,}410 - \tfrac{1}{2}\,0{,}7712 \cdot 0{,}294 = 0{,}2966;$$

$$M_{(e)} = M_0\frac{y_{(e)}}{n_{(e)}} = -6{,}25 \cdot 0{,}2966 \cdot 0{,}9464 = \underline{-1{,}754\ \text{tm}}.$$

e) Feld l_e: Stützenmomente M_e und $M_{(f)}$ (vgl. Abb. 6).

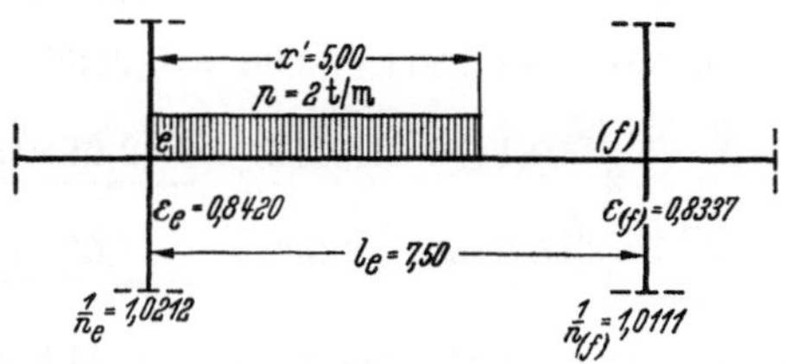

Abb. 6.

$$p = 2\ \text{t/m}: \quad M_0 = -\frac{2 \cdot 7{,}5^2}{8} = -14{,}063\ \text{tm};$$

$$\frac{x'}{l} = \frac{5{,}00}{7{,}50} = 0{,}66; \quad k_1' = 0{,}691; \quad k_2' = 0{,}790;$$

$$y_e = k_2' - \tfrac{1}{2}\,\varepsilon_{(f)}\,k_1' = 0{,}790 - \tfrac{1}{2}\,0{,}8337 \cdot 0{,}691 = 0{,}5020;$$

$$M_e = M_0\frac{y_e}{n_e} = -14{,}063 \cdot 0{,}5020 \cdot 1{,}0212 = \underline{-7{,}209\ \text{tm}};$$

$$y_{(f)} = k_1' - \tfrac{1}{2}\,\varepsilon_e\,k_2' = 0{,}691 - \tfrac{1}{2}\,0{,}8420 \cdot 0{,}790 = 0{,}3584;$$

$$M_{(f)} = M_0\frac{y_{(f)}}{n_{(f)}} = -14{,}063 \cdot 0{,}3584 \cdot 1{,}0111 = \underline{-5{,}096\ \text{tm}}.$$

f) Feld l_f: Stützenmomente M_f und $M_{(g)}$ (vgl. Abb. 7).

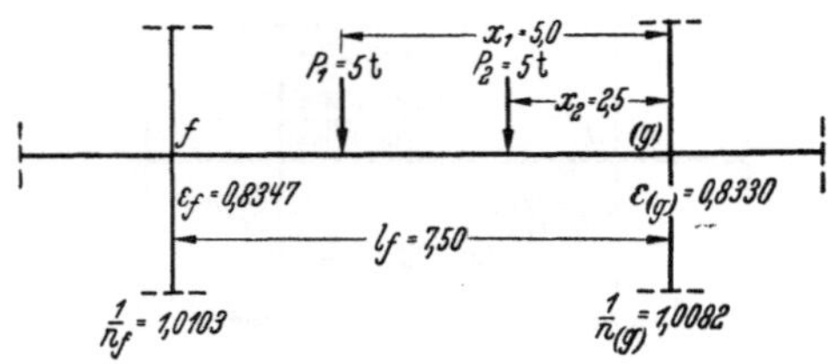

Abb. 7.

Auf gleiche Weise wie im Falle der Einzellasten im Felde l_a findet man:

$$P_1 = 5\,\mathrm{t}: \quad \frac{x_1}{l} = \frac{5,0}{7,5} = 0,666;$$

$$c_1 = 0,370; \quad c_2 = 0,296;$$

$$y_f = 0,370 - \tfrac{1}{2}\,0,8330 \cdot 0,296 = 0,2467;$$

$$y_{(g)} = 0,296 - \tfrac{1}{2}\,0,8347 \cdot 0,370 = 0,1416;$$

$$M_f = -\frac{5 \cdot 7,5}{2}\,0,2467 \cdot 1,0103 = \underline{-4,673\ \mathrm{tm}};$$

$$M_{(g)} = -\frac{5 \cdot 7,5}{2}\,0,1416 \cdot 1,0082 = \underline{-2,677\ \mathrm{tm}};$$

$$P_2 = 5\,\mathrm{t}: \quad \frac{x_2}{l} = \frac{2,5}{7,5} = 0,333;$$

$$c_1 = 0,296; \quad c_2 = 0,370;$$

$$y_f = 0,296 - \tfrac{1}{2}\,0,8330 \cdot 0,370 = 0,1419;$$

$$y_{(g)} = 0,370 - \tfrac{1}{2}\,0,8347 \cdot 0,296 = 0,2465;$$

$$M_f = -\frac{5 \cdot 7,5}{2}\,0,1419 \cdot 1,0103 = \underline{-2,688\ \mathrm{tm}};$$

$$M_{(g)} = -\frac{5 \cdot 7,5}{2}\,0,2465 \cdot 1,0082 = \underline{-4,660\ \mathrm{tm}}.$$

g) Feld l_g: Stützenmomente M_g und $M_{(h)}$ (vgl. Abb. 8).

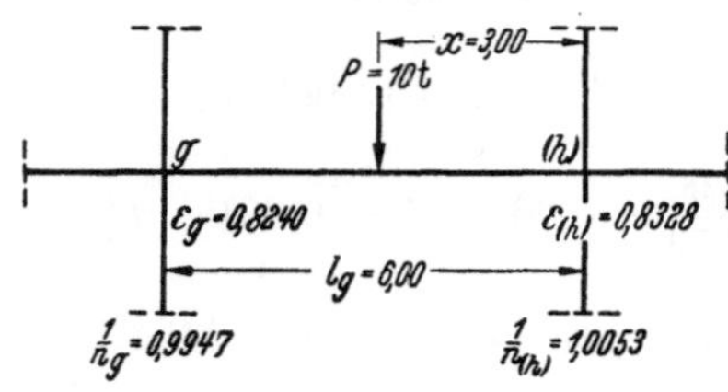

Abb. 8.

Auf gleiche Weise wie im Falle der Einzellasten im Felde l_a findet man:

$$P = 10\,\mathrm{t}: \quad \frac{x}{l} = \frac{3,0}{6,0} = 0,5;$$

$$c_1 = c_2 = 0,375;$$

$$y_g = 0,375 - \tfrac{1}{2}\,0,8328 \cdot 0,375 = 0,2189;$$

$$y_{(h)} = 0,375 - \tfrac{1}{2}\,0,8240 \cdot 0,375 = 0,2205;$$

$$M_g = -\frac{10 \cdot 6,0}{2}\,0,2189 \cdot 0,9947 = \underline{-6,532\ \text{tm}};$$

$$M_{(h)} = -\frac{10 \cdot 6,0}{2}\,0,2205 \cdot 1,0053 = \underline{-6,650\ \text{tm}}.$$

h) Feld l_h: Stützenmomente M_h und $M_{(i)}$ (vgl. Abb. 9).

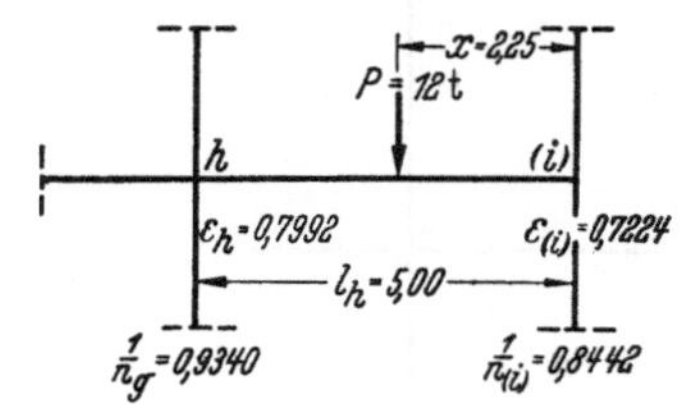

Abb. 9.

$$P = 12\ \text{t:} \qquad \frac{x}{l} = \frac{2,25}{5,00} = 0,45;$$

$$c_1 = 0,359; \quad c_2 = 0,384;$$

$$y_h = 0,359 - \tfrac{1}{2}\,0,7224 \cdot 0,384 = 0,2203;$$

$$y_{(i)} = 0,384 - \tfrac{1}{2}\,0,7992 \cdot 0,359 = 0,2405;$$

$$M_h = -\frac{12 \cdot 5,0}{2}\,0,2203 \cdot 0,9340 = \underline{-6,173\ \text{tm}};$$

$$M_{(i)} = -\frac{12 \cdot 5,0}{2}\,0,2406 \cdot 0,8442 = \underline{-6,091\ \text{tm}}.$$

Die bis jetzt ermittelten Ergebnisse sind in der Tab. 6 (s. Tafel III) besonders umrandet eingetragen.

2. Einfluß der im vorigen Abschnitt ermittelten Stützenmomente M_i und $M_{(k)}$ einer einzelnen Öffnung l_i auf die übrigen, seitlich anschließenden Öffnungen.

Jedes der bisher ermittelten Momente am Anfang (M_i) bzw. am Ende ($M_{(k)}$) einer Öffnung l_i, hervorgerufen durch die Belastung eben dieser Öffnung l_i, pflanzt sich auf die anschließenden Teile des Tragsystems bis zum Ende desselben fort; M_i' wirkt nach links, d. h. zum Anfang des Systems hin; $M_{(k)}$ wirkt nach rechts, d. h. zum Ende des Systems hin. — Auf S. 112 ff. des Textes ist durch die Formeln (12), (12a), (12b), (12c) u. (12d) klargestellt, in welchem Verhältnis sich ein Moment auf die Stäbe eines Knotens verteilt (Satz von der Verteilung der Knotenstabmomente). Diese Gleichungen wenden wir nun auf die beiden Riegelmomente M_i und $M_{(k)}$ eines jeden Feldes l_i an.

a) Feld l_a. Einfluß der Belastung in l_a auf die Knotenstäbe links von a und rechts von (b) (s. Abb. 10).

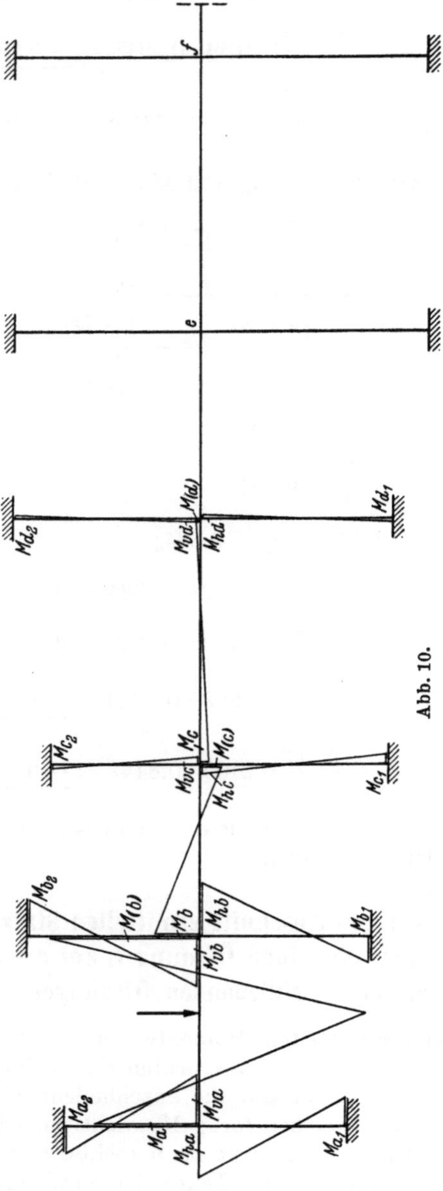

Im Knoten a stößt der Riegel l_a mit *zwei* weiteren Stäben (h_a und v_a) zusammen. Auf diese beiden Stäbe h_a und v_a verteilt sich das Moment M_a. Die Verteilungsfaktoren sind die relativen Stabsteifigkeiten r_{h_a} und r_{v_a} (vgl. Text S. 112 u. 113).

Nach Gl. (10) wird:

$$M_{h_a} = M_a\, r_{h_a} = M_a \frac{s_{h_a}}{k_a}\; ; \qquad M_{v_a} = M_a\, r_{v_a} = M_a \frac{s_{v_a}}{k_a}\; ;$$

$$s_{h_a} = \frac{1}{h_a''} = \frac{1}{h_a'}\frac{1}{1-\frac{1}{4}\varepsilon_{a_1}} = 1{,}33\frac{1}{h_a'}\; ;$$

$$s_{v_a} = \frac{1}{v_a''} = \frac{1}{v_a'}\frac{1}{1-\frac{1}{4}\varepsilon_{a_2}} = 1{,}33\frac{1}{v_a'}\; .$$

Nach Gl. (9) ist: $k_a = s_{h_a} + s_{v_a}$.

Die Verteilungsfaktoren (relativen Stabsteifigkeiten) r_{h_a} und r_{v_-} werden weiter unten tabellarisch ermittelt.

Aus M_{h_a} am Kopf des Ständers h_a errechnet sich M_{a_1} am Fuß dieses Ständers zu: $M_{a_1} = -\frac{1}{2}\varepsilon_{a_1} M_{h_a}$ (vgl. Text S. 117). Da aber $\varepsilon_{a_1} = 1$ ist, wird $M_{a_1} = -\frac{1}{2} M_{h_a}$.

Das gleiche gilt für das Moment M_{a_2} am Kopf des Ständers v_a, das sich aus dem Moment M_{v_a} errechnet. Da $\varepsilon_{a_2} = 1$ ist, wird $M_{a_2} = -\frac{1}{2} M_{v_a}$.

Im Knoten b stößt der Riegel l_a mit drei weiteren Stäben ($l_b = l_{(c)}$, h_b und v_b) zusammen. Auf diese drei Stäbe verteilt sich das Moment $M_{(b)}$. Die Berechnung gestaltet sich wie folgt:

$$M_b = M_{(b)}\, r_{l_{(c)}} = M_{(b)} \frac{s_{l_{(c)}}}{k_{(b)}}\; ;$$

$$M_{h_b} = M_{(b)}\, r_{(h_b)} = M_{(b)} \frac{s_{h_b}}{k_{(b)}}\; ;$$

$$M_{v_b} = M_{(b)}\, r_{(v_l)} = M_{(b)} \frac{s_{v_b}}{k_{(b)}}\; ;$$

$$s_{l_{(c)}} = \frac{1}{l_{(c)}''} = \frac{1}{l_c'}\frac{1}{1-\frac{1}{4}\varepsilon_{(c)}} = \sim 1{,}25\frac{1}{l_{(c)}'}\; ;$$

$$s_{h_b} = \frac{1}{h_b''} = \frac{1}{h_b'}\frac{1}{1-\frac{1}{4}\varepsilon_{b_1}} = 1{,}33\frac{1}{h_b'}\; ;$$

$$s_{v_b} = \frac{1}{v_b''} = \frac{1}{v_b'}\frac{1}{1-\frac{1}{4}\varepsilon_{b_2}} = 1{,}33\frac{1}{v_b'}\; ;$$

$$k_{(b)} = s_{l_{(c)}} + s_{h_b} + s_{v_b}\; .$$

Die Verteilungsfaktoren $r_{l_{(c)}}$, $r_{(h_b)}$ und $r_{(v_b)}$ werden zahlenmäßig weiter unten tabellarisch zusammen mit den Verteilungsfaktoren für die anderen Momente $M_{(k)}$ ermittelt.

Das Moment am Fuße des Ständers h_b wird, da $\varepsilon_{b_1} = 1$ ist:

$$M_{b_1} = -\frac{1}{2}\varepsilon_{b_1} M_{h_b} = -\frac{1}{2} M_{h_b}.$$

Entsprechend wird:

$$M_{b_2} = -\frac{1}{2}\varepsilon_{b_2} M_{v_b} = -\frac{1}{2} M_{v_l}.$$

Aus dem vorhin angegebenen Wert für das Moment M_b am Anfang des Riegels l_b findet man $M_{(c)}$ am Ende dieses Riegels:

$$M_{(c)} = -\tfrac{1}{2}\, \varepsilon_{(c)}\, M_b: \quad \text{(vgl. Text S. 117).}$$

$M_{(c)}$ verteilt sich auf die drei Stäbe $l_c = l_{(d)}$, h_c und v_c:

$$M_c = M_{(c)}\, r_{l_{(d)}} = M_{(c)}\, \frac{s_{l_{(d)}}}{k_{(c)}} \,;$$

$$M_{h_c} = M_{(c)}\, r_{(h_c)} = M_{(c)}\, \frac{s_{h_c}}{k_{(c)}} \,;$$

$$M_{v_c} = M_{(c)}\, r_{(v_c)} = M_{(c)}\, \frac{s_{v_c}}{k_{(c)}} \,.$$

In diesen Gleichungen ist:

$$s_{l_{(d)}} = \frac{1}{l''_{(d)}} = \frac{1}{l'_{(d)}}\, \frac{1}{1 - \tfrac{1}{4}\,\varepsilon_{(d)}} = \sim 1{,}25\, \frac{1}{l'_{(d)}} \,:$$

$$s_{h_c} = \frac{1}{h''_c} = \frac{1}{h'_c}\, \frac{1}{1 - \tfrac{1}{2}\,\varepsilon_{c_1}} = 1{,}33\, \frac{1}{h'_c} \,;$$

$$s_{v_c} = \frac{1}{v''_c} = \frac{1}{v'_c}\, \frac{1}{1 - \tfrac{1}{4}\,\varepsilon_{c_2}} = 1{,}33\, \frac{1}{v'_c} \,;$$

$$k_{(c)} = s_{l_{(d)}} + s_{h_c} + s_{v_c}.$$

Nach diesen Gleichungen lassen sich für $M_{(c)}$ die Verteilungsfaktoren bestimmen (vgl. unten: tabellarische Bestimmung für ein Moment $M_{(k)}$). Doch soll hier schon darauf hingewiesen werden, daß M_c, M_{h_c} und M_{v_c} infolge der Belastung in l_d so klein werden, daß man diesen Beitrag durchweg vernachlässigen kann (vgl. Tab. 6, Tafel III).

b) Da **Feld l_b** ohne Belastung angenommen ist, erhalten die Momente M_b und $M_{(c)}$ keinen Beitrag aus einer Belastung in l_b. M_b und $M_{(c)}$ bestehen nur aus Beiträgen infolge einer Belastung in anderen Feldern (vgl. Tab. 6, Tafel III).

c) Feld l_c bis l_h. Für die weiteren Felder l_c, l_d, ..., l_h ist der Rechnungsgang der gleiche und dürfte durch die vorstehenden Angaben für das Feld l_a ausreichend geklärt sein. — Alle für die einzelnen Knoten in Frage kommenden Werte der relativen Stabsteifigkeiten sind in den nachstehenden Tabellen berechnet.

Mit diesen Werten kann jeweils die Momentenverteilung auf die Stäbe eines Knotens angegeben werden.

Die einzelnen Figuren der Momentenflächen für die Belastung eines jeweiligen Feldes sind hier zusammengestellt. Es ergibt sich die für das praktische Rechnen beachtenswerte Tatsache, daß der Einfluß der Belastung eines einzelnen Feldes l_i sich im wesentlichen nur auf die beiden Nachbarfelder l_h und l_k links und rechts von l_i erstreckt. Der Einfluß auf die weiteren Felder links von l_h und rechts von l_k kann vernachlässigt werden.

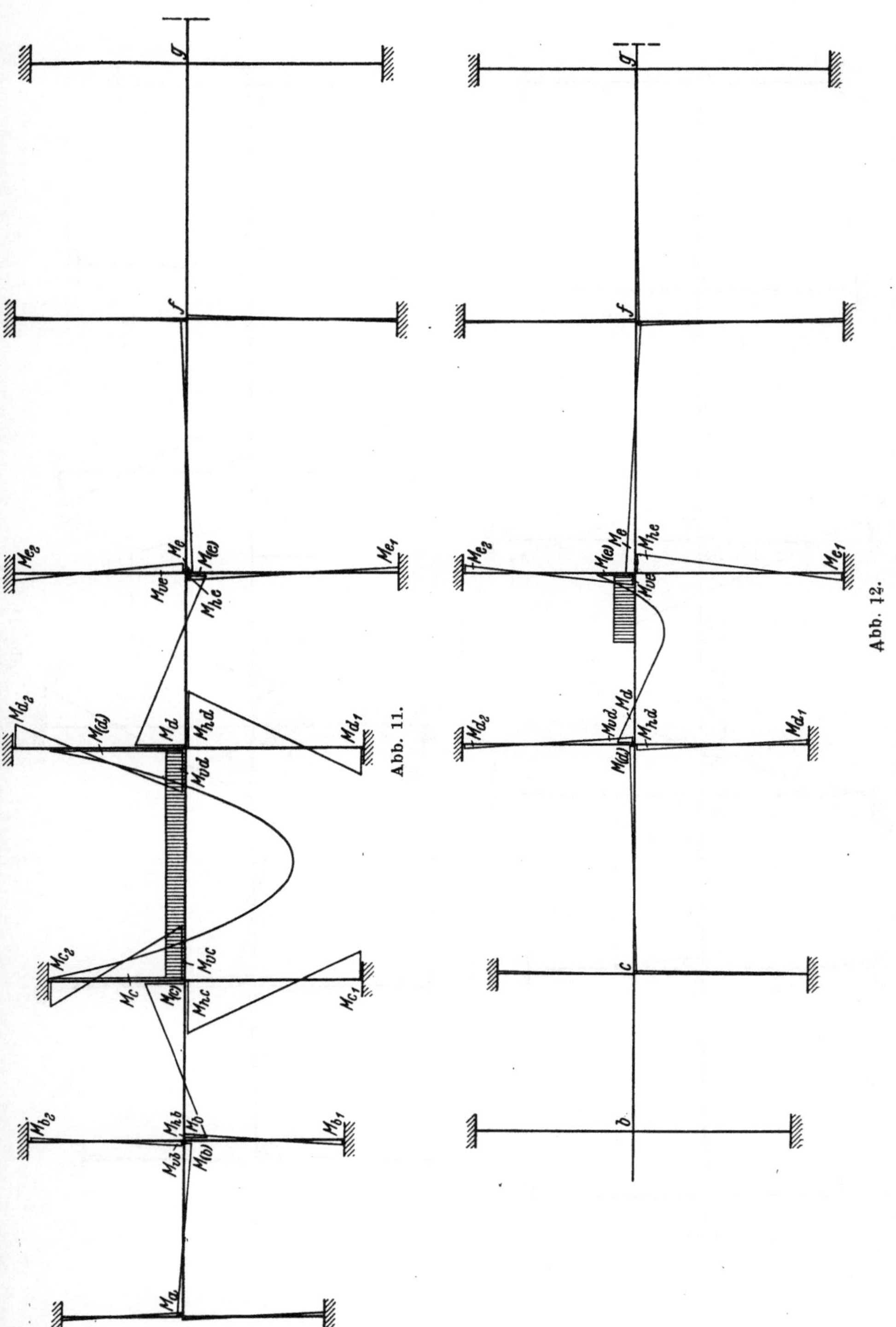

Abb. 11.

Abb. 12.

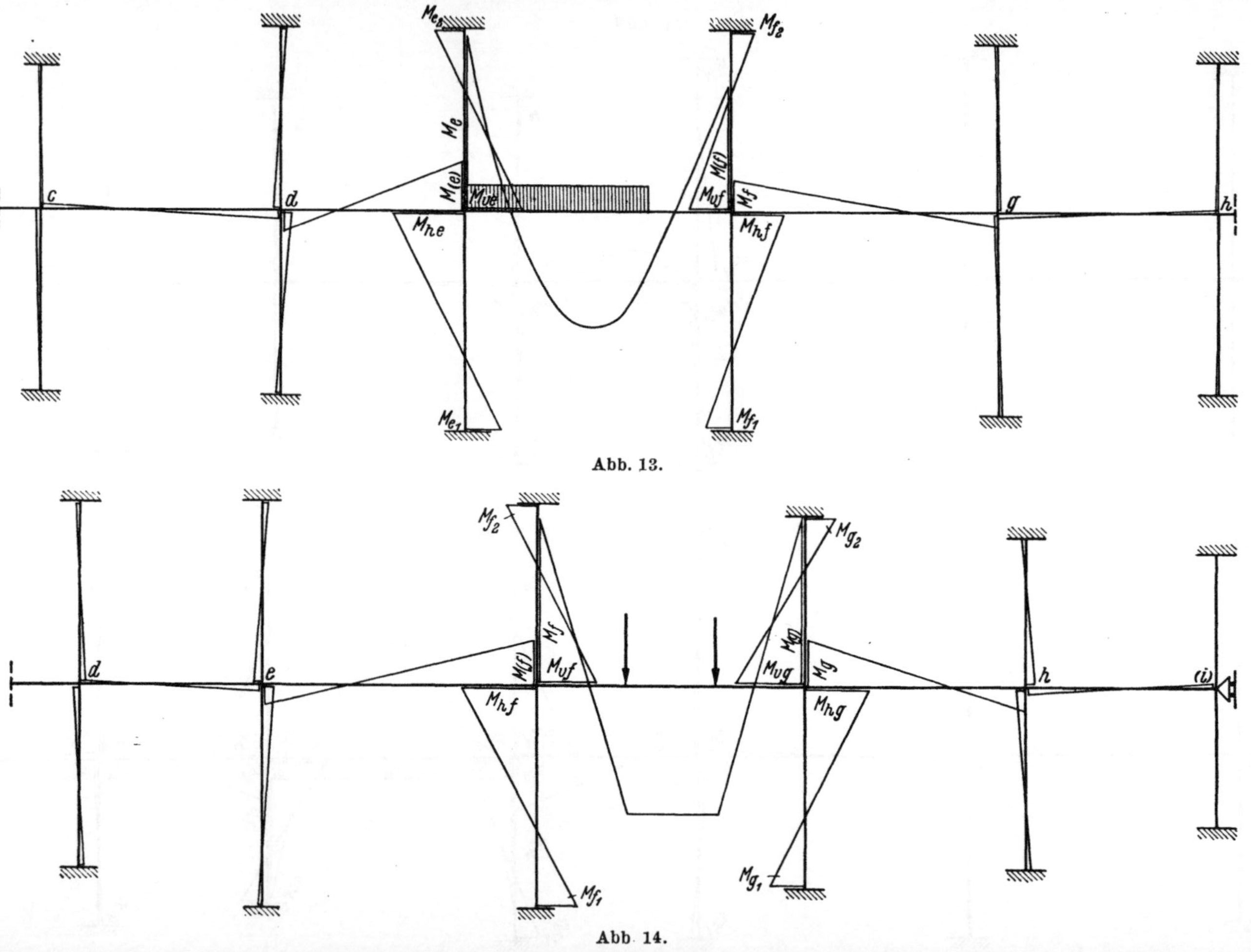

Abb. 13.

Abb. 14.

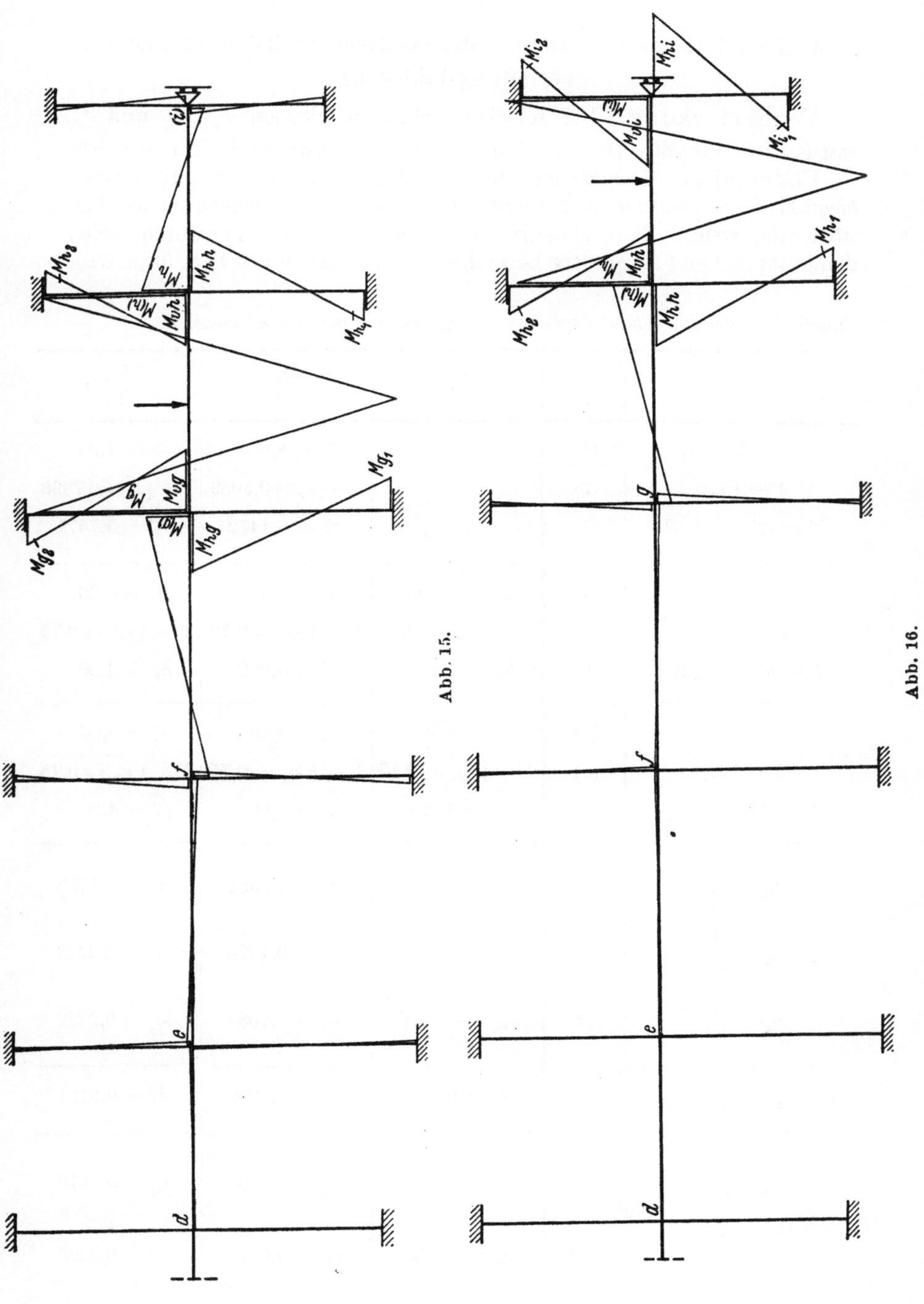

Abb. 15.

Abb. 16.

3. Tabellarische Ermittelung der relativen Stabsteifigkeiten r (Verteilungsfaktoren).

Vorbemerkung: Die relativen Stabsteifigkeiten r_{l_h}, r_{h_i} und r_{v_i} werden zweckmäßig tabellarisch berechnet (s. nachstehende Tab. 5 a u. 5 b).

Vorzeichen: *Durchbiegungen* der Riegel nach unten und *Durchbiegungen* der Ständer nach rechts sollen als positiv bezeichnet werden. *Momente*, welche diese (positiven) Durchbiegungen hervorrufen, seien dementsprechend als positiv bezeichnet (s. nachstehende Tab. 5 a u. 5 b).

Tabelle 5 a. *Relative Stabsteifigkeiten r_{l_h}, r_{h_i} und r_{v_i} für ein Moment M_i.*

		M_a (1)	M_b (2)	M_c (3)
l_h'	(1)	—	$l_a' = 8{,}00$	$l_b' = 7{,}20$
$1 - \tfrac{1}{4}\,\varepsilon_h$	(2)		$1 - \tfrac{1}{4}\varepsilon_a = 0{,}8059$	$1 - \tfrac{1}{4}\varepsilon_b = 0{,}7996$
$l_h'' = l_h'\,[1 - \tfrac{1}{4}\,\varepsilon_h]$	(3)		$l_a'' = 6{,}4472$	$l_b'' = 5{,}7571$
h_i'	(4)	$h_a' = 6{,}00$	$h_b' = 6{,}75$	$h_c' = 6{,}00$
$1 - \tfrac{1}{4}\,\varepsilon_{i_1}$	(5)	$1 - \tfrac{1}{4}\varepsilon_{a_1} = 0{,}75$	$1 - \tfrac{1}{4}\varepsilon_{b_1} = 0{,}75$	$1 - \tfrac{1}{4}\varepsilon_{c_1} = 0{,}75$
$h_i'' = h_i'\,[1 - \tfrac{1}{4}\,\varepsilon_{i_1}]$	(6)	$h_a'' = 4{,}50$	$h_b'' = 5{,}0625$	$h_c'' = 4{,}50$
v_i'	(7)	$v_a' = 6{,}30$	$v_b' = 6{,}40$	$v_c' = 6{,}00$
$1 - \tfrac{1}{4}\,\varepsilon_{i_2}$	(8)	$1 - \tfrac{1}{4}\varepsilon_{a_2} = 0{,}75$	$1 - \tfrac{1}{4}\varepsilon_{b_2} = 0{,}75$	$1 - \tfrac{1}{4}\varepsilon_{c_2} = 0{,}75$
$v_i'' = v_i'\,[1 - \tfrac{1}{4}\,\varepsilon_{i_2}]$	(9)	$v_a'' = 4{,}725$	$v_b'' = 4{,}80$	$v_c'' = 4{,}50$
$s_{l_h} = \dfrac{1}{l_h''}$	(10)		$s_{l_a} = 0{,}1551$	$s_{l_b} = 0{,}1737$
$s_{h_i} = \dfrac{1}{h_i''}$	(11)	$s_{h_a} = 0{,}2222$	$s_{h_b} = 0{,}1975$	$s_{h_c} = 0{,}2222$
$s_{v_i} = \dfrac{1}{v_i''}$	(12)	$s_{v_a} = 0{,}2116$	$s_{v_b} = 0{,}2083$	$s_{v_c} = 0{,}2222$
$k_i = s_{l_h} + s_{h_i} + s_{v_i}$	(13)	$k_a = 0{,}4338$	$k_b = 0{,}5609$	$k_c = 0{,}6181$
$r_{l_h} = \dfrac{s_{l_h}}{k_i}$	(14)	—	$r_{l_a} = 0{,}2765$	$r_{l_b} = 0{,}2810$
$r_{h_i} = \dfrac{s_{h_i}}{k_i}$	(15)	$r_{h_a} = 0{,}5122$	$r_{h_b} = 0{,}3521$	$r_{h_c} = 0{,}3595$
$r_{v_i} = \dfrac{s_{v_i}}{k_i}$	(16)	$r_{v_a} = 0{,}4878$	$r_{v_b} = 0{,}3714$	$r_{v_c} = 0{,}3595$

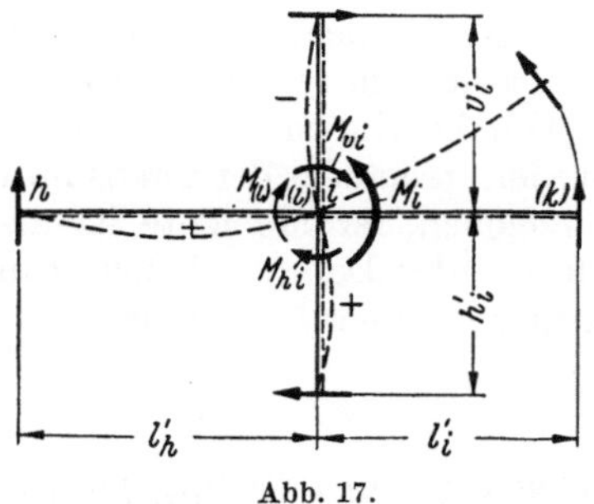

Abb. 17.

Es ist:
$$M_{(i)} = M_i\, r_{l_h}$$
$$M_{h_i} = M_i\, r_{h_i}$$
$$M_{v_i} = M_i\, r_{v_i}$$

$M_{\ddot{d}}$ (4)	M_e (5)	M_f (6)	M_g (7)	M_h (8)
$l_c' = 7{,}80$	$l_d' = 6{,}00$	$l_e' = 7{,}50$	$l_f' = 7{,}50$	$l_g' = 7{,}20$
$1 - \tfrac{1}{4}\varepsilon_c = 0{,}7930$	$1 - \tfrac{1}{4}\varepsilon_d = 0{,}8072$	$1 - \tfrac{1}{4}\varepsilon_e = 0{,}7895$	$1 - \tfrac{1}{4}\varepsilon_f = 0{,}7913$	$1 - \tfrac{1}{4}\varepsilon_g = 0{,}7940$
$l_c'' = 6{,}1854$	$l_d'' = 4{,}8432$	$l_e'' = 5{,}9213$	$l_f'' = 5{,}9348$	$l_g'' = 5{,}7168$
$h_d' = 6{,}00$	$h_e' = 4{,}80$	$h_f' = 4{,}80$	$h_g' = 5{,}50$	$h_h' = 5{,}00$
$1 - \tfrac{1}{4}\varepsilon_{d_1} = 0{,}75$	$1 - \tfrac{1}{4}\varepsilon_{e_1} = 0{,}75$	$1 - \tfrac{1}{4}\varepsilon_{f_1} = 0{,}75$	$1 - \tfrac{1}{4}\varepsilon_{g_1} = 0{,}75$	$1 - \tfrac{1}{4}\varepsilon_{h_1} = 0{,}75$
$h_d'' = 4{,}50$	$h_e'' = 3{,}60$	$h_f'' = 3{,}60$	$h_g'' = 4{,}125$	$h_h'' = 3{,}75$
$v_d' = 7{,}50$	$v_e' = 6{,}00$	$v_f' = 6{,}00$	$v_g' = 5{,}40$	$v_h' = 6{,}00$
$1 - \tfrac{1}{4}\varepsilon_{d_2} = 0{,}75$	$1 - \tfrac{1}{4}\varepsilon_{e_2} = 0{,}75$	$1 - \tfrac{1}{4}\varepsilon_{f_2} = 0{,}75$	$1 - \tfrac{1}{4}\varepsilon_{g_2} = 0{,}75$	$1 - \varepsilon_{h_2}\tfrac{1}{4} = 0{,}75$
$v_d'' = 5{,}625$	$v_e'' = 4{,}50$	$v_h'' = 4{,}50$	$v_g'' = 4{,}05$	$v_h'' = 4{,}50$
$s_{l_c} = 0{,}1617$	$s_{l_d} = 0{,}2065$	$s_{l_e} = 0{,}1689$	$s_{l_f} = 0{,}1685$	$s_{l_g} = 0{,}1749$
$s_{h_d} = 0{,}2222$	$s_{h_e} = 0{,}2778$	$s_{h_f} = 0{,}2778$	$s_{h_g} = 0{,}2424$	$s_{h_h} = 0{,}2667$
$s_{v_d} = 0{,}1778$	$s_{v_e} = 0{,}2222$	$s_{v_f} = 0{,}2222$	$s_{v_g} = 0{,}2469$	$s_{v_h} = 0{,}2222$
$k_d = 0{,}5617$	$k_e = 0{,}7065$	$k_f = 0{,}6689$	$k_g = 0{,}6578$	$k_h = 0{,}6638$
$r_{l_c} = 0{,}2879$	$r_{l_d} = 0{,}2923$	$r_{l_e} = 0{,}2525$	$r_{l_f} = 0{,}2562$	$r_{l_g} = 0{,}2635$
$r_{h_d} = 0{,}3956$	$r_{h_e} = 0{,}3932$	$r_{h_f} = 0{,}4153$	$r_{h_g} = 0{,}3685$	$r_{h_h} = 0{,}4018$
$r_{v_d} = 0{,}3165$	$r_{v_e} = 0{,}3145$	$r_{v_f} = 0{,}3322$	$r_{v_g} = 0{,}3753$	$r_{v_h} = 0{,}3347$

Demnach ist in Abb. 17 das Moment M_i (im umgekehrten Sinne des Uhrzeigers wirkend) als positiv zu rechnen; desgleichen muß aber auch das Moment $M_{(k)}$ in Abb. 18 (im Sinne des Uhrzeigers wirkend) als positiv angenommen werden, trotzdem der Drehsinn umgekehrt ist.

Maßgebend für das Vorzeichen der Momente ist also nicht deren Drehsinn, sondern die Richtung der Deformationen (Durchbiegungen), welche durch diese Momente hervorgerufen werden.

Tabelle 5b. *Relative Stabsteifigkeiten* $r_{l_{(l)}}$, $r_{(h_k)}$ *und* $r_{(v_k)}$ *für ein Moment* $M_{(k)}$.

		$M_{(b)}$ (1)	$M_{(c)}$ (2)	$M_{(d)}$ (3)
$l'_{(l)} = l'_k$	(1)	$l'_{(c)} = 7{,}20$	$l'_{(d)} = 7{,}80$	$l'_{(e)} = 6{,}00$
$1 - \tfrac{1}{4}\varepsilon_{(l)}$	(2)	$1 - \tfrac{1}{4}\varepsilon_{(c)} = 0{,}7966$	$1 - \tfrac{1}{4}\varepsilon_{(d)} = 0{,}7935$	$1 - \tfrac{1}{4}\varepsilon_{(e)} = 0{,}7999$
$l''_{(l)} = l'_{(l)}[1 - \tfrac{1}{4}\varepsilon_{(l)}]$	(3)	$l''_{(c)} = 5{,}7355$	$l''_{(d)} = 6{,}1893$	$l''_{(e)} = 4{,}7994$
h'_k	(4)	$h'_b = 6{,}75$	$h'_c = 6{,}00$	$h'_d = 6{,}00$
$1 - \tfrac{1}{4}\varepsilon_{k_1}$	(5)	$1 - \tfrac{1}{4}\varepsilon_{b_1} = 0{,}75$	$1 - \tfrac{1}{4}\varepsilon_{c_1} = 0{,}75$	$1 - \tfrac{1}{4}\varepsilon_{d_1} = 0{,}75$
$h''_k = h'_k[1 - \tfrac{1}{4}\varepsilon_{k_1}]$	(6)	$h''_b = 5{,}0625$	$h''_c = 4{,}50$	$h''_d = 4{,}50$
v'_k	(7)	$v'_b = 6{,}40$	$v'_c = 6{,}00$	$v'_d = 7{,}50$
$1 - \tfrac{1}{4}\varepsilon_{k_2}$	(8)	$1 - \tfrac{1}{4}\varepsilon_{b_2} = 0{,}75$	$1 - \tfrac{1}{4}\varepsilon_{c_2} = 0{,}75$	$1 - \tfrac{1}{4}\varepsilon_{d_2} = 0{,}75$
$v''_k = v'_k[1 - \tfrac{1}{4}\varepsilon_{k_2}]$	(9)	$v''_b = 4{,}80$	$v''_c = 4{,}50$	$v''_d = 5{,}625$
$s_{l_{(l)}} = \dfrac{1}{l''_{(l)}}$	(10)	$s_{l_{(c)}} = 0{,}1744$	$s_{l_{(d)}} = 0{,}1616$	$s_{l_{(e)}} = 0{,}2084$
$s_{h_k} = \dfrac{1}{h''_k}$	(11)	$s_{h_b} = 0{,}1975$	$s_{h_c} = 0{,}2222$	$s_{h_d} = 0{,}2222$
$s_{v_k} = \dfrac{1}{v''_k}$	(12)	$s_{v_b} = 0{,}2083$	$s_{v_c} = 0{,}2222$	$s_{v_d} = 0{,}1778$
$k_{(k)} = s_{l_{(l)}} + s_{h_k} + s_{v_k}$	(13)	$k_{(b)} = 0{,}5802$	$k_{(c)} = 0{,}6060$	$k_{(d)} = 0{,}6084$
$r_{l_{(l)}} = \dfrac{s_{l_{(l)}}}{k_{(k)}}$	(14)	$r_{l_{(c)}} = 0{,}3006$	$r_{l_{(d)}} = 0{,}2666$	$r_{l_{(e)}} = 0{,}3425$
$r_{(h_k)} = \dfrac{s_{h_k}}{k_{(k)}}$	(15)	$r_{(h_b)} = 0{,}3404$	$r_{(h_c)} = 0{,}3667$	$r_{(h_d)} = 0{,}3652$
$r_{(v_k)} = \dfrac{s_{v_k}}{k_{(k)}}$	(16)	$r_{(v_b)} = 0{,}3590$	$r_{(v_c)} = 0{,}3667$	$r_{(v_d)} = 0{,}2923$

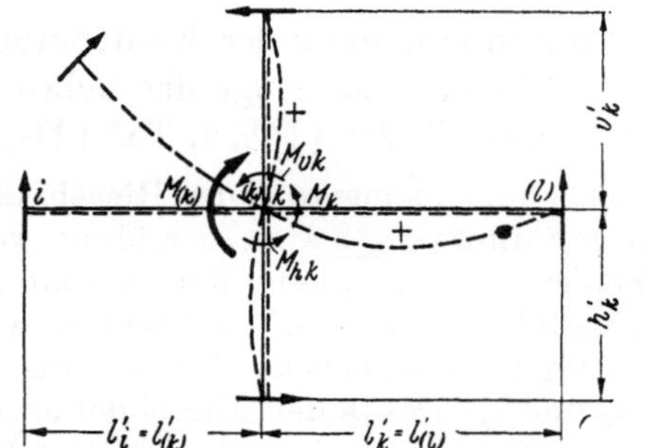

Abb. 18.

$M_{(e)}$ (4)	$M_{(f)}$ (5)	$M_{(g)}$ (6)	$M_{(h)}$ (7)	$M_{(i)}$ (8)
$l'_{(f)} = 7,50$	$l'_{(g)} = 7,50$	$l'_{(h)} = 7,20$	$l'_{(i)} = 6,00$	—
$1-\frac{1}{4}\varepsilon_{(f)} = 0,7916$	$1-\frac{1}{4}\varepsilon_{(g)} = 0,7917$	$1-\frac{1}{4}\varepsilon_{(h)} = 0,7918$	$1-\frac{1}{4}\varepsilon_{(i)} = 0,8194$	
$l''_{(f)} = 5,9370$	$l''_{(g)} = 5,9378$	$l''_{(h)} = 5,7010$	$l''_{(i)} = 4,9164$	
$h'_e = 4,80$	$h'_f = 4,80$	$h'_g = 5,50$	$h'_h = 5,00$	$h'_i = 6,00$
$1-\frac{1}{4}\varepsilon_{e_1} = 0,75$	$1-\frac{1}{4}\varepsilon_{f_1} = 0,75$	$1-\frac{1}{4}\varepsilon_{g_1} = 0,75$	$1-\frac{1}{4}\varepsilon_{h_1} = 0,75$	$1-\frac{1}{4}\varepsilon_{i_1} = 0,75$
$h''_e = 3,60$	$h''_f = 3,60$	$h''_g = 4,125$	$h''_h = 3,75$	$h''_i = 4,50$
$v'_e = 6,00$	$v'_f = 6,00$	$v'_g = 5,40$	$v'_h = 6,00$	$v'_i = 6,30$
$1-\frac{1}{4}\varepsilon_{e_2} = 0,75$	$1-\frac{1}{4}\varepsilon_{f_2} = 0,75$	$1-\frac{1}{4}\varepsilon_{g_2} = 0,75$	$1-\frac{1}{4}\varepsilon_{h_2} = 0,75$	$1-\frac{1}{4}\varepsilon_{i_2} = 0,75$
$v''_e = 4,50$	$v''_f = 4,50$	$v''_g = 4,05$	$v''_h = 4,50$	$v''_i = 4,725$
$s_{l_{(f)}} = 0,1684$	$s_{l_{(g)}} = 0,1684$	$s_{l_{(h)}} = 0,1754$	$s_{l_{(i)}} = 0,2034$	
$s_{h_e} = 0,2778$	$s_{h_f} = 0,2778$	$s_{h_g} = 0,2424$	$s_{h_h} = 0,2667$	$s_{h_i} = 0,2222$
$s_{v_e} = 0,2222$	$s_{v_f} = 0,2222$	$s_{v_g} = 0,2469$	$s_{v_h} = 0,2222$	$s_{v_i} = 0,2116$
$k_{(e)} = 0,6684$	$k_{(f)} = 0,6684$	$k_{(g)} = 0,6647$	$k_{(h)} = 0,6923$	$k_{(i)} = 0,4338$
$r_{l_{(f)}} = 0,2519$	$r_{l_{(g)}} = 0,2519$	$r_{l_{(h)}} = 0,2639$	$r_{l_{(i)}} = 0,2938$	—
$r_{(h_e)} = 0,4156$	$r_{(h_f)} = 0,4156$	$r_{(h_g)} = 0,3647$	$r_{(h_h)} = 0,3852$	$r_{(h_i)} = 0,5122$
$r_{(v_e)} = 0,3325$	$r_{(v_f)} = 0,3325$	$r_{(v_g)} = 0,3714$	$r_{(v_h)} = 0,3210$	$r_{(v_i)} = 0,4878$

4. Tabellarische Zusammenstellung der Knotenmomente in den Riegeln und Ständern als Folge der Belastungen sämtlicher einzelnen Felder (Tab. 6, Tafel III).

Auf S. 136 ff. sind lediglich die Momente in den Riegeln der einzelnen Felder berechnet, aber nur insoweit, als sie herrühren von den Belastungen eben dieser Felder. — Jedes dieser Momente am Endpunkt i bzw. (k) eines Riegels l_i verteilt sich nun auf die Stäbe dieses Knotens i bzw. (k), d. h. auf den Riegel der anschließenden Öffnung und auf die Ständer h_i und v_i bzw. h_k und v_k. Das in dem Riegel der anschließenden Öffnung erzeugte Moment pflanzt sich über diesen Riegel zum nächsten Knoten fort. Das dort im Riegel auftretende Moment verteilt sich seinerseits auf die drei restlichen Stäbe dieses Knotens. In dieser Weise setzt sich die Momentenverteilung fort bis zum Ende des Systems.

Auf Grund der Ausführungen im Abschnitt 2, S. 139 ff., und unter Verwendung der in Abschnitt 3 ermittelten Werte r der relativen Stabsteifigkeiten sind wir nunmehr in der Lage, die Wirkung jeder einzelnen Belastung auf alle Stäbe des Systems — Riegel und Ständer — anzugeben.

a) Belastung in Feld l_a (Zeile 1 der Tab. 6, Tafel III). Das Moment M_a im Anfangspunkt des Riegels l_a, das auf S. 136 zu $-4{,}111$ tm errechnet wurde, verteilt sich auf die beiden Stäbe h_a und v_a nach den Gleichungen:

$$M_{h_a} = M_a\, r_{h_a} = + (-4{,}111) \cdot 0{,}5122 = -2{,}106 \text{ tm};$$

$$M_{v_a} = M_a\, r_{v_a} = - (-4{,}111) \cdot 0{,}4878 = +2{,}005 \text{ tm}.$$

Das Moment $M_{(b)}$ am Endpunkt des Riegels l_a, auf S. 136 zu $-6{,}207$ tm berechnet, verteilt sich auf den Riegel l_b und die Ständer h_b und v_b:

$$M_b = M_{(b)}\, r_{l_{(c)}} = + (-6{,}207) \cdot 0{,}3006 = -1{,}866 \text{ tm};$$

$$M_{h_b} = M_{(b)}\, r_{(h_b)} = - (-6{,}207) \cdot 0{,}3404 = +2{,}113 \text{ tm};$$

$$M_{v_b} = M_{(b)}\, r_{(v_b)} = + (-6{,}207) \cdot 0{,}3590 = -2{,}228 \text{ tm}.$$

Anmerkung: Man beachte das Vorzeichen. Das Moment M_a bzw. $M_{(b)}$ ist mit seinem errechneten (hier negativen) Wert einzusetzen; im übrigen gilt die zu Beginn des Abschnittes 3 angegebene Regel über das Vorzeichen.

M_b am Anfang der Öffnung l_b pflanzt sich zum Ende dieser Öffnung fort:

$$M_{(c)} = -\tfrac{1}{2}\,\varepsilon_c\, M_b = -\tfrac{1}{2}\,0{,}8135 \cdot (-1{,}866) = +0{,}759 \text{ tm}.$$

$M_{(c)}$ verteilt sich auf die 3 Stäbe: $l_c = l_{(d)}$, h_c und v_c:

$$M_c = M_{(c)}\, r_{l_{(d)}} = +0{,}759 \cdot 0{,}2666 = +0{,}203 \text{ tm};$$

$$M_{h_c} = M_{(c)}\, r_{(h_c)} = -0{,}759 \cdot 0{,}3667 = -0{,}278 \text{ tm};$$

$$M_{v_c} = M_{(c)}\, r_{(v_c)} = +0{,}759 \cdot 0{,}3667 = +0{,}278 \text{ tm}.$$

M_c *am Anfang der Öffnung* l_c *pflanzt sich zum Ende der Öffnung* l_c *fort:*

$$M_{(d)} = -\tfrac{1}{2}\,\varepsilon_{(d)}\,M_c = -\tfrac{1}{2}\,0{,}8260 \cdot 0{,}203 = -0{,}084 \text{ tm.}$$

$M_{(d)}$ *verteilt sich auf die Stäbe:* $l_d = l_{(e)}$, h_d *und* v_d:

$$M_d = M_{(d)}\,r_{l_{(e)}} = + (-0{,}084) \cdot 0{,}3425 = -0{,}029 \text{ tm;}$$
$$M_{h_d} = M_{(d)}\,r_{(h_d)} = - (-0{,}084) \cdot 0{,}3652 = +0{,}031 \text{ tm;}$$
$$M_{v_d} = M_{(d)}\,r_{(v_d)} = + (-0{,}084) \cdot 0{,}2923 = -0{,}024 \text{ tm.}$$

M_d *am Anfang der Öffnung* l_d *pflanzt sich zum Ende der Öffnung* l_d *fort:*

$$M_{(e)} = -\tfrac{1}{2}\,\varepsilon_{(e)}\,M_d = -\tfrac{1}{2}\,0{,}8004 \cdot (-0{,}029) = +0{,}012 \text{ tm.}$$

$M_{(e)}$ *verteilt sich auf die drei Stäbe:* $l_e = l_{(f)}$, h_e *und* v_e:

$$M_e = M_{(e)}\,r_{l_{(f)}} = +0{,}012 \cdot 0{,}2519 = +0{,}003 \text{ tm;}$$
$$M_{h_e} = M_{(e)}\,r_{(h_e)} = -0{,}012 \cdot 0{,}4156 = -0{,}005 \text{ tm;}$$
$$M_{v_e} = M_{(e)}\,r_{(v_e)} = +0{,}012 \cdot 0{,}3325 = +0{,}004 \text{ tm.}$$

Aus M_e *am Anfang der Öffnung* l_e *wird am Ende dieser Öffnung:*

$$M_{(f)} = -\tfrac{1}{2}\,\varepsilon_{(f)}\,M_e = -\tfrac{1}{2}\,0{,}8337 \cdot 0{,}003 = -0{,}001 \text{ tm.}$$

b) In l_b wirkt keine Last.

c) Belastung in Feld l_c (Zeile 2 der Tab. 6, Tafel III). Es wirken am Riegel l_c die beiden Endmomente M_c und $M_{(d)}$.

Das Moment M_c, das auf S. 136 zu $-6{,}194$ tm berechnet wurde, pflanzt sich nach links zum Anfang hin fort: M_c verteilt sich auf die Stäbe $l_{(c)} = l_b$, h_c und v_c.

$$M_{(c)} = M_c\,r_{l_b} = + (-6{,}194) \cdot 0{,}2810 = -1{,}740 \text{ tm;}$$
$$M_{h_c} = M_c\,r_{h_c} = + (-6{,}194) \cdot 0{,}3595 = -2{,}227 \text{ tm;}$$
$$M_{v_c} = M_c\,r_{v_c} = - (-6{,}194) \cdot 0{,}3595 = +2{,}227 \text{ tm.}$$

$M_{(c)}$ *am Ende der Öffnung* l_b *erzeugt am Anfang dieser Öffnung ein Moment* M_b *von der Größe:*

$$M_b = -\tfrac{1}{2}\,\varepsilon_b\,M_{(c)} = -\tfrac{1}{2}\,0{,}8015 \cdot (-1{,}740) = +0{,}697 \text{ tm.}$$

M_b *verteilt sich auf die drei Stäbe:* $l_{(b)} = l_a$, h_b *und* v_b:

$$M_{(b)} = M_b\,r_{l_a} = +0{,}697 \cdot 0{,}2765 = +0{,}193 \text{ tm;}$$
$$M_{h_b} = M_b\,r_{h_b} = +0{,}697 \cdot 0{,}3521 = +0{,}245 \text{ tm;}$$
$$M_{v_b} = M_b\,r_{v_b} = -0{,}697 \cdot 0{,}3714 = -0{,}259 \text{ tm.}$$

Aus $M_{(b)}$ *am Ende der Öffnung* l_a *wird am Anfang dieser Öffnung:*

$$M_a = -\tfrac{1}{2}\,\varepsilon_a\,M_{(b)} = -\tfrac{1}{2}\,0{,}7763 = 0{,}193 = -0{,}075 \text{ tm.}$$

M_a verteilt sich auf die beiden Stäbe h_a und v_a:

$$M_{h_a} = M_a\,r_{h_a} = - (-0{,}075) \cdot 0{,}5122 = -0{,}038 \text{ tm;}$$
$$M_{v_a} = M_a\,r_{v_a} = - (-0{,}075) \cdot 0{,}4878 = +0{,}037 \text{ tm.}$$

$M_{(d)}$ pflanzt sich nach rechts zum Ende des Systems hin fort. Hier mögen nur die einzelnen Ergebnisse mitgeteilt werden; weitere Erläuterungen erübrigen sich.

$$\text{Aus } M_{(d)}:\ M_d = M_{(d)}\, r_{l_{(e)}} = + (-6{,}167) \cdot 0{,}3425 = -2{,}112 \text{ tm};$$

$$M_{h_d} = M_{(d)}\, r_{(h_d)} = - (-6{,}167) \cdot 0{,}3652 = +2{,}252 \text{ tm};$$

$$M_{v_d} = M_{(d)}\, r_{(v_d)} = + (-6{,}167) \cdot 0{,}2923 = -1{,}803 \text{ tm}.$$

$$\text{Aus } M_d:\ M_{(e)} = -\tfrac{1}{2}\,\varepsilon_{(e)}\, M_d = -\tfrac{1}{2}\, 0{,}8004 \cdot (-2{,}112) = +0{,}845 \text{ tm}.$$

$$\text{Aus } M_{(e)}:\ M_e = M_{(e)}\, r_{l_{(f)}} = +0{,}845 \cdot 0{,}2519 = +0{,}213 \text{ tm};$$

$$M_{h_e} = M_{(e)}\, r_{(h_e)} = -0{,}845 \cdot 0{,}4156 = -0{,}351 \text{ tm};$$

$$M_{v_e} = M_{(e)}\, r_{(v_e)} = +0{,}845 \cdot 0{,}3325 = +0{,}281 \text{ tm}.$$

$$\text{Aus } M_e:\ M_{(f)} = -\tfrac{1}{2}\,\varepsilon_{(f)}\, M_e = -\tfrac{1}{2}\, 0{,}8337 \cdot 0{,}213 = -0{,}089 \text{ tm}.$$

$$\text{Aus } M_{(f)}:\ M_f = M_{(f)}\, r_{l_{(g)}} = + (-0{,}089) \cdot 0{,}2519 = -0{,}022 \text{ tm};$$

$$M_{h_f} = M_{(f)}\, r_{(h_f)} = - (-0{,}089) \cdot 0{,}4156 = +0{,}037 \text{ tm};$$

$$M_{v_f} = M_{(f)}\, r_{(v_f)} = + (-0{,}089) \cdot 0{,}3325 = -0{,}030 \text{ tm}.$$

$$\text{Aus } M_f:\ M_{(g)} = -\tfrac{1}{2}\,\varepsilon_{(g)}\, M_f = -\tfrac{1}{2}\, 0{,}8330 \cdot (-0{,}022) = +0{,}009 \text{ tm}.$$

$$\text{Aus } M_{(g)}:\ M_g = M_{(g)}\, r_{l_{(h)}} = +0{,}009 \cdot 0{,}2639 = +0{,}002 \text{ tm};$$

$$M_{h_g} = M_{(g)}\, r_{(h_g)} = -0{,}009 \cdot 0{,}3647 = -0{,}003 \text{ tm};$$

$$M_{v_g} = M_{(g)}\, r_{(v_g)} = +0{,}009 \cdot 0{,}3714 = +0{,}004 \text{ tm}.$$

d) So ist die Rechnung für jede Zeile der Tab. 6, Tafel III, zu entwickeln, d. h. für die Lasten eines jeden Feldes l. Zum Schluß sind die in den Spalten übereinanderstehenden Werte zu addieren; ihre Summe ergibt die gesuchten Werte, d. h. die Momente aller Stäbe des Systems infolge sämtlicher Belastungen in den einzelnen Öffnungen.

II. Bewegliche Belastung (Einflußlinien).

Beispiel: M_c-Linie.

Als Beispiel wählen wir die Einflußlinie des Momentes M_c. Die Einflußlinie (wandernde Last 1 t) wird bestimmt für die Abstandsverhältnisse $\frac{x}{l}$ von 1,0; 0,9; 0,8; 0,7 usw. bis 0,1; 0; d. h. von Zehntel zu Zehntel der Stablänge, und zwar in jedem einzelnen Feld.

a) Last in l_a: Zunächst sind für die verschiedenen Laststellungen die beiden Riegelmomente M_a und $M_{(b)}$ zu bestimmen; sie lassen sich ohne weiteres angeben (vgl. Erläuterungen zur Berechnung von M_a

und $M_{(b)}$ auf S. 136). Auf das gesuchte Moment M_c wirkt von diesen beiden Momenten M_a und $M_{(b)}$ lediglich das Moment $M_{(b)}$. Nur dieses ist also hier zu berechnen.

$$M_{(b)} = M_0 \frac{y_{(b)}}{n_{(b)}} = -\frac{1 \cdot l_a}{2} \frac{y_{(b)}}{n_{(b)}}.$$

$$y_{(b)} = c_2 - \frac{1}{2} \varepsilon_a c_1; \qquad \frac{1}{n_{(b)}} = \frac{\varepsilon_{(b)}}{1 - \frac{1}{4} \varepsilon_a \varepsilon_{(b)}}.$$

Die Werte $y_{(b)}$ ändern sich mit c_1 und c_2 von Punkt zu Punkt; wir werden sie im folgenden tabellarisch berechnen.

Aus $M_{(b)}$ finden wir M_b (vgl. die Erläuterungen S. 120 ff.).

$$M_b = M_{(b)} r_{l_{(c)}}.$$

Aus M_b ergibt sich:

$$M_{(c)} = M_b \left[-\tfrac{1}{2} \varepsilon_{(c)}\right] = M_{(b)} \left[-\tfrac{1}{2} \varepsilon_{(c)}\right] r_{l_{(c)}}.$$

Aus $M_{(c)}$ finden wir den Wert M_c:

$$M_c = M_{(c)} r_{l_{(d)}} = M_{(b)} \left[-\tfrac{1}{2} \varepsilon_{(c)}\right] r_{l_{(c)}} r_{l_{(d)}}$$

oder $\qquad\qquad M_c = M_{(b)} \mu_{ca}.$

In dieser Gleichung, die das gesuchte Moment M_c in Abhängigkeit von dem Endmoment $M_{(b)}$ der belasteten Öffnung l_a darstellt, ist:

$$\mu_{ca} = \left[-\tfrac{1}{2} \varepsilon_{(c)}\right] r_{l_{(c)}} r_{l_{(d)}}.$$

In diesem Reduktionsfaktor μ_{ca} bezeichnet der erste Index die gesuchte Unbekannte (hier M_c); der zweite Index bezeichnet das belastete Feld (hier l_a).

Nach vorstehender Gleichung setzt sich der Faktor μ_{ca} zusammen aus dem Einspanngrad $\varepsilon_{(c)}$ der nächstfolgenden Öffnung l_b ($= l_{(c)}$) und aus den relativen Stabsteifigkeiten r der an die belastete Öffnung l_a anschließenden Riegel l_c und l_d. Der letzte Faktor $r_{l_{(d)}}$ ist die relative Stabsteifigkeit des Riegels, an dessen einem Ende das gesuchte Moment M_c wirkt.

Anmerkung: Dieses Gesetz gilt allgemein und ermöglicht es uns, die Gleichung für ein beliebiges Moment M_i bei Belastung irgendeiner Öffnung ohne weiteres anzuschreiben. Wäre z. B. ein anderes Moment, etwa M_d (statt M_c), zu bestimmen, so würde die Gleichung für M_d bzw. μ_{da} lauten:

$$M_d = M_{(b)} \mu_{da},$$

$$\mu_{da} = \left[-\tfrac{1}{2} \varepsilon_{(c)}\right] \left[-\tfrac{1}{2} \varepsilon_{(d)}\right] r_{l_{(c)}} r_{l_{(d)}} r_{l_{(e)}}.$$

Wäre nach der Einflußlinie für $M_{(e)}$ am rechten Ende der Öffnung $l_d = l_{(e)}$ gefragt, so ergäben sich die Gleichungen:

$$M_{(e)} = M_{(b)} \mu_{(e)a};$$

$$\mu_{(e)a} = \left[-\tfrac{1}{2} \varepsilon_{(c)}\right] \left[-\tfrac{1}{2} \varepsilon_{(d)}\right] \left[-\tfrac{1}{2} \varepsilon_{(e)}\right] r_{l_{(c)}} r_{l_{(d)}} r_{l_{(e)}}.$$

Zusammenfassend kann also gesagt werden:

Die für eine belastete Öffnung in Frage kommende Einflußlinie irgendeines Momentes M_i oder $M_{(k)}$, das *rechts* von der belasteten Öffnung (hier l_a) liegt, ist gegeben durch die Einflußlinie des Momentes M am *rechten* Ende der belasteten Öffnung (hier $M_{(b)}$); die Ordinaten dieser letztgenannten Einflußlinie (hier $M_{(b)}$) sind zu multiplizieren mit einem Reduktionsfaktor μ. Dieser Wert μ setzt sich in einfach zu übersehender Weise zusammen aus Einspanngraden $\varepsilon_{(k)}$ und aus relativen Stabsteifigkeiten $r_{l_{(k)}}$, und zwar nach folgender Regel: Es kommen in Frage: die Einspanngrade am *rechten* Ende aller Öffnungen, die zwischen der belasteten Öffnung (hier l_a) und dem Angriffspunkt des gesuchten Momentes (hier M_c bzw. M_d usw.) liegen; — ferner die relativen Stabsteifigkeiten (Einspannung am *rechten* Ende) aller Riegel, die an den belasteten Riegel anschließen, und zwar bis einschließlich des Riegels, an dessen einem Ende das gesuchte Moment (hier M_c bzw. M_d usw.) wirkt.

Für die Einflußlinie eines Momentes M_i oder $M_{(k)}$ *links* von der belasteten Öffnung gilt sinngemäß das gleiche; nur ist *links* statt *rechts* zu setzen (vgl. die nachfolgenden Erläuterungen).

b) Last in l_b: In der belasteten Öffnung l_b wirken die beiden Endmomente M_b und $M_{(c)}$. Nur von $M_{(c)}$ ist das gesuchte Moment M_c abhängig.

Es gilt die Gleichung:

$$M_c = M_{(c)}\,\mu_{cb} = -\frac{1 \cdot l_b}{2}\,\frac{y_{(c)}}{n_{(c)}}\,\mu_{cb};$$

$$\mu_{cb} = r_{l_{(d)}}.$$

c) Last in l_c: Das gesuchte Moment M_c ist das Moment am linken Ende der belasteten Öffnung $l_c = l_{(d)}$; daher ist

$$M_c = -\frac{1 \cdot l_c}{2}\,\frac{y_c}{n_c};$$

$$\mu_{cc} = 1.$$

d) Last in l_d: In der belasteten Öffnung l_d wirken die beiden Endmomente M_d und $M_{(e)}$. Das gesuchte Moment M_c ist nur von M_d abhängig.

M_d ergibt in (d) das Moment $M_{(d)}$:

$$M_{(d)} = M_d\,r_{l_c}.$$

Aus $M_{(d)}$ findet man M_c:

$$M_c = M_{(d)}\left[-\tfrac{1}{2}\,\varepsilon_c\right].$$

Somit gilt die Gleichung:

$$M_c = M_d\,\mu_{cd} = -\frac{1 \cdot l_d}{2}\,\frac{y_d}{n_d}\,\mu_{cd};$$

$$\mu_{cd} = \left[-\tfrac{1}{2}\,\varepsilon_c\right]r_{l_c}.$$

Anmerkung: Durch entsprechende Überlegungen findet man die Reduktionsfaktoren μ auch für die weiteren Öffnungen.

e) Last in l_e:

$$M_c = M_e\,\mu_{ce} = -\frac{1 \cdot l_e}{2}\,\frac{y_e}{n_e}\,\mu_{ce};$$

$$\mu_{ce} = [-\tfrac{1}{2}\,\varepsilon_c]\,[-\tfrac{1}{2}\,\varepsilon_d]\,r_{l_c}\,r_{l_d}.$$

f) Last in l_f:

$$M_c = M_f\,\mu_{cf} = -\frac{1 \cdot l_f}{2}\,\frac{y_f}{n_f}\,\mu_{cf};$$

$$\mu_{cf} = [-\tfrac{1}{2}\,\varepsilon_c]\,[-\tfrac{1}{2}\,\varepsilon_d]\,[-\tfrac{1}{2}\,\varepsilon_e]\,r_{l_c}\,r_{l_d}\,r_{l_e}.$$

g) Last in l_g:

$$M_c = M_g\,\mu_{cg} = -\frac{1 \cdot l_g}{2}\,\frac{y_g}{n_g}\,\mu_{cg};$$

$$\mu_{cg} = [-\tfrac{1}{2}\,\varepsilon_c]\,[-\tfrac{1}{2}\,\varepsilon_d]\,[-\tfrac{1}{2}\,\varepsilon_e]\,[-\tfrac{1}{2}\,\varepsilon_f]\,r_{l_c}\,r_{l_d}\,r_{l_e}\,r_{l_f}.$$

h) Last in l_h:

$$M_c = M_h\,\mu_{ch} = -\frac{1 \cdot l_h}{2}\,\frac{y_h}{n_h}\,\mu_{ch};$$

$$\mu_{ch} = [-\tfrac{1}{2}\,\varepsilon_c]\,[-\tfrac{1}{2}\,\varepsilon_d]\,[-\tfrac{1}{2}\,\varepsilon_e]\,[-\tfrac{1}{2}\,\varepsilon_f]\,[-\tfrac{1}{2}\,\varepsilon_g]\,r_{l_c}\,r_{l_d}\,r_{l_e}\,r_{l_f}\,r_{l_g}.$$

Anmerkung: Es sei daran erinnert, daß alle Einzelfaktoren in den Werten μ echte Brüche sind. Daraus ergibt sich ohne weiteres, daß die Werte μ mit wachsender Zahl der Faktoren sehr schnell kleiner werden, so daß sie für die Aufgaben der Baupraxis vernachlässigt werden können. — Die nachfolgenden Zahlenrechnungen werden das näher zeigen.

M_c-Linie.

Wir berechnen vorweg die Faktoren μ_{ci}; diese Faktoren sind für den Bereich einer jeden Öffnung konstant.

$$\mu_{ca} = [-\tfrac{1}{2}\,\varepsilon_{(c)}]\,r_{l_{(c)}}\,r_{l_{(d)}} = -\tfrac{1}{2}\,0{,}8135 \cdot 0{,}3006 \cdot 0{,}2666;$$

$$\underline{\mu_{ca} = -0{,}0325_{(97)}}.$$

$$\mu_{cb} = r_{l_{(d)}};$$

$$\underline{\mu_{cb} = +0{,}2666_{(66)};}$$

$$\underline{\mu_{cc} = +1;}$$

$$\mu_{cd} = [-\tfrac{1}{2}\,\varepsilon_c]\,r_{l_c} = -\tfrac{1}{2}\,0{,}8282 \cdot 0{,}2879;$$

$$\underline{\mu_{cd} = -0{,}1192_{(19)};}$$

$$\mu_{ce} = [-\tfrac{1}{2}\,\varepsilon_c]\,[-\tfrac{1}{2}\,\varepsilon_d]\,r_{l_c}\,r_{l_d}$$
$$= [-\tfrac{1}{2}\,0{,}8282]\,[-\tfrac{1}{2}\,0{,}7712] \cdot 0{,}2879 \cdot 0{,}2923;$$

$$\underline{\mu_{ce} = +0{,}0134_{(37)};}$$

$$\mu_{cf} = [-\tfrac{1}{2}\,\varepsilon_c]\,[-\tfrac{1}{2}\,\varepsilon_d]\,[-\tfrac{1}{2}\,\varepsilon_e]\,r_{l_c}\,r_{l_d}\,r_{l_e}$$
$$= [-\tfrac{1}{2}\,0{,}8282]-[\tfrac{1}{2}\,0{,}7712][-\tfrac{1}{2}\,0{,}8420] \cdot 0{,}2879 \cdot 0{,}2923 \cdot 0{,}2525;$$

$$\underline{\mu_{cf} = -0{,}0014_{(28)};}$$

$$\mu_{cg} = [-\tfrac{1}{2}\,\varepsilon_c]\,[-\tfrac{1}{2}\,\varepsilon_d]\,[-\tfrac{1}{2}\,\varepsilon_e]\,[-\tfrac{1}{2}\,\varepsilon_f]\,r_{l_c}\,r_{l_d}\,r_{l_e}\,r_{l_f}$$
$$= [-\tfrac{1}{2}\,0{,}8282]\,[-\tfrac{1}{2}\,0{,}7712]\,[-\tfrac{1}{2}\,0{,}8420]\,[-\tfrac{1}{2}\,0{,}8347] \cdot 0{,}2879$$
$$\cdot 0{,}2923 \cdot 0{,}2525 \cdot 0{,}2562;$$

$$\mu_{cg} = +\,0{,}0001_{(53)};$$

$$\mu_{ch} = [-\tfrac{1}{2}\,\varepsilon_c]\,[-\tfrac{1}{2}\,\varepsilon_d]\,[-\tfrac{1}{2}\,\varepsilon_e]\,[-\tfrac{1}{2}\,\varepsilon_f]\,[-\tfrac{1}{2}\,\varepsilon_g]\,r_{l_c}\,r_{l_d}\,r_{l_e}\,r_{l_f}\,r_{l_g}$$

$$= [-\tfrac{1}{2}0{,}8282]\,[-\tfrac{1}{2}0{,}7712]\,[-\tfrac{1}{2}0{,}8420]\,[-\tfrac{1}{2}0{,}8347]\,[-\tfrac{1}{2}0{,}8240]$$
$$\cdot\,0{,}2879 \cdot 0{,}2923 \cdot 0{,}2525 \cdot 0{,}2562 \cdot 0{,}2635;$$

$$\mu_{ch} = -\,0{,}0000_{(17)}.$$

Nachdem so die Reduktionsfaktoren zahlenmäßig festliegen, können die Zweige der Einflußlinie (M_c-Linie), die für die einzelnen Felder in Frage kommen, ohne weiteres angegeben werden. Den Rechnungsgang zeigt die Tabelle 7, Tafel IV.

Die Werte c_1 und c_2 stehen am Anfang der Tabelle (Spalte 2 und 3). Aus diesen c-Werten und dem entsprechenden ε-Wert der belasteten Öffnung errechnen sich die Werte y (vgl. Spalte 4, 7, 10, 12 usw. der Tabelle).

Neben der y-Spalte erscheint dann die Spalte der $M_{(k)}$-Werte (Spalte 5 und 8) bzw. die Spalte der M_i-Werte (Spalte 11, 13, 16 usw.). Durch Multiplikation dieser Werte mit μ_{ci} erhalten wir M_c.

C. Vereinfachtes Verfahren.

Im Text S. 71 ff. ist bereits darauf hingewiesen, daß eine genaue Ermittlung der Einspanngrade in den allermeisten Fällen nicht notwendig ist. Deshalb ist dort ein „*vereinfachtes Verfahren*" zur Berechnung der ε-Werte hergeleitet. Sobald die ε-Werte vorliegen, ist der Rechnungsgang derselbe wie bei der genauen Rechnung. Sinngemäß kann bei diesem Rechnungszweig auch von einer größeren Genauigkeit abgesehen werden (Rechenschieber!).

Nachfolgend soll nun nur noch nach dem „*vereinfachten Verfahren*" gerechnet werden. Auf nähere Erläuterungen kann verzichtet werden. Für die Aufgaben der Baupraxis kommt nur dieses „vereinfachte Verfahren" in Frage. Wir werden sehen, daß die Ergebnisse dieses „vereinfachten Verfahrens" mit denen der genauen Rechnung nahezu völlig übereinstimmen.

Vorab mögen die „Systemkonstanten", d. h. insbesondere die Einspanngrade ε, die Nennerwerte n bzw. die reziproken Werte $\dfrac{1}{n}$, schließlich die relativen Stabsteifigkeiten r bestimmt werden. Zu diesem Zweck zeichnen wir uns an den Kopf der Tabellen das Tragsystem und schreiben die reduzierten Stablängen an. Die Breite der Spalten der einzelnen Tabellen stimmt überein mit der Weite der darüberliegenden Öffnung des Tragsystems, zu der diese Spalte gehört.

Die Werte, die eine Größe am *Anfang* einer Öffnung betreffen [ε_i, $\dfrac{1}{n_i}$ und r_{l_k}, r_{h_i}, r_{v_i} (die Verteilungsfaktoren für ein Moment M_i)], stehen *links* in einer jeden Spalte, also unter dem Punkte i.

Die Werte, die eine Größe am *Ende* einer Öffnung betreffen [$\varepsilon_{(k)}$, $\dfrac{1}{n_{(k)}}$ und $r_{(l)}$, $r_{(h_k)}$, $r_{(v_k)}$ (die Verteilungsfaktoren für ein Moment $M_{(k)}$)], stehen auch unter dem Punkte (h), d. h. *rechts* in einer jeden Spalte.

Systemskizze mit den reduzierten Stablängen:

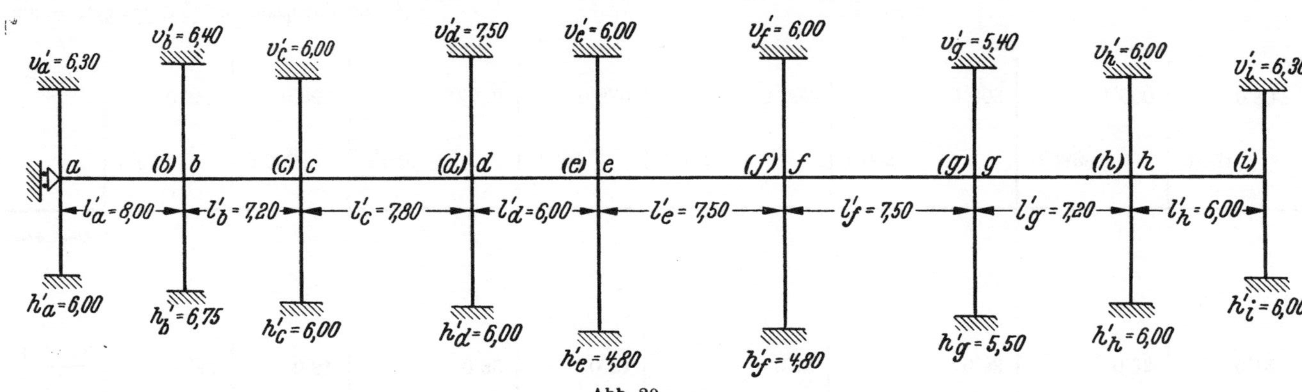

Abb. 20.

1. Systemkonstanten:

ε_i-*Werte*:

$\dfrac{l'_i}{l'_h}$	—	0,90	1,08	0,77	1,25	1,00	0,96	0,83
$\dfrac{l'_i}{h'_i}$	1,33	1,07	1,30	1,00	1,56	1,56	1,31	1,20
$\dfrac{l'_i}{v'_i}$	1,27	1,13	1,30	0,80	1,25	1,25	1,33	1,00
Σ	2,60	3,10	3,68	2,57	4,06	3,81	3,60	3,03
$\lambda_i = 1{,}25 \cdot \Sigma$	3,47 (*)	3,88	4,60	3,21	5,08	4,76	4,50	3,79
$\varepsilon_i = \dfrac{\lambda_i}{1 + \lambda_i}$	0,78	0,80	0,82	0,76	0,84	0,83	0,82	0,79

(*) $\lambda_a = 1{,}33 \cdot \Sigma$, da die beiden Stäbe h_a und v_a *starr* eingespannt sind und ein weiterer Stab l nicht vorhanden ist.

$\varepsilon_{(k)}$-*Werte*:

$\dfrac{l'_{(k)}}{l'_{(l)}}$	1,11	0,92	1,30	0,80	1,00	1,04	1,20	—
$\dfrac{l'_{(k)}}{h'_k}$	1,19	1,20	1,30	1,25	1,56	1,36	1,44	1,00
$\dfrac{l''_{(k)}}{v'_k}$	1,25	1,20	1,04	1,00	1,25	1,39	1,20	0,95
Σ	3,55	3,32	3,64	3,05	3,81	3,79	3,84	1,95
$\lambda_{(k)} = 1,25 \cdot \Sigma$	4,44	4,15	4,55	3,81	4,76	4,74	4,80	2,60(*)
$\varepsilon_{(k)} = \dfrac{\lambda_{(k)}}{1 + \lambda_{(k)}}$	0,82	0,81	0,82	0,79	0,83	0,83	0,83	0,72

Nennerwerte:

$\dfrac{1}{n_i}$	0,928	0,955	0,986	0,894	1,017	1,003	0,988	0,921
$\dfrac{1}{n_{(k)}}$	0,976	0,967	0,986	0,930	1,005	1,003	1,000	0,839

(*) $\lambda_{(l)} = 1,33 \cdot \Sigma$ (vgl. Anmerkung zu λ_q).

Relative Stabsteifigkeiten r_{l_h}, r_{h_i} und r_{v_i} für ein Moment M_i:

$s_{l_h} = \dfrac{1}{l'_h}\dfrac{1}{1-\frac14\varepsilon_h}$	—	0,16	0,17	0,16	0,21	0,17	0,17	0,17
$s_{h_i} = \dfrac{1}{h'_i}\dfrac{1}{1-\frac14\varepsilon_{i_1}}$	0,22	0,20	0,22	0,22	0,28	0,28	0,24	0,27
$s_{v_i} = \dfrac{1}{v'_i}\dfrac{1}{1-\frac14\varepsilon_{i_2}}$	0,21	0,21	0,22	0,18	0,22	0,22	0,25	0,22
$k_i = \Sigma$	0,43	0,57	0,61	0,56	0,71	0,67	0,66	0,66
$r_{l_h} = \dfrac{s_{l_h}}{k_i}$	—	0,28	0,28	0,29	0,30	0,25	0,26	0,26
$r_{h_i} = \dfrac{s_{h_i}}{k_i}$	0,51	0,35	0,36	0,39	0,39	0,42	0,36	0,41
$r_{v_i} = \dfrac{s_{v_i}}{k_i}$	0,49	0,37	0,36	0,32	0,31	0,33	0,38	0,33

Relative Stabsteifigkeiten $r_{l_{(l)}}$, $r_{(h_k)}$ und $r_{(v_k)}$ für ein Moment $M_{(k)}$:

$s_{l_{(l)}} = \dfrac{1}{l'_{(l)}}\dfrac{1}{1-\frac14\varepsilon_{(l)}}$	0,17	0,16	0,21	0,17	0,17	0,18	0,20	—
$s_{h_k} = \dfrac{1}{h'_k}\dfrac{1}{1-\frac14\varepsilon_{k_1}}$	0,20	0,22	0,22	0,28	0,28	0,24	0,27	0,22
$s_{v_k} = \dfrac{1}{v'_k}\dfrac{1}{1-\frac14\varepsilon_{k_2}}$	0,21	0,22	0,18	0,22	0,22	0,25	0,22	0,21
$k_{(h)} = \Sigma$	0,58	0,60	0,61	0,67	0,67	0,67	0,69	0,43
$r_{l_{(l)}} = \dfrac{s_{l_{(l)}}}{k_{(k)}}$	0,29	0,27	0,34	0,25	0,25	0,27	0,29	—
$r_{(h_k)} = \dfrac{s_{h_k}}{k_{(k)}}$	0,35	0,37	0,36	0,42	0,42	0,36	0,39	0,51
$r_{(v_k)} = \dfrac{s_{v_k}}{k_{(k)}}$	0,36	0,37	0,30	0,33	0,33	0,37	0,32	0,49

2. Ruhende Belastung:

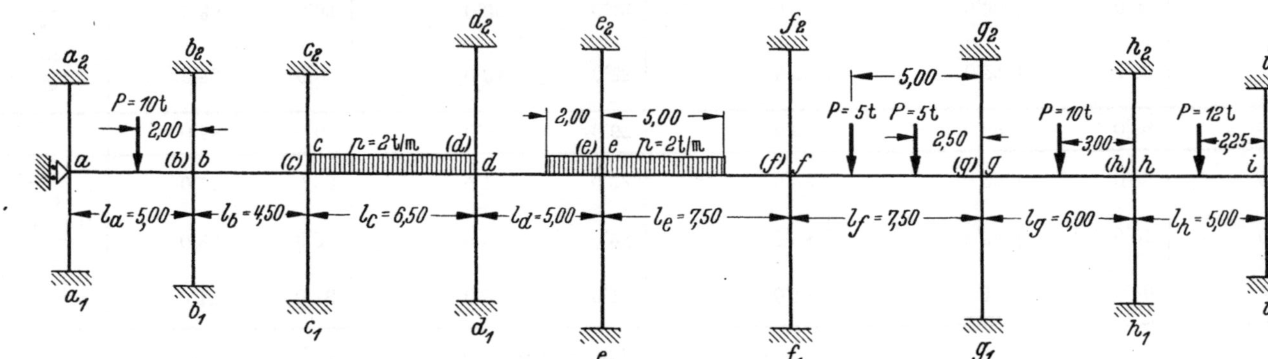

Abb. 21.

Last in l_a:

$$\frac{x}{l} = 0{,}40; \qquad c_1 = 0{,}336; \qquad c_2 = 0{,}384;$$

$$y_a = 0{,}336 - \tfrac{1}{2} \cdot 0{,}82 \cdot 0{,}384 = 0{,}179;$$

$$M_a = - \frac{10 \cdot 5{,}0}{2} \, 0{,}179 \cdot 0{,}928 = \underline{-4{,}15 \text{ tm}};$$

$$y_{(b)} = 0{,}384 - \tfrac{1}{2} \cdot 0{,}78 \cdot 0{,}336 = 0{,}253;$$

$$M_{(b)} = - \frac{10 \cdot 5{,}0}{2} \, 0{,}253 \cdot 0{,}976 = \underline{-6{,}17 \text{ tm}}.$$

Last in l_c:

$$\frac{x}{l} = 1; \qquad k_1 = k_2 = 1;$$

$$y_c = 1 - \tfrac{1}{2} \cdot 0{,}82 = 0{,}59;$$

$$M_c = - \frac{2 \cdot 6{,}5^2}{8} \, 0{,}59 \cdot 0{,}986 = \underline{-6{,}14 \text{ tm}};$$

$$y_{(d)} = 1 - \tfrac{1}{2} \cdot 0{,}82 = 0{,}59;$$

$$M_{(d)} = - \frac{2 \cdot 6{,}5^2}{8} \, 0{,}59 \cdot 0{,}986 = \underline{-6{,}14 \text{ tm}};$$

Last in l_d:

$$\frac{x}{l} = 0{,}40; \qquad k_1 = 0{,}294; \qquad k_2 = 0{,}410;$$

$$y_d = 0{,}294 - \tfrac{1}{2} \cdot 0{,}79 \cdot 0{,}410 = 0{,}132;$$

$$M_d = -\frac{2 \cdot 5{,}0^2}{8}\, 0{,}132 \cdot 0{,}894 = \underline{-0{,}74\ \text{tm}};$$

$$y_{(e)} = 0{,}410 - \tfrac{1}{2} \cdot 0{,}76 \cdot 0{,}294 = 0{,}298;$$

$$M_{(e)} = -\frac{2 \cdot 5{,}0^2}{8}\, 0{,}298 \cdot 0{,}930 = \underline{-1{,}73\ \text{tm}};$$

Last in l_e:

$$\frac{x'}{l} = 0{,}66; \qquad k_1' = 0{,}691; \qquad k_2' = 0{,}790;$$

$$y_e = 0{,}790 - \tfrac{1}{2} \cdot 0{,}83 \cdot 0{,}691 = 0{,}503;$$

$$M_e = -\frac{2 \cdot 7{,}5^2}{8}\, 0{,}503 \cdot 1{,}017 = \underline{-7{,}19\ \text{tm}};$$

$$y_{(f)} = 0{,}691 - \tfrac{1}{2} \cdot 0{,}84 \cdot 0{,}790 = 0{,}359;$$

$$M_{(f)} = -\frac{2 \cdot 7{,}5^2}{8}\, 0{,}359 \cdot 1{,}005 = \underline{-5{,}07\ \text{tm}}.$$

Last in l_f:

$$P_1: \quad \frac{x}{l} = 0{,}66; \qquad c_1 = 0{,}370; \qquad c_2 = 0{,}296;$$

$$y_f = 0{,}370 - \tfrac{1}{2} \cdot 0{,}83 \cdot 0{,}296 = 0{,}247;$$

$$M_f = -\frac{5 \cdot 7{,}5}{2}\, 0{,}247 \cdot 1{,}003 = \underline{-4{,}65\ \text{tm}};$$

$$y_{(g)} = 0{,}296 - \tfrac{1}{2} \cdot 0{,}83 \cdot 0{,}370 = 0{,}142;$$

$$M_{(g)} = -\frac{5 \cdot 7{,}5}{2}\, 0{,}142 \cdot 1{,}003 = \underline{-2{,}67\ \text{tm}}.$$

$P_2:$　　$\dfrac{x}{l} = 0,33;$　　　$c_1 = 0,296;$　　　$c_2 = 0,370;$

$$y_f = 0,296 - \tfrac{1}{2} \cdot 0,83 \cdot 0,370 = 0,142;$$

$$M_f = -\frac{5 \cdot 7,5}{2}\, 0,142 \cdot 1,003 = \underline{-2,67}\ \text{tm};$$

$$\underline{M_f = -7,32\ \text{tm}};$$

$$y_{(g)} = 0,370 - \tfrac{1}{2} \cdot 0,83 \cdot 0,296 = 0,247;$$

$$M_{(g)} = -\frac{5 \cdot 7,5}{2}\, 0,247 \cdot 1,003 = \underline{-4,65}\ \text{tm};$$

$$\underline{M_{(g)} = -7,32\ \text{tm}.}$$

Last in l_g:

$$\frac{x}{l} = 0,5;\qquad c_1 = c_2 = 0,375;$$

$$y_g = 0,375 \cdot [1 - \tfrac{1}{2} \cdot 0,83] = 0,219;$$

$$M_g = -\frac{10 \cdot 6,0}{2}\, 0,219 \cdot 0,988 = \underline{-6,49}\ \text{tm};$$

$$y_{(h)} = 0,375 \cdot [1 - \tfrac{1}{2} \cdot 0,82] = 0,221;$$

$$M_{(h)} = -\frac{10 \cdot 6,0}{2}\, 0,221 \cdot 1,000 = \underline{-6,63}\ \text{tm}.$$

Last in l_h:

$$\frac{x}{l} = 0,45;\qquad c_1 = 0,359;\qquad c_2 = 0,384;$$

$$y_h = 0,359 - \tfrac{1}{2} \cdot 0,72 \cdot 0,384 = 0,221;$$

$$M_h = -\frac{12 \cdot 5,0}{2}\, 0,221 \cdot 0,921 = \underline{-6,11}\ \text{tm};$$

$$y_{(i)} = 0,384 - \tfrac{1}{2} \cdot 0,79 \cdot 0,359 = 0,242;$$

$$M_{(i)} = -\frac{12 \cdot 5,0}{2}\, 0,242 \cdot 0,839 = \underline{-6,09}\ \text{tm}.$$

[s. Tab. 8 (Tafel V)].

3. Bewegliche Belastung (Einflußlinien).
Beispiel: M_c-Linie.

$$\mu_{ca} = [-\tfrac{1}{2}\,\varepsilon_{(c)}]\,r_{l_{(c)}}\,r_{l_{(d)}} = -\tfrac{1}{2}\,0{,}81 \cdot 0{,}29 \cdot 0{,}27;$$

$$\underline{\mu_{ca} = -0{,}032;}$$

$$\underline{\mu_{cb} = r_{l_{(d)}} = +0{,}270;}$$

$$\underline{\mu_{cc} = +1;}$$

$$\mu_{cd} = [-\tfrac{1}{2}\,\varepsilon_c]\,r_{l_c} = -\tfrac{1}{2}\,0{,}82 \cdot 0{,}29;$$

$$\underline{\mu_{cd} = -0{,}119;}$$

$$\mu_{ce} = [-\tfrac{1}{2}\,\varepsilon_c]\,[-\tfrac{1}{2}\,\varepsilon_d]\,r_{l_c}\,r_{l_d} = [-\tfrac{1}{2}\,0{,}82]\,[-\tfrac{1}{2}\,0{,}76] \cdot 0{,}29 \cdot 0{,}30;$$

$$\underline{\mu_{ce} = +0{,}013_{(55)};}$$

$$\mu_{cf} = [-\tfrac{1}{2}\,\varepsilon_c]\,[-\tfrac{1}{2}\,\varepsilon_d]\,[-\tfrac{1}{2}\,\varepsilon_e]\,r_{l_c}\,r_{l_d}\,r_{l_e}$$
$$= [-\tfrac{1}{2}\,0{,}82]\,[-\tfrac{1}{2}\,0{,}76]\,[-\tfrac{1}{2}\,0{,}84] \cdot 0{,}29 \cdot 0{,}30 \cdot 0{,}25;$$

$$\underline{\mu_{cf} = -0{,}001_{(42)};}$$

$$\mu_{cg} = [-\tfrac{1}{2}\,\varepsilon_c]\,[-\tfrac{1}{2}\,\varepsilon_d]\,[-\tfrac{1}{2}\,\varepsilon_e]\,[-\tfrac{1}{2}\,\varepsilon_f]\,r_{l_c}\,r_{l_d}\,r_{l_e}\,r_{l_f}$$
$$= [-\tfrac{1}{2}\,0{,}82]\,[-\tfrac{1}{2}\,0{,}76]\,[-\tfrac{1}{2}\,0{,}84]\,[-\tfrac{1}{2}\,0{,}83] \cdot 0{,}29 \cdot 0{,}30 \cdot 0{,}25 \cdot 0{,}26;$$

$$\underline{\mu_{cg} = +0{,}000_{(15)};}$$

$$\mu_{ch} = [-\tfrac{1}{2}\,\varepsilon_c]\,[-\tfrac{1}{2}\,\varepsilon_d]\,[-\tfrac{1}{2}\,\varepsilon_e]\,[-\tfrac{1}{2}\,\varepsilon_f]\,[-\tfrac{1}{2}\,\varepsilon_g]\,r_{l_c}\,r_{l_d}\,r_{l_e}\,r_{l_f}\,r_{l_g}$$
$$= [-\tfrac{1}{2}\,0{,}82]\,[-\tfrac{1}{2}\,0{,}76]\,[-\tfrac{1}{2}\,0{,}84]\,[-\tfrac{1}{2}\,0{,}83]\,[-\tfrac{1}{2}\,0{,}82]$$
$$\cdot 0{,}29 \cdot 0{,}30 \cdot 0{,}25 \cdot 0{,}26 \cdot 0{,}26;$$

$$\underline{\mu_{ch} = -0{,}000_{(016)}.}$$

[s. Tab. 9 (S. 164)].

Tabelle 9. M_c-*Linie*[1].

			l_a			l_b			l_c		l_d			l_e			l_f		
			$M_c = M_{(b)}\,\mu_{ca}$			$M_c = M_{(c)}\,\mu_{cb}$			$M_c = M_c\,\mu_{cc}$		$M = M_d\,\mu_{cd}$			$M_c = M_e\,\mu_{co}$			$M_c = M_f\,\mu_{cf}$		
			$M_{(b)} = -\dfrac{l_a}{2}\dfrac{y_{(b)}}{n_{(b)}}$			$M_{(c)} = -\dfrac{l_b}{2}\dfrac{y_{(c)}}{n_{(c)}}$			$M_c = -\dfrac{l_c}{2}\dfrac{y_c}{n_c}$		$M_d = -\dfrac{l_d}{2}\dfrac{y_d}{n_d}$			$M_e = -\dfrac{l_e}{2}\dfrac{y_e}{n_e}$			$M_f = -\dfrac{l_f}{2}\dfrac{y_f}{n}$		
			$\mu_{ca} = -0,032$			$\mu_{cb} = +0,270$			$\mu_{cc} = +1$		$\mu_{cd} = -0,119$			$\mu_{ce} = +0,013_{(5)}$			$\mu_{ef} = -0,001_{(4)}$		
			$\varepsilon_a = 0,78$			$\varepsilon_b = 0,80$			$\varepsilon_{(d)} = 0,82$		$\varepsilon_{(e)} = 0,79$			$\varepsilon_{(f)} = 0,83$			$\varepsilon_{(g)} = 0,83$		
1	2	3	4	5	6	7	8	9	10	11	12	13	14	15	16	17	18	19	20
$\dfrac{x}{l}$	c_1	c_2	$y_{(i)}$	$M_{(b)}$	M_c	$y_{(c)}$	$M_{(c)}$	M_c	y_c	M_c	y_d	M_d	M_c	y_e	M_e	M_c	y_f	M_j	M_c
1,0	0	0	0	0	0	0	0	0	0	0	0	0	0	0	0	0	0	0	0
0,9	0,171	0,099	0,0323	−0,0788	+0,0025	0,0306	−0,0666	−0,0180	0,1304	−0,4179	0,1319	−0,2948	+0,0351	0,1299	−0,4954	−0,0067	0,1299	−0,4886	+0,0007
0,8	0,288	0,192	0,0797	−0,1945	+0,0062	0,0768	−0,1671	−0,0451	0,2093	−0,6707	0,2123	−0,4745	+0,0565	0,2083	−0,7944	−0,0107	0,2083	−0,7835	+0,0011
0,7	0,357	0,273	0,1338	−0,3265	+0,0104	0,1302	−0,2833	−0,0765	0,2451	−0,7854	0,2492	−0,5570	+0,0663	0,2437	−0,9294	−0,0125	0,2437	−0,9166	+0,0013
0,6	0,384	0,336	0,1862	−0,4543	+0,0145	0,1824	−0,3969	−0,1072	0,2462	−0,7889	0,2513	−0,5617	+0,0668	0,2446	−0,9328	−0,0126	0,2446	−0,9200	+0,0013
0,5	0,375	0,375	0,2288	−0,5583	+0,0179	0,2250	−0,4895	−0,1322	0,2213	−0,7092	0,2269	−0,5071	+0,0603	0,2194	−0,8367	−0,0113	0,2194	−0,8252	+0,0012
0,4	0,336	0,384	0,2530	−0,6173	+0,0198	0,2496	−0,5431	−0,1466	0,1786	−0,5723	0,1843	−0,4119	+0,0490	0,1766	−0,6735	−0,0091	0,1766	−0,6642	+0,0009
0,3	0,273	0,357	0,2505	−0,6112	+0,0196	0,2478	−0,5392	−0,1456	0,1266	−0,4057	0,1320	−0,2950	+0,0351	0,1248	−0,4760	−0,0064	0,1248	−0,4694	+0,0007
0,2	0,192	0,288	0,2131	−0,5200	+0,0166	0,2112	−0,4595	−0,1241	0,0739	−0,2368	0,0782	−0,1748	+0,0208	0,0725	−0,2765	−0,0037	0,0725	−0,2727	+0,0004
0,1	0,099	0,171	0,1324	−0,3231	+0,0103	0,1314	−0,2859	−0,0772	0,0289	−0,0926	0,0315	−0,0704	+0,0084	0,0280	−0,1068	−0,0014	0,0280	−0,1053	+0,0001
0	0	0	0	0	0	0	0	0	0	0	0	0	0	0	0	0	0	0	0

[1] Man vergleiche hiermit die genaue Rechnung Tabelle 7 (Tafel IV).

Schlußbemerkung.

Das hier behandelte Rechenverfahren ist unter der Voraussetzung entwickelt, daß die Knotenpunkte lediglich drehbar, aber im übrigen, insbesondere in horizontaler Richtung, unverschieblich sind. Daher sprachen wir von „rahmenartigen" Tragwerken.

Die eigentlichen „Rahmen-Tragwerke", z. B. Stockwerkrahmen mit freier Verschieblichkeit der Knoten, sodann aber auch Rahmenträger (Vierendeel-Träger), Halbrahmenträger, kontinuierliche Trägerroste mit steifem Anschluß der Querträger gegen die Hauptträger u. dgl., das alles sind Systeme, für deren umfassende Behandlung auf die vorstehende Berechnungsmethode zurückgegriffen werden wird. Das gilt insbesondere für jene Fälle, wo wir die Einflußlinien der vorgenannten Systeme für direkte Belastung der Gurte und Riegel untersuchen, wo also wandernde Lasten auch zwischen den Knotenpunkten angenommen werden müssen.

Bei diesen letztgenannten Systemen ist die Voraussetzung unverschieblicher Knotenpunkte nicht mehr erfüllt. Die Folge davon ist, daß wir es nicht mehr mit der einfachsten Form des Gleichungssystems, d. h. mit dreigliedrigen Elastizitätsgleichungen, zu tun haben; die Rechnung ist infolgedessen umständlicher und schwieriger. Aber trotzdem werden wir auch in diesen Fällen von dem vorstehenden Verfahren ausgehen. Im übrigen bietet uns dann wiederum die Gaußsche Eliminationsmethode jede Möglichkeit zur genauen Lösung.

Ergänzend sei erwähnt, daß die hier beschriebene Rechnungsart auch an die Voraussetzung grader Stäbe und konstanter Stabquerschnitte keineswegs gebunden ist. Die diesbezüglichen Änderungen und Ergänzungen sind unschwer zu entwickeln, müssen aber einer anderweitigen Behandlung vorbehalten bleiben.

Nach alledem bleibt die Verwendbarkeit des ε-Verfahrens nicht etwa auf die in diesem Buche behandelten einfacheren Aufgaben beschränkt; die Ergebnisse sind vielmehr auch als Grundlage für die Behandlung sonstiger, andersgestalteter Systeme zu verwenden.

Literaturverzeichnis.

Prof. Kusevic schreibt in der Zeitschrift „Beton und Eisen" (Jahrg. 1939): „In Anbetracht der großen praktischen Bedeutung, die der Rahmentechnik zukommt, ist das Schrifttum über diesen Gegenstand ein überaus großes."

In der Tat ist die hier in Frage stehende Aufgabe in zahlreichen Aufsätzen unserer Fachzeitschriften-Literatur behandelt. Diese im einzelnen anzuführen, dürfte sich erübrigen, und zwar aus mancherlei Gründen. Insbesondere können wir davon absehen, uns mit jenen Arbeiten zu befassen, die für sich in Anspruch nehmen, auf graphischem oder analytischem Wege die „Aufstellung und Auflösung der Elastizitätsgleichungen zu vermeiden". Wenn wir zudem nacheinander hören von Kraftgrößenverfahren und Formänderungsverfahren, Stabdrehwinkel- und Knotendrehwinkelverfahren, graphischen und analytischen Festpunktverfahren, Verfahren nach dem „Prinzip der fortgeleiteten Verformung als Weg zur Ausschaltung der Unbekannten" (Dr. Kluček, Prag), Widerstandrechnungsverfahren (Prof. Dr.-Ing. M. Mayer, München) usw., so liegt die Gefahr nahe, daß wir den Blick verlieren für den Wert und die Verwendbarkeit der allgemeinen Grundlagen der Statik der unbestimmten Systeme. Und diese haben doch auch für die hier in Frage stehenden Aufgaben ihre Gültigkeit und müssen für deren Behandlung richtunggebend sein.

Darum sei hier in erster Linie verwiesen auf die bekannten Lehrbücher der Statik von Müller-Breslau, Beyer, Saliger; nicht zuletzt auf die umfassenden Literaturverzeichnisse in dem wertvollen Werk von Prof. Dr.-Ing. Beyer, Dresden: Die Statik im Stahlbetonbau. 2. Aufl. Berichtigter Neudruck. Berlin: Springer 1948.

Daneben verdienen besondere Beachtung die Werke, die sich die Behandlung der Rahmenkonstruktionen bzw. der rahmenartigen Tragwerke als spezielle Aufgabe gestellt haben:

a) Cross, Hardy (vgl. Fußnote zum Vorwort) und die das Crosssche Verfahren behandelnden Schriften, z. B.:
Dernedde-Müllenhoff: Das Crosssche Verfahren zur schrittweisen Berechnung durchlaufender Träger und Rahmen. (Verlag W. Ernst u. Sohn.) (Vgl. auch das dort angegebene Schrifttum betr. deutsche und ausländische Arbeiten.)
Johannson, J.: Das Cross-Verfahren. Berlin/Göttingen/Heidelberg: Springer 1948.

b) Guldan, R.: Rahmentragwerke und Durchlaufträger. 4. Aufl. Wien: Springer 1949.

c) Strassner, A.: Neuere Methoden zur Statik der Rahmentragwerke und der elastischen Bogenträger. Berlin: W. Ernst u. Sohn.

d) Suter-Traub: Die Methode der Festpunkte. 3. Aufl. Berlin/Göttingen/ Heidelberg: Springer 1951.

Sachverzeichnis.

Die beigefügten Zahlen verweisen auf die entsprechende Seitenzahl. Kursive Seitenzahlen geben die für das betreffende Schlagwort grundlegende Stelle an.

Berichtigung.

S. 76, Tab. 4a, 2. Spalte, Pos. 9: statt 1,25 **lies** 1,20.

S. 77, Tab. 4b, 6. Spalte, Pos. 9: statt 1,25 **lies** 1,20.

S. 105, 8. Z. v. u.: statt y_k **lies** y_6.

S. 124, 2. Z. v. u.: statt 0,900 **lies** 0,920.

Pirlet, Statik.

Additional information of this book

(Statik der rahmenartigen Tragwerke; 978-3-642-94584-7) is provided:

http://Extras.Springer.com